高等学校新工科计算机类专业系列教材

Python 编程入门与实战指南

主　编　曹　锐　张钰梅　高文莲

副主编　刘松华　武桂芬

西安电子科技大学出版社

内 容 简 介

本书从初学者的角度出发，从基本的程序设计思想入手，以通俗易懂的语言、丰富的案例，详细介绍了 Python 编程需要掌握的知识和技术。全书分为基础理论篇与项目实践篇，共 13 章。其中，基础理论篇包括开启编程之旅、Python 编程基础、流程控制、组合数据类型、字符串、函数、Python 计算生态与常用标准库、文件操作、面向对象，共 9 章；项目实践篇包括群收款小工具、井字棋游戏、实时货币转换器和 ToDoList 待办事项管理系统等四个项目。

基础理论篇中，每章均精心设计了一个典型实验，旨在通过综合运用本章的核心知识点，切实解决实际问题，从而锤炼读者的编程思维。项目实践篇则包含四个阶段性的项目，这些项目精心编排，旨在训练读者对所学知识的综合运用能力。

本书适合作为高等院校计算机相关专业"Python 程序设计"课程的配套教材，也可供程序设计爱好者自学使用。

Python BIANCHENG RUMEN YU SHIZHAN ZHINAN

图书在版编目（CIP）数据

Python 编程入门与实战指南 / 曹锐，张钰梅，高文莲主编. -- 西安 : 西安电子科技大学出版社, 2025. 5. -- ISBN 978-7-5606-7584-8

Ⅰ. TP312.8

中国国家版本馆 CIP 数据核字第 202512EU48 号

策　　划　薛英英
责任编辑　薛英英
出版发行　西安电子科技大学出版社（西安市太白南路 2 号）
电　　话　（029）88202421　88201467　　　邮　编　710071
网　　址　www.xduph.com　　　　　　电子邮箱　xdupfxb001@163.com
经　　销　新华书店
印刷单位　陕西日报印务有限公司
版　　次　2025 年 5 月第 1 版　　　　　　2025 年 5 月第 1 次印刷
开　　本　787 毫米×1092 毫米　1/16　　印　张　21.5
字　　数　511 千字
定　　价　58.00 元

ISBN 978-7-5606-7584-8

XDUP 7885001-1

*** 如有印装问题可调换 ***

前　言

我们身处大数据、人工智能飞速发展的时代，时时刻刻都面临大量的数据需要处理，而 Python 对数据处理有着得天独厚的优势。随着区块链、人工智能、大数据和云计算等技术的迅速发展，Python 的应用范围将会越来越大。随着当前我国在人工智能领域的不断投入和科学规划，人工智能人才的需求呈现爆发式增长。Python 是较好的人工智能开发语言之一，简单易学，语法优美，具有丰富强大的类库，开发效率高。这些特点使 Python 学习者可以更多关注于解决问题的逻辑，而不是困惑于复杂的语法结构上。

本书共分为 13 章，前 9 章是基础理论篇，后 4 章是项目实践篇。各章的简要概述如下：

第 1 章开启编程之旅，主要介绍程序设计语言以及 Python 语言的特点、开发环境、Python 程序的基本规则。

第 2 章 Python 编程基础，主要介绍 Python 的变量、数据类型、运算符和表达式。

第 3 章流程控制，主要介绍选择结构和循环结构。

第 4 章组合数据类型，主要介绍列表、元组和字典的使用。

第 5 章字符串，主要介绍字符串的创建、访问以及对字符串的各种操作，另外还介绍了简单的异常处理。

第 6 章函数，主要介绍函数的定义和使用、函数的参数、变量的作用域以及递归函数和匿名函数。

第 7 章 Python 计算生态与常用标准库，主要介绍模块、标准库、第三方库的使用。

第 8 章文件操作，主要介绍文件的访问、OS 模块的使用以及程序的异常处理。

第 9 章面向对象，主要讲解面向对象的概念、类和对象的使用、面向对象的三大特性。

第 10 章阶段项目——群收款小工具,训练读者使用 Python 基础知识完成一个完整小项目的能力。本项目可在学完第 1～4 章内容后进行训练。

第 11 章阶段项目——井字棋游戏,帮助读者掌握函数、列表、循环的使用,培养读者对所学知识的综合应用能力。本项目可在学完第 6 章内容后进行训练。

第 12 章阶段项目——实时货币转换器,帮助读者掌握第三方库的使用,培养读者完成小型项目的能力。本项目可在学完第 8 章内容后进行训练。

第 13 章阶段项目——ToDoList 待办事项管理系统,帮助读者掌握面向对象的编程方法。本项目相对综合性较强,基本涵盖本书基础理论篇的所有知识点,可在学完第 9 章内容后进行训练。

根据项目实践篇中每个项目训练的差异和侧重点,读者既可遵循上述建议逐一进行训练,也可依据个人习惯,在全面掌握基础理论篇的内容后,集中进行项目实践训练。

本书配有精心制作的课件、视频讲解、全书的源代码以及习题解答,读者可以登录阿尔法编程(www.alphacoding.cn)辅助教学平台下载和学习。

本书由多名老师共同编写而成。为了确保内容的全面性和深度,我们进行了细致的分工。曹锐负责确定本书的整体框架和主题方向,刘松华负责第 1～4 章的编写工作,高文莲负责第 5、6 章的编写工作,武桂芬负责第 7～9 章的编写工作,张钰梅负责第 10～13 章的编写工作。

尽管我们在编写过程中付出了最大的努力,但书中仍可能存在一些不妥之处,敬请广大读者提出宝贵的意见与建议,以便我们不断改进和完善。

编　者
2025 年 1 月

目　录

第一部分　基础理论篇

第二部分　项目实践篇

3

第一部分

基础理论篇

第 1 章

开启编程之旅

本章导读

学习编程可以训练人的逻辑思维、培养人的创造能力。本章从零开始，逐步介绍 Python 编程的基础知识。本章主要包括以下内容：

(1) 程序设计语言简介；

(2) 初识 Python 程序；

(3) Python 程序的基本输入/输出函数。

学习目标

(1) 了解程序设计语言；

(2) 了解 Python 语言；

(3) 掌握 Python 语言的开发环境；

(4) 开发第一个 Python 程序；

(5) 熟悉 Python 编码规范。

1.1 程序设计语言简介

1.1.1 程序设计语言的定义

"程序"一词来自生活，通常指完成某些事务的一种既定方式和过程。在日常生活中，可以将程序看成对一系列动作的执行过程的描述。

程序设计语言是用于人与计算机间通信的语言。为使计算机进行各种不同的工作，需要使用若干指令，而使用这些指令要遵循程序设计语言的语法规则，这些指令的集合就是程序。全世界大概有 600 多种编程语言，但流行的编程语言只有 20 来种。普通读者使用的程序设计语言接近于人类语言，它们被称为高级语言，如 C 语言、Java 语言、Python 语言。用高级语言编写的程序不能被计算机直接执行，在计算机执行之前，还得翻译成机器语言，这个过程称为编译。

编程语言各有千秋。C 语言是可以用来编写操作系统的贴近硬件的语言，所以，C 语言适合开发那些追求运行速度、充分发挥硬件性能的程序，而 Python 多用来进行高级编程和复杂的软件开发。

1.1.2　Python 简介

Python(英语发音：/ˈpaɪθən/)，本义是指"蟒蛇"。1989 年，荷兰人 Guido van Rossum 发明了一种面向对象的解释型高级编程语言，并将其命名为 Python。在我们能看到的大部分编程语言排行榜中，Python 都能在前三名中拥有一席之地。可以这么说，Python 是现在非常流行的编程语言，而且是一门非常有前途的语言。

1. 为什么要使用 Python

我国大部分大学生学习的第一门语言是 C 语言。随着科技的发展，拥有高容量、高速度和多样性的大数据已经成为当今时代的主题词，Python 的开放、简洁、融合符合现发展阶段对大数据分析、可视化、各种平台程序协作的需求，使用 Python 开发程序已成趋势。

当我们使用一种语言开发软件时，除了根据软件的功能自己编写代码外，往往还需要使用很多基本的已经写好的模块来帮助我们加快开发进度。比如，我们要计算一个正弦函数的值，肯定会想到使用 SIN(X)函数。再如，要编写一个电子邮件客户端，如果先从最底层开始编写与网络协议相关的代码，那估计一年半载也开发不出来。高级编程语言通常都会提供一个比较完善的基础代码库(比如，针对电子邮件协议的 SMTP 库、针对桌面环境的 GUI 库)，让开发者直接调用。在这些已有的代码库的基础上，一个电子邮件客户端几天就能开发出来。

同样，Python 也为我们提供了非常完善的基础代码库，覆盖了网络、文件、GUI、数据库、文本等方方面面，它们被形象地称作"内置电池"(batteries included)。用 Python 开发程序时，许多功能不必从零开始编写，直接使用现成的代码库即可。

除了内置的库外，Python 还有大量的第三方库，也就是别人开发的供我们直接使用的模块。当然，我们开发的代码通过封装发布之后，也可以作为第三方库供别人使用。

Python 之所以功能强大，适用范围广，开发相对简单，是因为有强大的库的支撑。Python 的创始人给 Python 的定位是简明优雅，易于开发，用尽量少的代码完成更多工作。初学者学习 Python，不但入门容易，而且将来深入下去，也可以编写非常复杂的程序。

2. Python 能做什么

随着大数据、人工智能等技术的迅速发展，Python 作为一门基础语言逐渐受到了人们的青睐。Python 到底能做什么？Python 目前有 93 561 个开源库，覆盖各类计算问题，可以做的事非常多，比如：

(1) 爬虫，获取互联网上我们感兴趣的内容。

(2) 数据可视化，做一些好看的图表。

(3) 数据处理/分析，处理 .xls、.csv 和 .txt 等各种格式的数据。

(4) Web 开发，零基础也能很快开发一个属于自己的网站。

(5) 自动化，将人工做的工作使用代码实现。

(6) 量化交易、深度学习等人工智能方面的应用。

总之，在所有的开发领域都能看到 Python 的身影，在我们学会 Python 后，未来可选择的方向也会非常多。正是因为 Python 如此强大的应用场景，现在有很多人都加入了学习 Python 的队伍。不仅仅是程序员、大学生，连小学的课程中都有了 Python 的影子，也许在不久的将来，Python 真的会成为人人都懂的语言。

1.1.3 Python 开发环境

计算机本质上只能识别 0 和 1。然而，如果用 0 和 1 来编写程序难度太大，因此计算机的先驱者们发明了高级编程语言，这种语言非常接近于人类语言，适合人类使用。在将人类编写的程序交给计算机运行前，需要有一个翻译。它把编程语言编写的程序翻译成计算机能读懂的内容，计算机才能按照要求去完成工作。这种能够提供程序编写界面、承担程序翻译和运行等工作的平台就是开发环境。

就像编辑文档需要安装文字处理软件、聊天需要安装聊天软件一样，要在计算机上编写 Python 程序，也需要先搭建 Python 开发环境。常用的文档编辑软件有 Word、WPS 等，同样 Python 程序也有很多环境可供使用。Python 支持多种操作系统，如 Windows、Mac 和 Linux 等，本书以 Windows 为例进行讲解。常用的 Python 开发环境主要有 Python 软件包自带的 IDLE(集成开发与学习环境)、JetBrains 公司开发的 PyCharm。如果要做数据分析方面的相关工作，使用更广泛的则是 Anaconda 环境以及一些 IT 教学辅助平台。

1. Python 的安装与使用

目前，Python 有两个版本，一个是 2.x 版，另一个是 3.x 版，这两个版本是不兼容的。Python 2.7 于 2020 年 1 月 1 日被官方终止支持，本书将以最新的 Python 3.x 版本为基础进行讲解。

IDLE 是开发 Python 程序的基本 IDE(集成开发环境)，具备基本的 IDE 的功能，是非商业 Python 开发的不错的选择。当安装好 Python 以后，IDLE 就会自动安装，无须另外安装。

IDLE 的优点：

- IDLE 占用的内存非常少，可以留出更多的内存给数据使用。
- 启动速度非常快，响应速度也很快，几乎不可能出现卡死状态。

IDLE 使用时可能带来的麻烦：

- 自带的数据包很少，需要安装很多数据包，而且安装包之间有依赖关系。
- 没有代码提示功能。
- 界面可选功能较少。

1) Python 的下载与安装

输入 Python 官网网址 http://www.python.org/，访问该网址，打开如图 1-1 所示的界面。点击 "Downloads"，在菜单中选择 Windows，界面上显示当前最新版本 "Python 3.12.2"，单击该按钮，下载最新版本。如果要下载其他版本，单击 "Windows"，在随后打开的窗口中选择其他版本。需要注意的是，有些高版本的 Python 是不能在低版本的 Windows 上使用的。

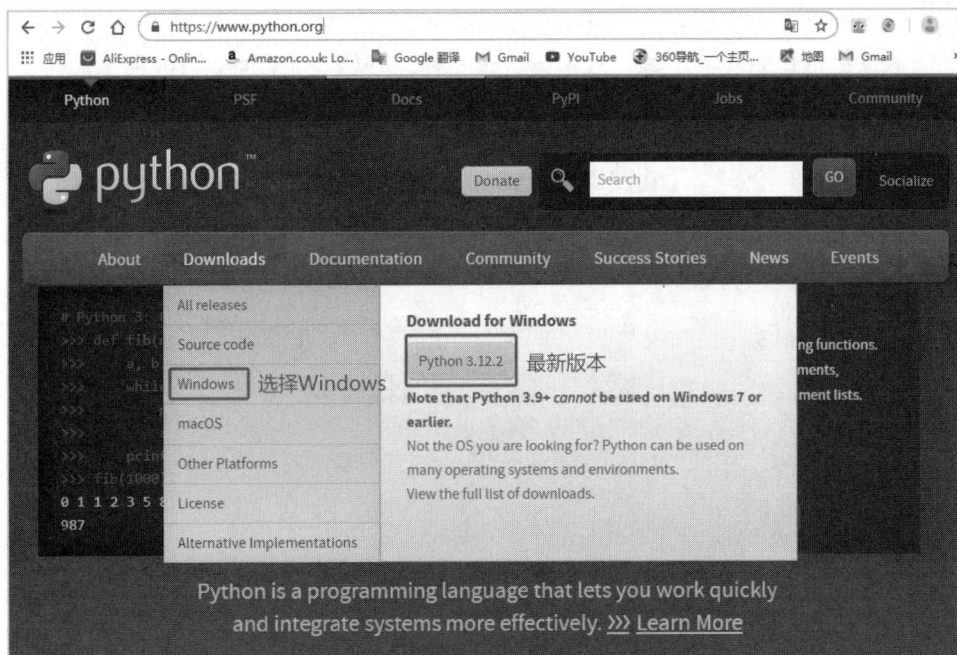

图 1-1　Python 官网

选择 Windows 后，出现如图 1-2 所示的窗口，在该窗口中选择需要的版本，根据自己的机器选择 32 位或 64 位的安装程序。

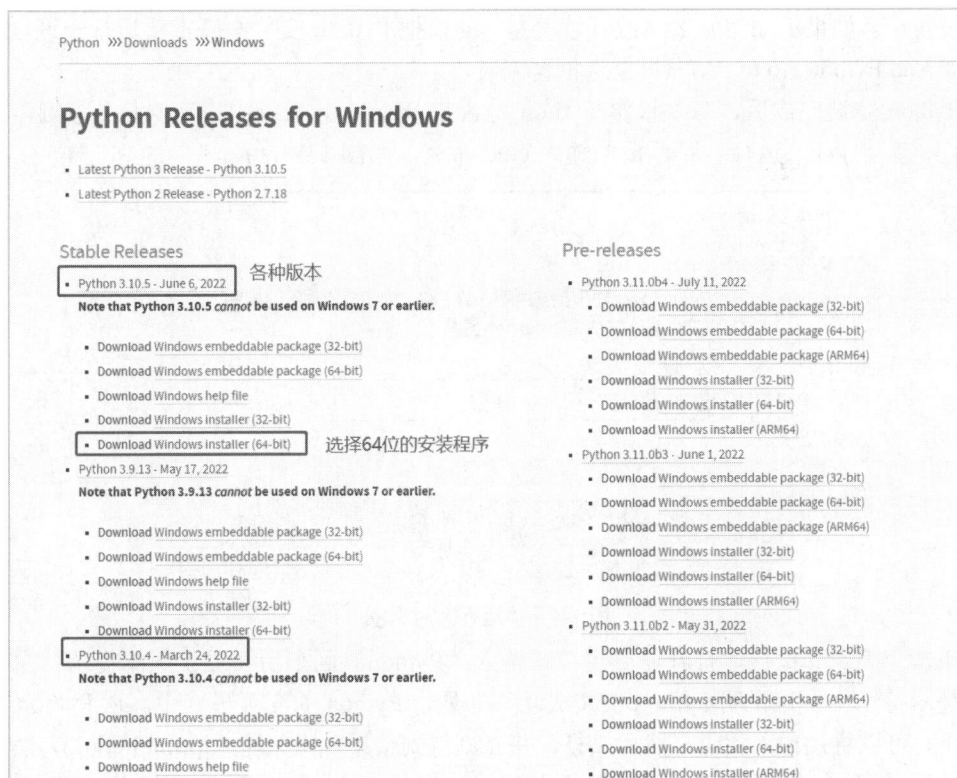

图 1-2　选择合适的 Python 版本

下载完成后会得到文件名是 python-xxx-amd64.exe 的文件，其中 xxx 是相应的版本号，不同的版本这个位置的数字不同。双击运行该文件，开始安装，如图 1-3 所示。

图 1-3   安装对话框

特别要注意，勾选 Add Python 3.6 to PATH，然后点"Install Now"即可完成安装。如果在安装时没有选中"Add Python 3.6 to PATH"，则需要把 python.exe 安装路径添加到 path 环境变量中。如果不知道怎么修改环境变量，建议把 Python 安装程序重新运行一遍，之后选中"Add Python 3.6 to PATH"复选框再安装。

Python 安装完成后，需要检测 Python 是否在 Windows 系统中成功安装。按键盘上的 Win + R 键，打开"运行"对话框，输入 cmd 命令，如图 1-4 所示。

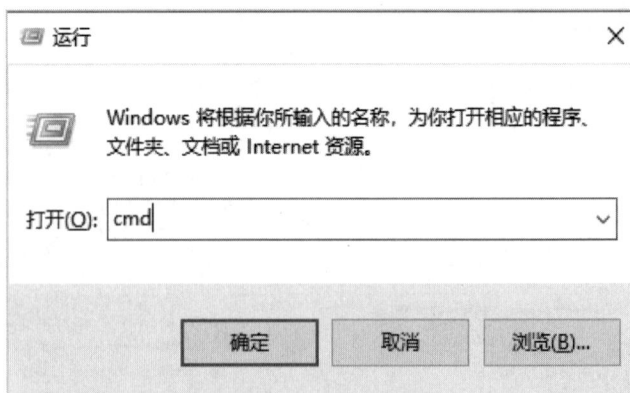

图 1-4   "运行"对话框

单击"确定"按钮，打开命令窗口，输入"Python"回车后，显示版本提示信息，并出现提示符">>>"，说明 Python 安装成功，并处于 Python 的交互模式中。在 Python 交互模式下，可以直接输入代码，然后执行，并立刻得到结果。比如输入 print('hello!')，然后按 Enter 键，界面上就会显示执行结果"hello！"，输入 exit()并按 Enter 键，退出 Python 交互模式，并回到命令行模式，如图 1-5 所示。

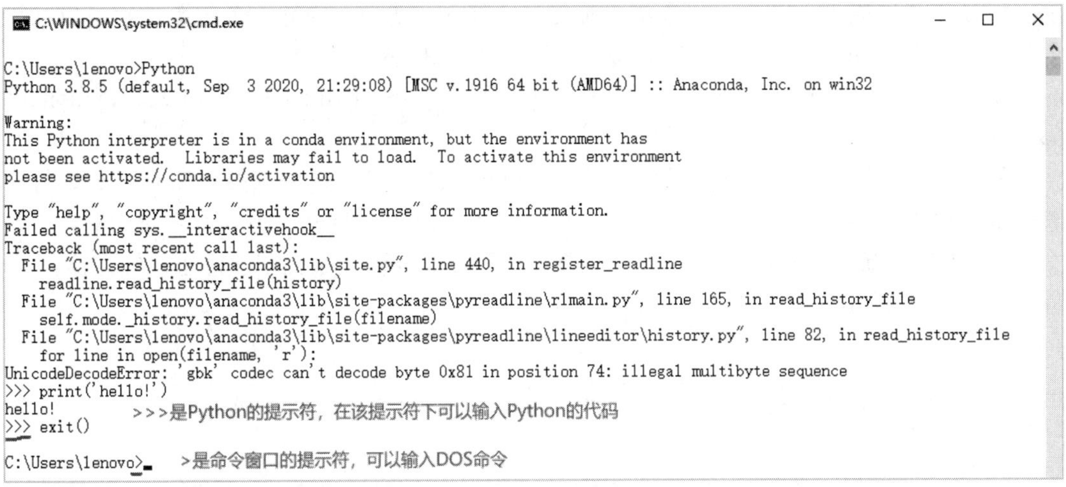

图 1-5　检测 Python 是否安装成功

在开始菜单中展开 Python 3.6，可以看到如图 1-6 所示的内容，其中列出了 Python 3.6 中的各个模块。

图 1-6　Python 菜单

Python 3.6 各模块的功能分别是：

· IDLE：Python 的集成开发环境(Integrated Development Environment，IDE)，在 Python 中用于开发编写程序。

· Python 3.6：交互模式，只能执行单行语句，无法做修改，可以做一些简单的命令处理，它并不适合用于学习编程。

· Python 3.6 Manuals：自带 chm 格式文档。chm 是英语"Compiled Help Manual"的简写，即"已编译的帮助文件"。

· Python 3.6 Module Docs：自动生成的模块文档。

2) IDLE 的使用

Python 安装完成后，就可以开始编写 Python 程序了。因为程序本身是一个文本文件，所以我们可以打开记事本输入代码。但是大部分语言都提供集成开发环境，将代码编辑、编译、运行等功能集成在一起，其中类似记事本功能的编辑器提供了代码缩进、语法高亮显示、单词自动生成等功能，比记事本更加方便。IDLE 就是这样的一个记事本，可以在这个环境下输入 Python 代码。IDLE 的使用方法如下所述。

第一步，启动 IDLE。选择"开始"→"所有程序"→"Python 3.6"→IDLE(Python 3.6 64-bit)。

第二步，编辑源代码。在菜单中，单击"File"，在下拉菜单中选择"New File"，打开编辑器，输入代码，然后从"File"菜单中选择"Save As"，打开"另存为"对话框，输入文件名"lx2"，确定保存类型，单击"保存"按钮，lx2.py 程序就创建好了。注意 Python 程序的扩展名是 .py，如图 1-7 所示。

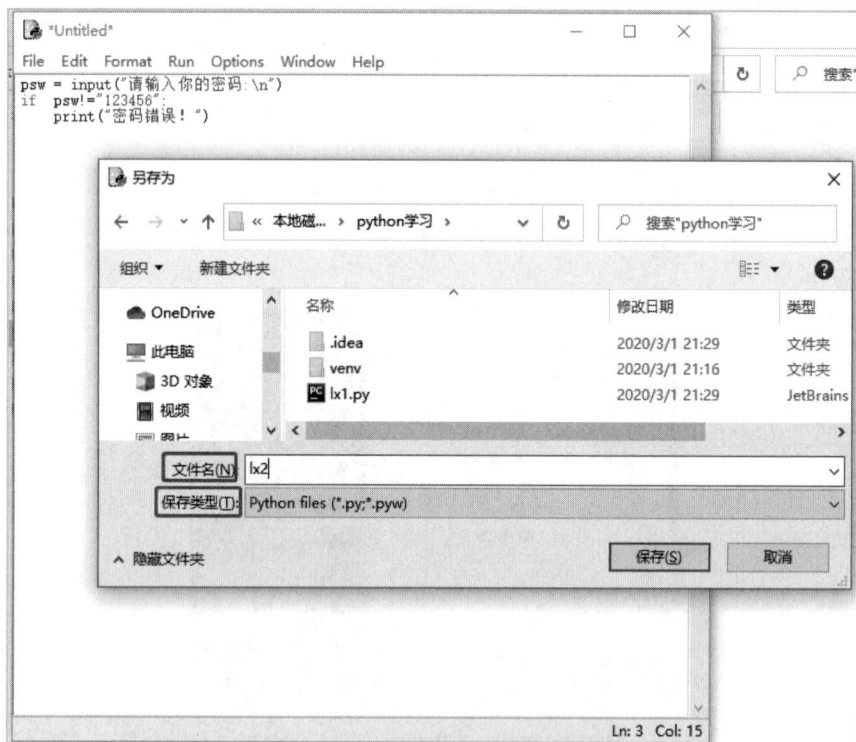

图 1-7　使用 Python IDLE 编辑代码

第三步，运行代码。选择"Run"→"Run Module"(或者按 F5 键)，运行当前文件，如图 1-8 所示。

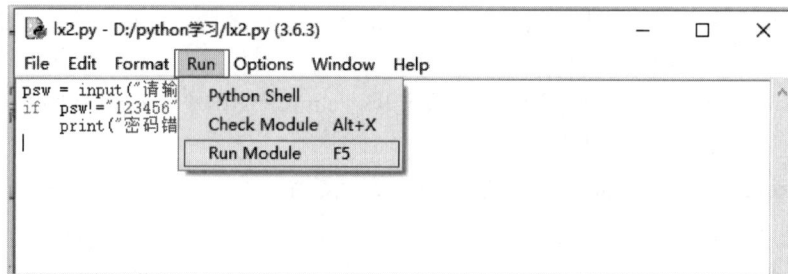

图 1-8　运行代码

运行结果如图 1-9 所示。

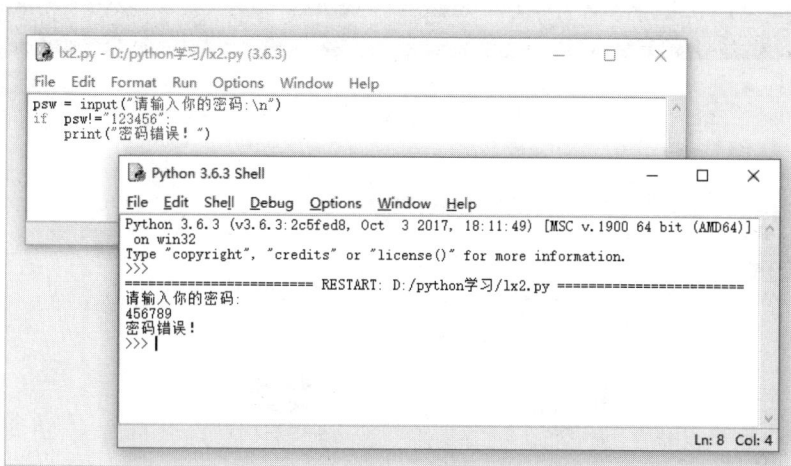

图 1-9　运行结果

2. PyCharm 的安装与使用

IDLE 是 Python 自带的开发环境，而 Python 程序员也可以选用第三方集成开发环境 (IDE，Integrated Development Environment)进行程序设计。常用的 IDE 有 Notepad++、PyScripter、PyCharm、Eclipse with PyDev、Komodo、Wing IDE、PythonWin 等。

笔者建议使用 PyCharm 工具开发 Python 程序。PyCharm 是由 JetBrains 打造的一款 Python IDE，支持 macOS、Windows、Linux 等系统。PyCharm 带有一整套可以帮助用户提高开发效率的工具，比如调试、语法高亮、Project 管理、代码跳转、智能提示、自动完成、单元测试和版本控制等。此外，该 IDE 还提供了一些高级功能，用于支持 Django 框架下的专业 Web 开发。

PyCharm 的优点：

- 拥有活跃的社区支持。
- 支持全面的 Python 开发，无论是数据科学还是非数据科学项目。
- 易于使用。
- 快速 Reindexing。
- 运行、编辑和 debug Python 代码都不需要额外的支持。
- 代码可自动补全。
- 有代码高亮设定，便于阅读。

PyCharm 使用时可能带来的麻烦：

- 加载可能比较慢。
- 使用现有项目前可能需要调整默认设置。
- 界面功能较多，需要花较多时间才能全面掌握。

1) 下载 PyCharm

PyCharm 安装程序可从 PyCharm 官网下载。进入 PyCharm 下载页面，如图 1-10 所示。PyCharm 分社区版(PyCharm Community Edition)与专业版(PyCharm Professional Edition)

两种。

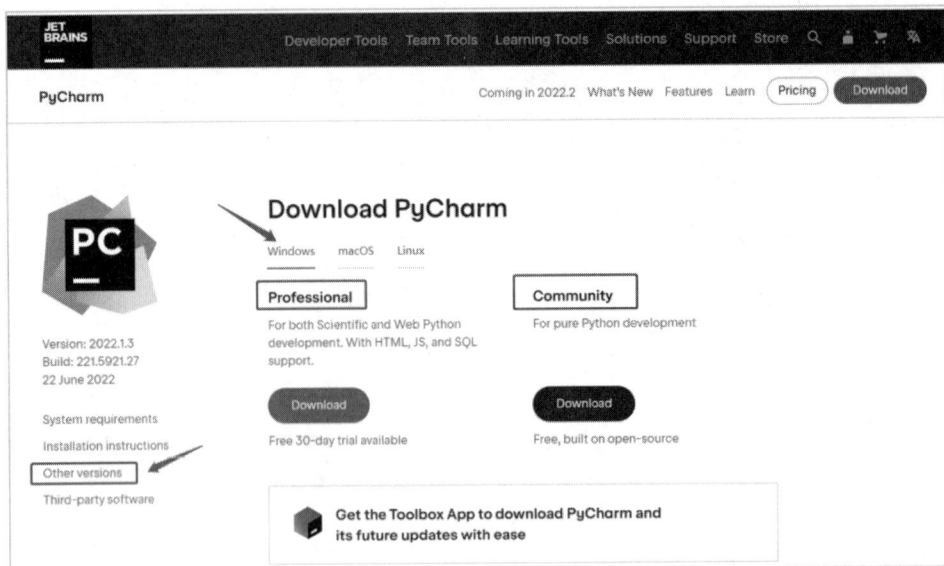

图 1-10　PyCharm 下载界面

Professional 是专业版，Community 是社区版。这里推荐安装社区版，因为它是免费使用的。首页上显示的是最新版本，如果下载其他版本，单击"Other versions"，找到需要的版本下载即可。

2）安装 PyCharm

下载后的 PyCharm 安装程序名为"pycharm-community-xxx.exe"，双击该文件进入安装界面，如图 1-11 所示。

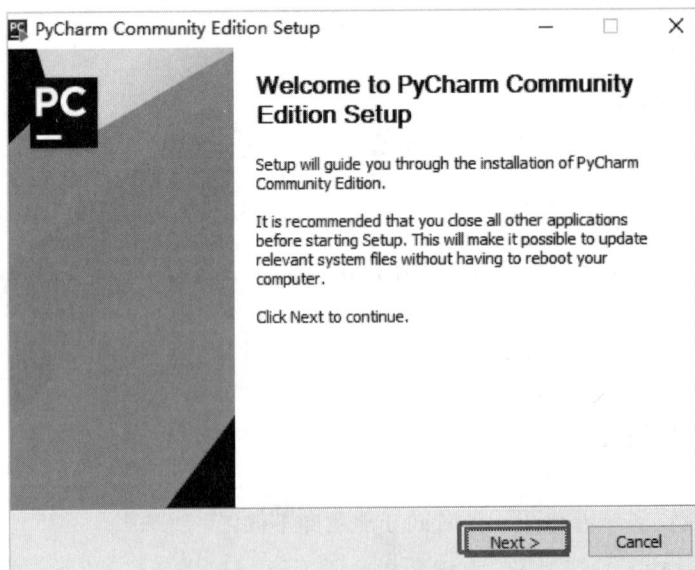

图 1-11　PyCharm 安装界面

单击"Next"，进入安装路径的选择界面，如图 1-12 所示。

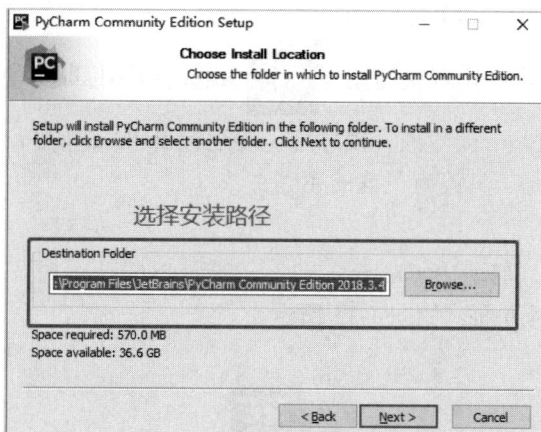

图 1-12　PyCharm 安装路径的选择

　　安装路径选择完成后，单击"Next"，进入文件配置的界面，根据自己的电脑选择 32 位或 64 位，如图 1-13 所示。

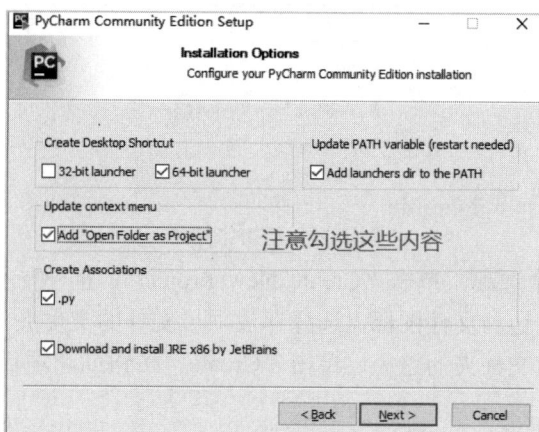

图 1-13　PyCharm 安装配置选项

　　文件配置完成后，单击"Next"，进入启动菜单界面，如图 1-14 所示。

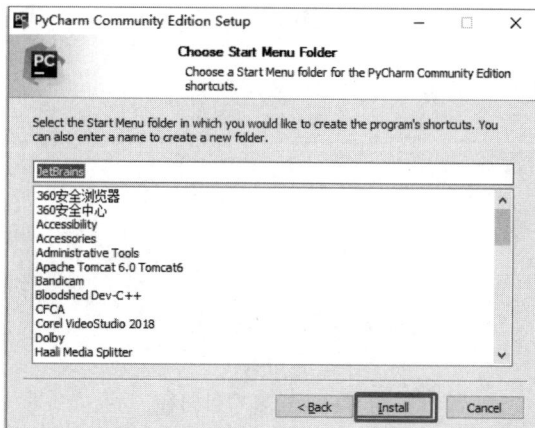

图 1-14　选择开始菜单文件夹

单击"Install",开始安装 PyCharm。

安装完成后,在桌面会出现快捷图标 ，双击该图标即可使用 PyCharm。

注意,PyCharm 只是一个集成开发环境,要运行 Python 程序,必须安装 Python(解释器),否则 PyCharm 只是一具没有灵魂的躯壳。

3) PyCharm 的使用

双击桌面快捷图标,启动 PyCharm。第一次启动 PyCharm 时,进入初始化界面,单击"OK"后进入创建项目界面,如图 1-15 所示。

图 1-15   初始化界面

图 1-15 中共有三个选项,单击"Create New Project",创建一个新项目,打开项目设置界面,用鼠标点击右边的文件图标,选择存放项目文件的文件夹,或者手动在 Location 后的输入框中输入存放文件夹的路径,单击"Create"按钮创建项目,如图 1-16 所示。

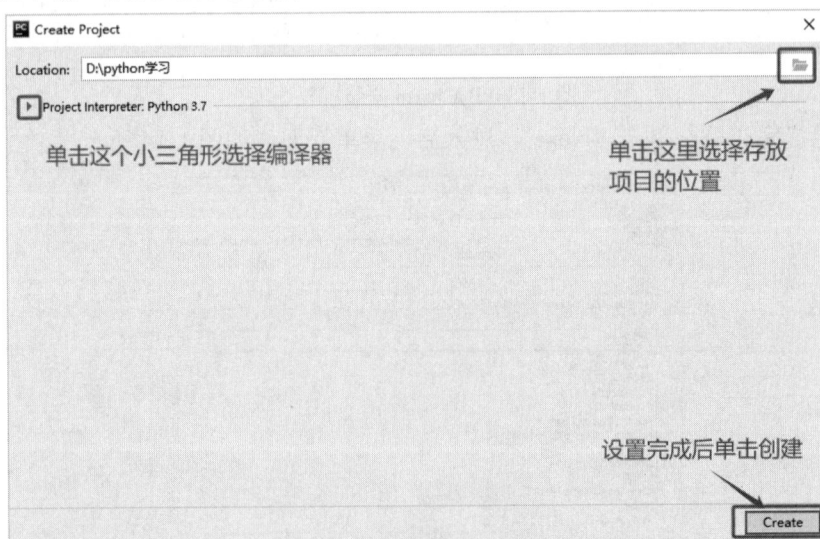

图 1-16   设置项目路径

说明:项目相当于操作系统下的文件名,方便管理多个 Python 文件。

Location 是我们存放项目的路径。单击设置项目界面中 Project 左面的三角符号，可以看到 PyCharm 已经自动获取了 Python 编译器，和自己机器安装的版本一致，如图 1-17 所示。

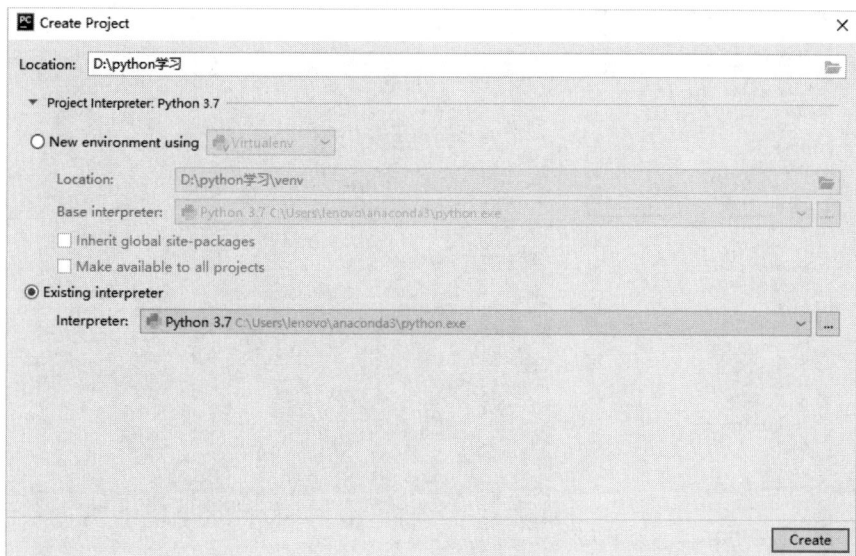

图 1-17　设置项目界面

图 1-17 中，New environment using 表示创建虚拟环境，Existing interpreter 表示选择已有的 Python 解释器。注意默认是 <No interpreter>，没有解释器，需要配置。这两项选哪个都可以，前提是要配好解释器。由于篇幅有限，请读者自行查阅如何配置。

接下来单击"Create"，创建项目。随后会弹出窗口询问是在新窗口还是在当前窗口创建项目，根据自己的需要选择即可。单击"New Window"按钮(选择新窗口创建)，可以看到 PyCharm 在配置环境中，等待之后进入项目开发界面，如图 1-18 所示。

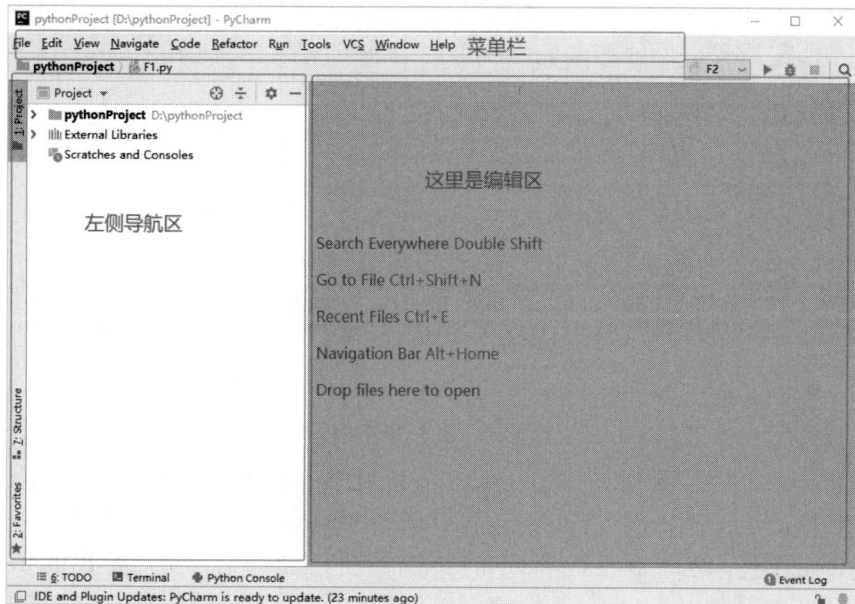

图 1-18　开发界面

如果想改变这个界面的颜色、字体等，可以在“File”菜单中，选择“Setting”，进入设置窗口，如图 1-19 所示。

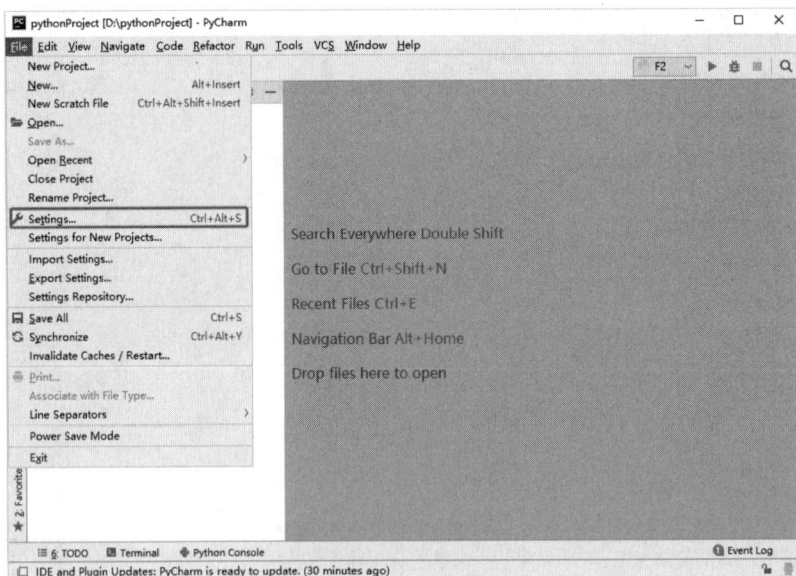

图 1-19　设置界面

在打开的设置窗口中，选择“Appearance & Behavior”→“Appearance”，在右边的“Theme”项的下拉框中选择“IntelliJ”主题，设置界面的主题风格，如图 1-20 所示。

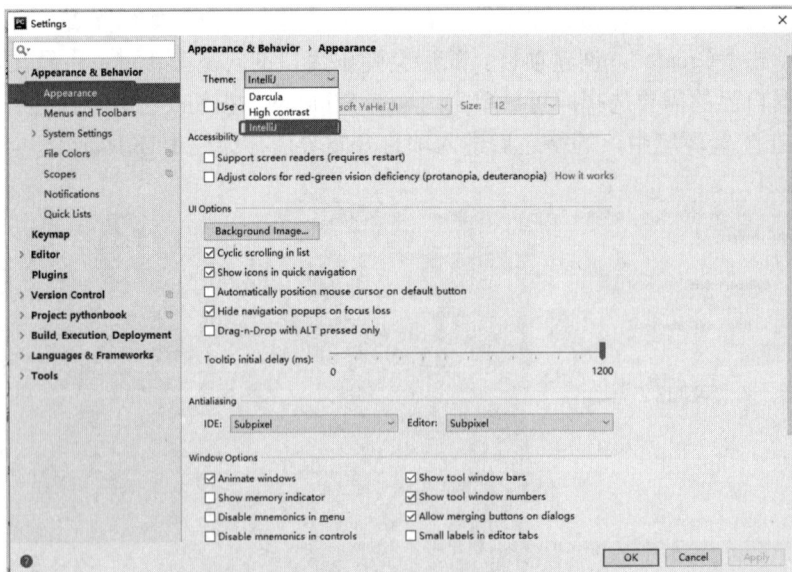

图 1-20　设置界面风格

设置完成后，界面风格如图 1-21 所示。在项目中新建 Python 文件，选中项目名称并右击，执行“New”→“Python File”；也可以选择“Python Package”先创建包，然后在包下创建 Python 文件，包就相当于项目下的子文件夹，也是为了方便管理 Python 文件，如图 1-21 所示。

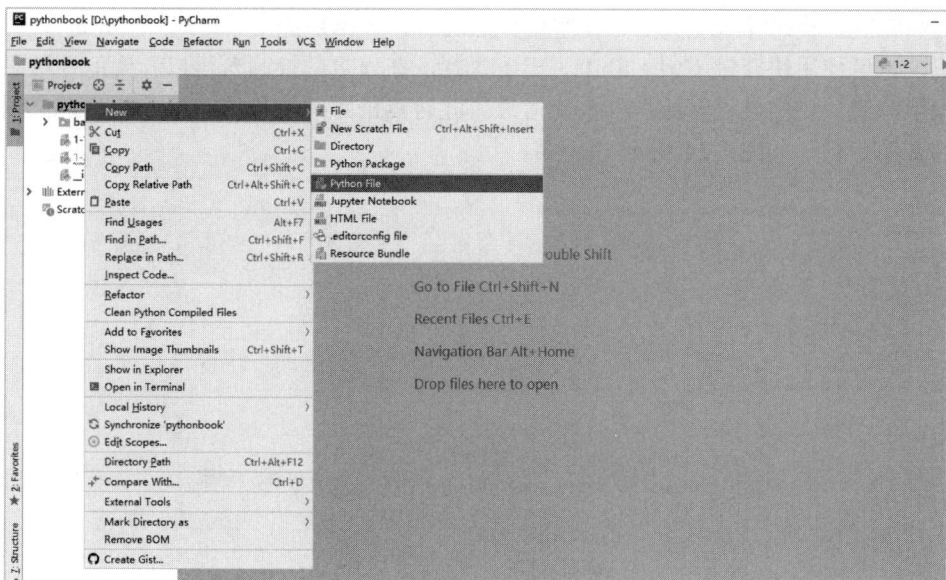

图 1-21　新建 Python 文件界面

在弹出的对话框中输入文件名，如图 1-22 所示。

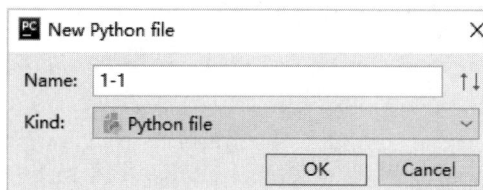

图 1-22　输入文件名

单击"OK"按钮打开编辑器，就可以开始写代码及运行了，如图 1-23 所示。

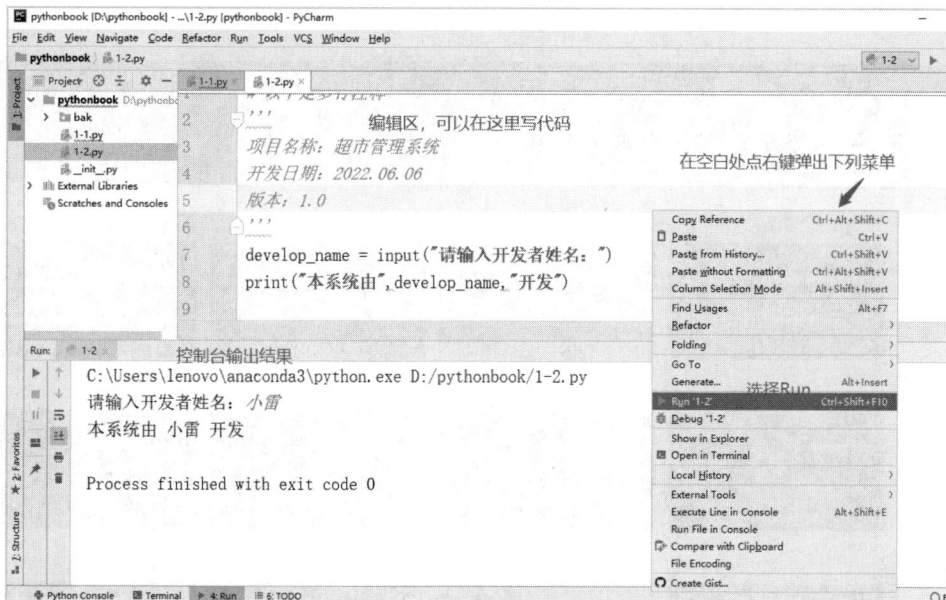

图 1-23　编辑代码及运行

在编辑区，代码输入完成后，在空白处点右键，弹出快捷菜单，选择"Run"，开始执行代码，也可使用快捷键 Ctrl + Shift + F10 执行，在下方的控制台可以看到运行结果。如果代码中有错误，则会显示如下的报错信息。此时点击跟踪信息的链接，即可定位到运行出错的文件和行，如图 1-24 所示。

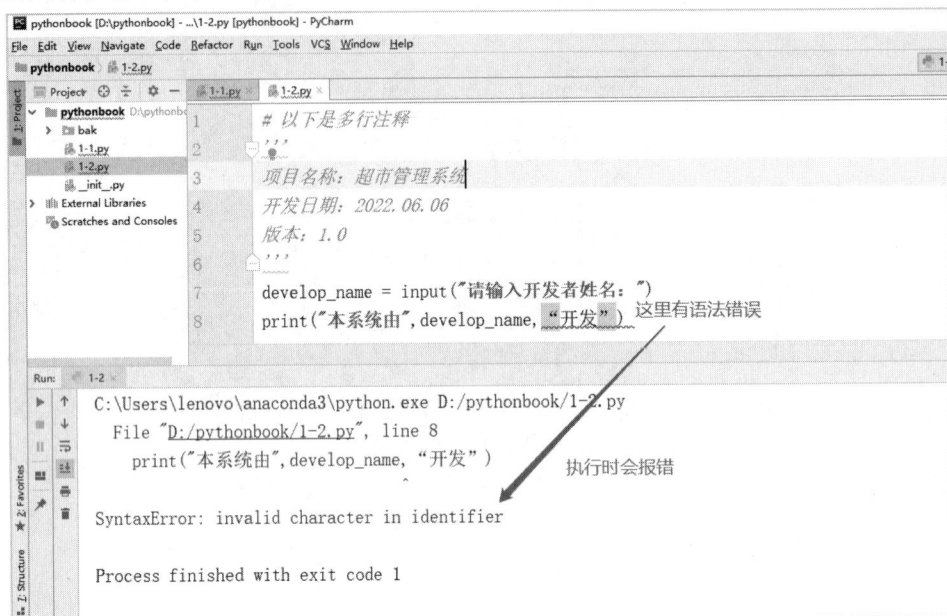

图 1-24　报错信息

3. 阿尔法 IT 智能实训平台

阿尔法 IT 智能实训平台的网址为 https://alphacoding.cn/。在浏览器的地址栏输入该网址，注册、登录，打开阿尔法平台首页，如图 1-25 所示，在首页选择 Python 课程，开始 Python 学习之旅。

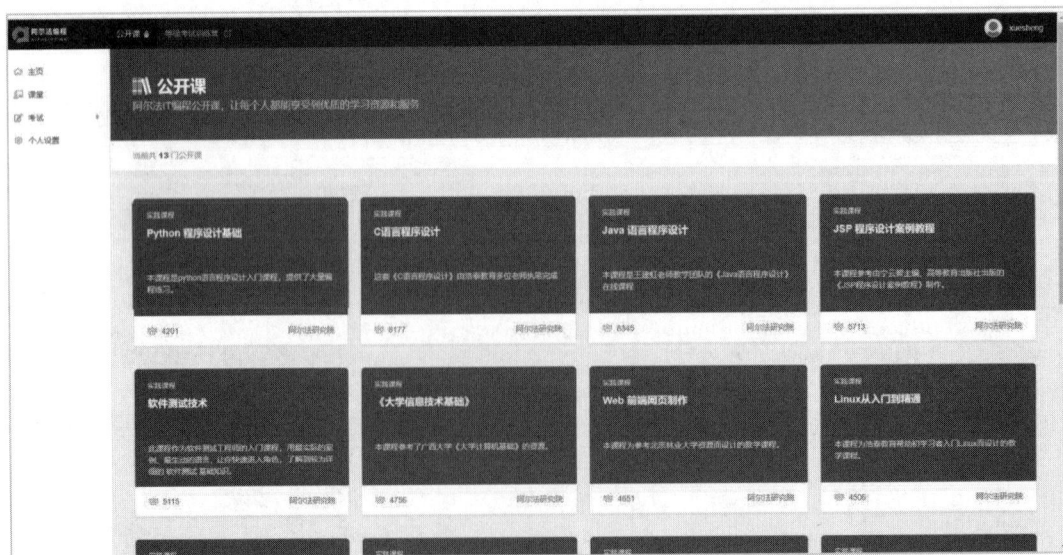

图 1-25　阿尔法平台首页

　　阿尔法平台是国内领先的 IT 在线编程及在线实训学习平台,提供精选的实践项目。学习者无须配置烦琐的本地环境,可随时在线流畅使用该平台。

　　阿尔法平台的优点:

- 拥有便捷的在线编程环境,不需要重新构建环境,从而节省了内存空间。
- 拥有丰富、有趣的配套练习题和项目课程,学习者既可以动手实践,也可以学习相关理论知识。
- 拥有多种实验环境,以满足用户的不同需求。
- 具有错误及代码解析功能。

　　使用阿尔法平台时可能遇到的麻烦:

- 部分功能需付费使用。

　　以上介绍了 3 种不同的编译环境及平台,读者可以根据自己不同的需求选用不同的环境进行 Python 程序的开发。

1.2　初识 Python 程序

　　计算机主要由 CPU、内存、硬盘和输入/输出设备组成。计算机上运行着操作系统,如 Windows 或 Linux,操作系统上运行着各种应用程序,如 Word、微信等。应用程序看起来能做很多事情,比如能读写文档,能播放音乐,能聊天,能玩游戏,能下围棋……但本质上,计算机只会执行预先写好的命令而已。命令可以存储在文本文件中,这些文件称为程序。运行程序意味着告诉计算机读取文本文件,将其转换为它理解的操作集,告诉计算机要操作的数据和执行的命令序列,即对什么数据做什么操作。

1.2.1　Python 语言的特点

　　Python 语言是一门非常受欢迎的编程语言,具有很多独特的优势。

1. 简单高效

　　Python 语法简洁,无须编译。一句话"人生苦短,我用 Python"就说明了高效是 Python 的特点。默认安装的 Python 开发环境已经附带了很多高级数据类型,如列表、元组、字典、集合、队列等。使用这些数据类型使得实现抽象的数学概念非常简单,它使我们专注于解决问题而无须考虑底层的细节。

2. 开源免费

　　Python 是开源软件。不需要花钱就能够复制、阅读、修改它,因此一批又一批优秀的人不断创造并改进 Python,这也是 Python 越来越优秀的原因。

3. 动态语言

　　Python 不做数据类型检查,声明变量时不需要指定数据类型,变量本身的类型不固定、可随意转换。

4. 面向对象的语言

Python 既支持面向过程编程，也支持面向对象编程。与 Java 相比，Python 以强大而简单的方式实现了面向对象编程。

5. 兼容性强

Python 兼容众多平台,在开发过程中不会遇到使用其他语言时常会遇到的兼容性问题。

6. 丰富的库

Python 有种类繁多的标准库，这些库不需要安装就可以使用，可帮助我们完成绝大部分的程序设计任务。

1.2.2　Python 程序的基本规则

就像学习人类语言的时候，中文有中文的语法和规则，英语有英语的语法和规则一样，不同编程语言的语法和规则也各不相同。Python 代码是优雅的，程序风格统一，有自己的一套编码规范。学习 Python 编程，应先了解和掌握最基本的 Python 编码规范。

1. 缩进

(1) 代码开头。Python 中的一行就是一条语句，每条语句以换行结束。Python 中的语句必须顶格编写，除非被作为语句嵌套在条件判断或条件循环中。

(2) 代码层级。代码与代码之间的逻辑层级关系(涉及逻辑判断、包含关系等情况)通过缩进(空格)来界定，第一层顶格编写，第二层(包含逻辑判断后的执行动作)开头预留 4 个空格(如果不考虑跨平台可以使用 Tab 键)。

使用缩进来表示代码块是 Python 的特色，并且同一个代码块的语句，必须含有相同的缩进空格数。

(3) 对齐方式。同一个层级的代码必须严格对齐，如第一层都是顶格，第二层都是 4个空格开头，第三层则是 8 个空格，以此类推。Python 程序是依靠代码块的缩进来体现代码之间的逻辑关系的，凡是缩进开始之处，必须有冒号 "："。

缩进示例如下：

```
if (a>b):
    print("条件成立")
    print("True")
else:
    print("条件不成立")
    print("False")
```

2. 注释

在 Python 中，注释有两种：单行注释和多行注释。注释在程序运行时不会被执行。
单行注释以#开头，单独一行作为注释或者在代码后面通过#跟上注释均可；多行注释在首尾处用成对的三引号引用即可，可以是成对的三个单引号或者三个双引号。

注释的使用规范：

- 单行注释符号"#"后空一格。
- 在语句后写的单行注释要在"#"前空两格。
- 多行注释符独占一行，与注释内容分行书写。

示例如下：

```
# 这是单行注释
name = 'Jack'　# 定义一个变量 name


# 以下是多行注释
'''
书名：Python 编程基础
出版日期：2024.06.06
出版社：西安电子科技大学出版社
'''
```

3. 长代码的处理

Python 建议每行代码的长度不要超过 79 个字符，对于过长的代码，建议换行。Python 中的换行方式有如下几种：

(1) 使用圆括号、中括号或花括号将多行括起来，执行时，Python 自动将它们连接成一行，形成一种无换行的字符串输出。示例如下：

```
string = ("Python 是一种面向对象的"
          "计算机程序设计语言，"
          "由 Guido van Rossum 于 1989 年底发明。")

print(string)
```

输出结果如下：

```
Python 是一种面向对象的计算机程序设计语言，由 Guido van Rossum 于 1989 年底发明。
```

(2) 要实现无换行的输出，还可以在每行末尾加续行符"\"。示例如下：

```
string = "Python 是一种面向对象的"\
         "计算机程序设计语言，"\
         "由 Guido van Rossum 于 1989 年底发明。"

print(string)
```

(3) 在换行时采用三个单引号或三个双引号，此时按 Enter 键换行符会保留。示例如下：

```
string1 = '''Python 是一种面向对象的
             计算机程序设计语言，
             由 Guido van Rossum 于 1989 年底发明。'''

print('string1:', string1)
```

```
string2 = """Python 是一种面向对象的
            计算机程序设计语言，
            由 Guido van Rossum 于 1989 年底发明。"""
print('string2:', string2)
```

这种换行方式保留了代码中的回车符，因此输出时字符串不会保持在一行上，输出结果如下：

```
string1: Python 是一种面向对象的
            计算机程序设计语言，
            由 Guido van Rossum 于 1989 年底发明。
string2: Python 是一种面向对象的
            计算机程序设计语言，
            由 Guido van Rossum 于 1989 年底发明。
```

4. 必要的空格和空行

运算符两侧、函数参数之间、逗号两侧建议使用空格分开。不同功能的代码块之间、不同的函数定义之间建议增加一个空行以增加可读性。

5. 区分大小写

Python 与大部分编程语言一样，在编写时要严格区分大小写。例如，将 print 命令写成 Print，程序会出错。

6. Python 程序文件的后缀

在 Python 和 PyCharm 环境下编写的程序文件的后缀是 .py。

1.2.3　我的第一个 Python 程序

1. 使用 PyCharm 编写程序

启动 PyCharm，新建 Python 程序，在编辑区输入例 1-1 的代码。

【例 1-1】　我的第一个 Python 程序。

```
# 我的第一个 Python 程序
import datetime
today = datetime.date.today()
print("你好！今天是：",today)
print("这是我的第一个 Python 程序。")
```

此段代码中，第 1 行代码是注释语句，不具有任何功能，只对程序作说明。第 2 行代码将 datetime 模块导入当前程序中，用于处理日期和时间。第 3 行调用 datetime 模块中 date 类的 today()函数，用于获取系统当前日期，并将此日期赋值给 today 变量。第 4 行和第 5 行使用 print()函数在屏幕上显示相关信息。输入完成后，将文本保存为 1-1.py 文件(文件名是 1-1，后缀是 .py)，然后运行，可以得到程序的结果。开发过程如图 1-26 所示。

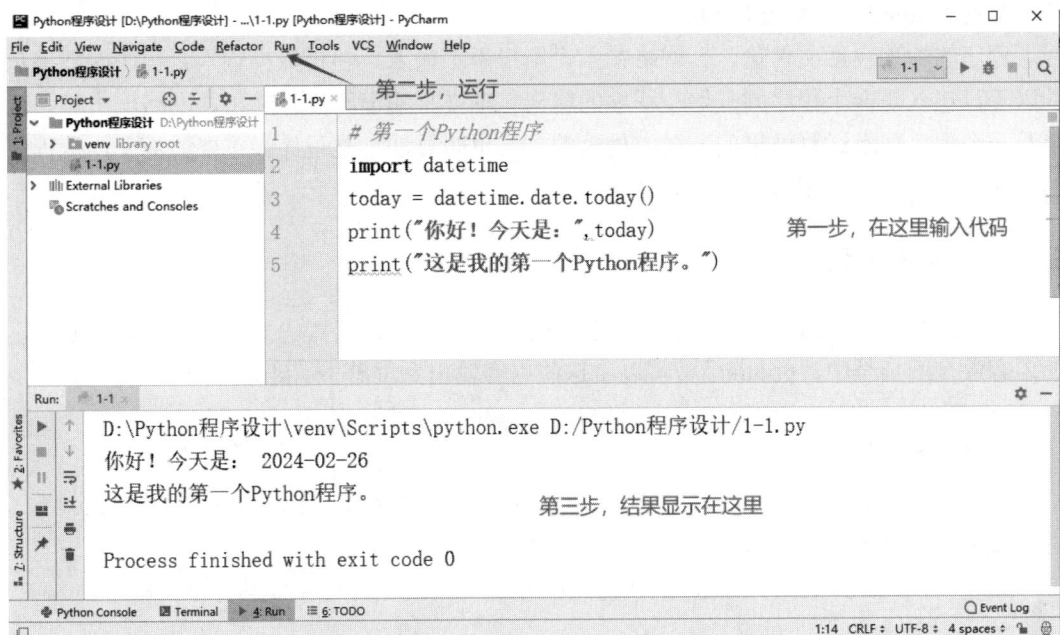

图 1-26 使用 PyCharm 工具开发程序

2. 使用阿尔法平台编写程序

打开浏览器，输入网址 https://alphacoding.cn/，登录阿尔法平台，选择 Python 课程，选择平台上的题目进行练习。平台给出题目及要求，在答题完成后会即时给出检查结果及得分情况，如图 1-27 所示。

图 1-27 在阿尔法平台上开发程序

1.3 输 入 与 输 出

程序能做很多事情，能读写文档，能播放音乐，能聊天，能玩游戏，能下围棋……但本质上，计算机只会执行预先写好的程序。程序是用户编写的、由多条命令组合而成的代码集合。根据程序的指示，计算机可能会读入数据、执行计算、输出计算结果等。因此，可以简单地认为一个完整的程序通常需要完成三步操作，即输入数据(Input)、处理数据(Process)、输出数据(Output)，简称 IPO 模式。

　　程序的输入包括文件输入、网络输入、用户手工输入、随机数据输入、程序内部参数输入等，输入是一个程序的开始。程序的输出包括屏幕输出、文件输出、网络输出等，输出是一个程序展示运算结果的方式。处理的方法也叫算法，是程序最重要的部分，是程序的灵魂。本节先介绍输入和输出方法。

1.3.1　print()函数

　　Python 使用 print()函数进行输出。函数的名字是 print，后跟一对圆括号。将需要输出的内容放在圆括号中，print()函数可以将这些内容输出到屏幕上。语法如下：

```
print(*objects, sep=' ', end='\n', file=sys.stdout, flush=False)
```

括号中各参数的含义：

objects：复数，表示可以一次输出多个对象；当输出多个对象时，需要用逗号分隔。

sep：用来间隔多个对象，默认值是一个空格。

end：用来设定以什么结尾。默认值是换行符 \n，这里可以换成其他字符串。

file：要写入的文件对象。

flush：输出是否被缓存，通常取决于 file，但如果 flush 的关键字参数为 True，则会被强制刷新。

　　无论什么类型，数值、布尔、列表、字典……都可以直接输出，或者先赋值给变量，再输出变量的值。

　　【例 1-2】　输出示例。

```
# 1-2.py
print([1,2,3,4])                       # 输出一个列表
str="再小的努力，乘以 365 都很明显！"    # 将字符串赋值给变量 str
print(str)                             # 输出变量 str 的值
url= "http://alphacoding.cn/ "         # 将字符串 "alphacoding.cn" 赋值给变量 url
print("我们的网址是：",url)            # 输出一个字符串和一个变量的值，逗号分隔
print('我','喜欢学', 'Python')         # 逗号分隔多个输出内容
print('我','喜欢学','\n', 'Python')    # 遇到'\n'换行
print("www","baidu","com",sep=".")     # 通过 sep 参数设置间隔符为"."，默认是空格
```

程序运行结果如下：

```
[1, 2, 3, 4]
再小的努力，乘以 365 都很明显！
我们的网址是：http://alphacoding.cn/
我 喜欢学 Python
我 喜欢学
 Python
www.baidu.com
```

更多输出格式的用法在后面介绍。

1.3.2 input()函数

Python 使用 input( )函数实现输入,语法如下:

```
变量名=input('提示:')
```

函数的功能:接收用户从键盘的输入,并保存到变量中。

当程序执行到 input( )函数时,程序会暂停,等待用户从键盘输入数据,当获取用户输入后,Python 以字符串的形式接收该数据并存储到一个变量中。

【例 1-3】 请用一行代码编写一个回声函数,将用户输入的内容直接打印出来。

```
print(input())              # 直接输出从键盘接收的内容
#上面一行代码等价于下面两行
# str = input()             # input( )函数中没有提示信息
# print(str)                # 输出变量 str 的值
```

程序执行第一条语句时,会出现一个文本框,此时程序等待用户输入,待用户将数据输入文本框中后,按 Enter 键,Python 接收到该数据,并直接通过 print()函数将该数据输出。效果如图 1-28 所示。

图 1-28 程序例 1-3 的运行结果

【例 1-4】 输入任意两个数,然后相加。

```
n1=input("请输入数字 n1:")    # 从键盘输入 2
n2=input("请输入数字 n2:")    # 从键盘输入 3
n=n1+n2                      # 计算
print("结果为:",n)          # 输出结果
```

程序执行第一条语句时,会看到下列提示,此时程序等待用户输入,如图 1-29 所示。

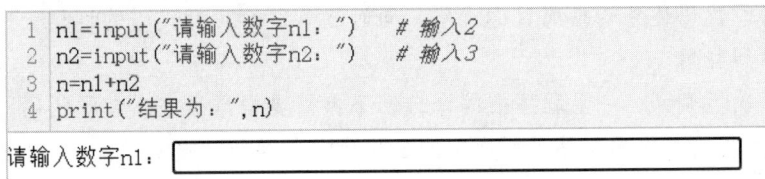

图 1-29 等待用户从键盘输入

在文本框中输入 2 后按 Enter 键,程序继续执行第 2 条语句,提示"请输入数字 n2:",并等待用户输入。在文本框中输入 3 后按 Enter 键,程序继续执行下面的语句。运行结果如下:

```
请输入数字 n1: 2
请输入数字 n2: 3
结果为:  23
```

思考:程序的结果为什么不是 5 呢?

因为 input()函数从键盘接收的数据都是字符型的，所以即使我们输入的是数字，也按字符处理，两个字符相加，就是将两个字符拼接在一起。如果要进行计算，还需将数据转换成数值型的才行。解决办法将在后续内容中讲解。

知识扩展

程序设计语言

程序设计语言是沟通人类与计算机的桥梁，它严格遵循规则来构建指令序列，促使计算机自主执行复杂运算与处理任务。这些按既定规则编排的指令集合，我们称之为计算机程序。

就像不同国家间需要共同语言以促进交流一样，人类与计算机之间的有效交流依赖于程序设计语言。程序设计语言大致可分为三大类别：机器语言、汇编语言及高级语言。前两者，即机器语言和汇编语言，因直接贴近硬件操作层面，故常被称为低级语言。此"低级"并非指其功能受限，而是相较于高级语言，它们在表达上更为抽象，对程序员而言学习门槛与编码复杂度均较高。相反，高级语言以其接近人类自然语言的语法和逻辑，降低了编程难度，使得程序员能更直观地表达程序意图。

计算机的核心处理单元——CPU(中央处理器)，其直接运作的语言是机器指令语言，这是一种仅由 0 和 1 组成的二进制代码。为使计算机高效执行人类编写的程序，我们需借助转换工具，将高级或汇编语言编写的程序翻译成 CPU 能直接理解的机器指令。这一过程犹如为计算机世界与人类世界架起了一座桥梁，确保了双方的无缝协作。

翻译分为两种形式：编译和解释。解释和编译的共同目标都是将我们所认识的语句(如循环、判断)转成二进制目标代码，再交给计算机执行。

编译是将源代码转换成目标代码的过程，通常源代码是高级语言代码，目标代码是机器语言代码，执行编译的计算机程序称为编译器。

解释是将源代码逐条转换成目标代码，同时逐条运行目标代码的过程。执行解释的计算机程序称为解释器。

编译是一次性翻译，一旦程序被编译，就不再需要编译程序或者源代码。

- 对于相同的源代码，编译所产生的目标代码其执行速度更快。
- 目标代码不需要编译器就可以运行，可在同类型操作系统上灵活使用。

解释则在每次程序运行时都需要解释器和源代码。

- 解释执行需要保留源代码，程序纠错和维护十分方便。
- 只要存在解释器，源代码就可以在任何操作系统上运行，可移植性好。

高级编程语言根据执行机制不同可分成两类：静态语言和脚本语言。静态语言采用编译方式执行，C 语言、Java 语言是静态语言；脚本语言采用解释方式执行，采用解释执行的编程语言是脚本语言，Python 是解释型语言，也是脚本语言。

Python 源码不需要编译成二进制代码，它可以直接从源代码运行程序。Python 解释器将源代码转换为字节码，然后把编译好的字节码转发到 Python 虚拟机(PVM)中执行。下面通过一张图来描述 Python 程序的执行过程，如图 1-30 所示。

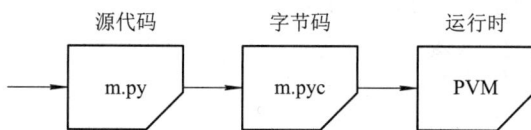

图 1-30　Python 程序的执行过程

　　Python 解释器本身也是个程序，它是解释执行 Python 代码的，所以叫解释器。没有它，我们的 Python 代码是没有办法运行的。

　　运行 Python 程序时，先运行 Python 解释器，通过这个解释器，去读取 Python 程序文件，这个解释器再以机器指令语言告诉 CPU 如何去做。所以要运行 Python 程序，必须有 Python 解释器。

　　Python 解释器有很多种：
- CPython：采用 C 语言开发，使用最广，是默认的解释器。
- IPython：基于 CPython 的交互式解释器。
- PyPy：采用 JIT 技术，对 Python 代码进行动态编译，追求执行速度。
- Jython：运行在 Java 平台上的解释器，可以直接编译成 Java 字节码执行。
- IronPython：同理 Jython，运行在 .Net 平台上。

虽然有多种解释器，但是我们常用的还是 CPython。

Python 解释器有两个重要的工具：
- IDLE：Python 集成开发环境，用来编写和调试 Python 代码。
- pip：Python 第三方库安装工具，用来在当前计算机上安装第三方库。

本 章 习 题

一、选择题
1. Python 是一种(　　)。
A. 编程语言　　　　　　　　B. 编辑工具集
C. 开发环境　　　　　　　　D. 编程软件
2. 拟在屏幕上打印输出 Hello World，使用的 Python 语句是(　　)。
A. print('Hello World')　　　B. print(Hello World)
C. printf("Hello World")　　　D. printf('Hello World')
3. 在 Python 语言中，可以作为源文件后缀名的是(　　)。
A. png　　　　B. pdf　　　　C. py　　　　D. ppt
4. Python 语言中 print 的说法正确的是(　　)。
A. 向控制台输出信息　　　　B. 指示打印机打印内容
C. print 可以输出字符串内容　　D. print 会自动在内容末尾添加换行符

E. print 是一个函数

5. 下面无法执行的是(   )。

A. print(床前明月光，疑是地上霜)

B. print"床前明月光，疑是地上霜"

C. print ('床前明月光，疑是地上霜')

D. print ('床前明月光，疑是地上霜')

E. print ('床前明月光，疑是地上霜')

6. 在 Python 中，用于获取用户输入的函数是(   )。

A. print()   B. get()   C. input()   D. eval()

7. 下面关于 input()函数说法正确的是(   )。

A. 使用 input()函数可以接收整型数据

B. 使用 input()函数可以接收浮点型数据

C. 使用 input()函数可以接收字符串型数据

D. 使用 input()函数一次可以接收多个字符串型数据

8. 以下关于语言类型的描述中，错误的是(   )。

A. 解释是将源代码逐条转换成目标代码同时逐条运行目标代码的过程

B. 语言是静态编译语言，Python 语言是脚本语言

C. 编译是将源代码转换成目标代码的过程

D. 静态语言采用解释方式执行，脚本语言采用编译方式执行

9. 在 Python 语言中，IPO 模式不包括(   )。

A. Input(输入)   B. Program(程序)

C. Process(处理)   D. Output(输出)

10. 以下关于 Python 缩进的描述中，错误的是(   )。

A. Python 用严格的缩进表示程序的格式框架，所有代码都需要在行前至少加一个空格

B. 缩进是可以嵌套的，从而形成多层缩进

C. 缩进表达了所属关系和代码块的所属范围

D. 判断、循环、函数等都能够通过缩进包含一批代码

二、判断题

1. 无论输入什么，Python 3.x 中 input()函数的返回值总是字符串。   (   )

2. 为了让代码更加紧凑，编写 Python 程序时应尽量避免加入空格和空行。   (   )

3. 放在一对三引号之间的任何内容将被认为是注释。   (   )

4. 在 Windows 平台上编写的 Python 程序无法在 Unix 平台上运行。   (   )

三、编程题

1. 请用一行代码编写一个回声函数，将用户输入的内容直接打印出来。输入什么即输出什么。

```
print(input())
```

2. 注释下面代码中的相关说明内容，使程序能正常运行。

召唤海龟，导入海龟库

```
import turtle
创造 alpha 对象
alpha = turtle.Turtle()
让 alpha 前进 100
alpha.forward(100)
```

3. 打印输出如下内容：

我正在学习 Python，今天学习了 Python 的基本语法！

四、拓展练习

1. 键盘输入正整数 n，按要求把 n 输出到屏幕上，格式要求：宽度为 20 个字符，用减号字符-填充，右对齐，带千位分隔符。如果输入正整数超过 20 位，则按照真实长度输出。

示例输入：

1234

示例输出：

```
--------------1,234
n = eval(input("请输入正整数:"))
print("{_____}".format(n))
```

2. 键盘输入字符串 s，按要求把 s 输出到屏幕上，格式要求：宽度为 20 个字符，用等号字符=填充，居中对齐。如果输入字符串超过 20 位，则全部输出。

示例输入：

PYTHON

示例输出：

```
=====PYTHON=====
s = input("请输入一个字符串:")
print("{_____}".format(s))
```

3. 键盘输入正整数 n，按要求把 n 输出到屏幕，格式要求：宽度为 15 个字符，数字右边对齐，不足部分用*填充。

示例输入：

1234

示例输出：

```
***********1234
n = eval(input("请输入正整数:"))
print("{_____}".format(n))
```

4. 键盘输入正整数 n，按要求把 n 输出到屏幕，格式要求：宽度为 14 个字符，数字中间对齐，不足部分用=填充。

示例输入：

1234

示例输出：

=====1234=====

```
n = eval(input("请输入正整数:"))
print("{_____}".format(n))
```

5. 键盘输入正整数 n，按要求把 n 输出到屏幕，格式要求：宽度为 25 个字符，用等号字符 = 填充，右对齐，带千位分隔符。如果输入正整数超过 25 位，则按照真实长度输出。

示例输入：

```
1234
```

示例输出：

```
=====================1,234
n = eval(input("请输入正整数:"))
print("{_____}".format(_____))
```

6. 获得用户输入的一个整数，对该数字以 30 字符宽度、十六进制、居中输出，字母小写，多余字符采用英文的双引号(")填充。

示例输入：

```
1234
```

示例输出：

```
""""""""""""""4d2"""""""""""""""
s=input()
print("{_____}".format(_____))
```

第 2 章

Python 编程基础

▶ **本章导读**

现实生活中，如果要熟练掌握一门新的语言，都要先学习它的词汇、语法等基础知识。同样如果要使用 Python 编写程序，也需要学习 Python 的基础知识。万丈高楼平地起，本章开始，我们要打好 Python 基础，盖好 Python 编程这座大厦。本章主要包括以下内容：

(1) 变量与赋值；
(2) 数据类型；
(3) 运算符与表达式。

▶ **学习目标**

(1) 理解变量和赋值的概念；
(2) 掌握变量的命名规则；
(3) 熟悉 Python 变量的数据类型；
(4) 掌握运算符和表达式的使用。

2.1 变 量 和 赋 值

变量是指程序运行过程中其值可以改变的量。

2.1.1 变量的赋值

程序中使用到的数据都会存放在内存单元中。内存在程序看来就是一块有地址编号的连续空间，当数据存放到内存的某个位置后，为了方便地找到和操作这个数据，需要给这个位置起一个名字，这个名字就是变量名，就像每个人都有一个名字一样，这个变量指向的内存单元中的数据就是变量的值，在大多数程序设计语言中，把这种操作称为"给变量赋值"或者"把值存储在变量中"。

Python 语言和其他程序设计语言不同，它不是把值存储在变量中，而是把变量指向存放值的那个内存位置。在 Python 中，变量就是变量，不存在类型，平常说变量的类型，实际上是指变量所指向的数据的类型。由于变量的类型不固定，所以 Python 语言被称为动态语言。

Python 中的变量不需要声明，但每个变量使用前都必须赋值，变量赋值以后就创建了这个变量。

1. 赋值符号 "="

在 Python 中，把变量指向存放值的内存位置的操作，是通过赋值的方式实现，赋值是通过 "=" 来实现的，这里 "=" 称为赋值运算符，示例如下：

```
name = "小美"        # 创建变量 name，赋值为"小美"
age = 18            # 创建变量 age，赋值为 18
city = "北京"        # 创建变量 city，赋值为"北京"
```

提示：赋值语句除了赋值功能外，还用于定义一个新变量。

2. 多重赋值

Python 允许同时为多个变量赋值，例如：

```
x=y=z=1
```

其作用是同时将 1 赋值给 x、y、z 三个变量，实际上是将三个变量都指向了数据 1，这条语句和下列语句是等价的：

```
x=1
y=1
z=1
```

3. 多元赋值

Python 允许同时为多个变量赋不同的值。例如：

```
x,y,z=56,21, 'China'
```

其作用是创建了三个变量，分别赋值为 56,21 和字符串 "China"，和下列三条语句是等价的：

```
x=56
y=21
z='China'
```

2.1.2 标识符

标识符是用来标识某个对象的名称，现实生活中用苹果、香蕉来表示某种水果，用张三、李四表示某个人。在 Python 中，变量名、函数名、模块名等都是标识符。在程序中，需要开发人员自己定义这些标识符，其命名方式需要遵守以下规则：

(1) 标识符由字母、下画线和数字组成，且不能以数字开头。
(2) Python 中的标识符是区分大小写的。例如，andy 和 Andy 是不同的标识符。
(3) Python 中的标识符不能使用关键字。例如，if 不能作为标识符。
(4) 尽量用一个有意义的名字，提高代码的可读性，如用 city 表示城市，age 表示年龄。

示例代码如下：

```
num12           # 合法的标识符
num#12          # 不合法的标识符，标识符不能包含#符号
```

| class | # 不合法的标识符，标识符不能使用关键字 |
| 3num | # 不合法的标识符，标识符不能以数字开头 |

提示：Python 之父 Guido 推荐的命名规范包括以下几点。

(1) 模块名和包名采用小写字母并以下画线分割单词的形式，如 student_name。

(2) 类名和异常名采用每个单词首字母大写的方式，如 BaseServer、KeyboardInterrupt。

(3) 全局或者类常量，全部使用大写字母，并以下画线分隔单词，如 MAX_LOAD。

(4) 其余对象的命名，如方法名、函数名、普通变量名等，则采用全部小写字母并以下画线分隔单词，如 my_list。

在 Python 中，具有特殊功能的标识符称为关键字。关键字是 Python 语言本身已经使用的，不允许开发者自己定义和关键字相同名字的标识符。Python 中的关键字如下：

False	def	if	raise
None	del	import	return
True	elif	in	try
and	else	is	while
as	except	lambda	with
assert	finally	nonlocal	yield
break	for	not	
class	from	or	
continue	global	pass	

Python 中的每个关键字都代表不同的含义。如果想查看关键字的信息，可以输入 help() 命令进入帮助系统查看。

2.1.3　变量在内存中的表示

在 Python 中，变量可以看作存储数据的容器。在 Python 中无须声明变量的类型，Python 会在运行时自动根据变量值进行推断。

```
a = 'abc'
b = a
a = 56
print(b)
```

上述代码中，语句 a = 'abc'，表示在内存中创建了一个 'abc' 的字符串，创建了一个变量 a，并将 a 指向 'abc'。

语句 b = a 表示在内存中创建了一个变量 b，并将 b 指向 a 指向的字符串 'abc'。

语句 a = 56 表示在内存中创建了一个 56 的数据对象，并将 a 的指向改为 56，b 的指向没有改变。这是执行语句 print(b)，输出 b 的值，仍然是 'abc'。

第一行语句变量 a 指向了字符串 'abc'，a 就是字符串类型的。第三行 a 指向了数值型数据 56，a 的类型就是整型的。

2.2　数　据　类　型

程序设计语言需要明确数据的含义，需要对数据进行类型划分。

2.2.1　基本数据类型

在 Python 中，变量就是变量，它不会有类型。所谓类型，是变量所指的内存中对象的类型。对数据进行类型定义，一方面是为了确定数据在内存中占多大地方，类似普通类型教室能容纳 50 名学生，阶梯类型教室能容纳 150 名学生一样；另一方面，定义数据类型是为了告诉计算机如何处理这种数据，比如，两个数值可以进行加减乘除等数学运算(如 2 + 3 = 5)，两个字符串可以连接成一个更长的字符串(如 '2' + '3' = '23')等。

Python 常用数据类型有 number(数字)、布尔类型(bool)、string(字符串)、list(列表)、tuple(元组)、dictionary(字典)等，如图 2-1 所示。

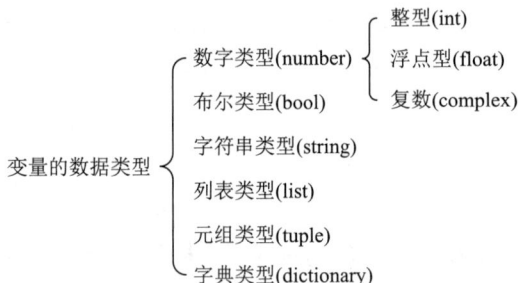

图 2-1　Python 变量数据类型

本节重点讲解数字类型、布尔类型和字符串类型。其他类型在后面的章节陆续介绍。

2.2.2　数据类型及其应用

1. 数字类型及运算

Python 中的数字类型包含整型、浮点型和复数类型。

1) 整型

整数类型(int)简称为整型，它用于表示整数。例如，100、2016 等这样的数据都是整数。整型值的表示方式有四种，分别是十进制、二进制(以"0b"或"0B"开头)、八进制(以数字"0o"开头或者"0O")和十六进制(以"0x"或"0X"开头)。

Python 的整型可以表示的范围是有限的，它和计算机系统的最大整型一致。例如，32 位计算机上的整型是 32 位，可以表示的数的范围是 $-2^{31} \sim 2^{31} - 1$；在 64 位计算机上的整型是 64 位的，可以表示的数的范围是 $-2^{63} \sim 2^{63} - 1$。

整型代码示例：

```
a = 0b10100        # 二进制数
b = 0o23           # 八进制数
```

```
c = 0xD              # 十六进制数
```

上述代码中，第一行代码是给变量 a 赋值一个二进制整数，第二行代码是给变量 b 赋值一个八进制整数，第三行代码是给变量 c 赋值一个十六进制整数。

各进制之间的数是可以相互转换的，一个十进制的数，如果想换为二进制、八进制或者十六进制，可以使用指定的函数来完成，示例代码如下：

```
print(bin(20))       # 使用 bin 函数将十进制的 20 转为二进制，输出为 0b10100
print(oct(20))       # 使用 oct 函数将十进制的 20 转为八进制，输出为 0o24
print(hex(20))       # 使用 hex 函数将十进制的 20 转为十六进制，输出为 0x14
```

2) 浮点型

浮点数由整数和小数组成，在 Python 中，所有的小数都是浮点型，即 float 类型。例如，3.14、9.19 等属于浮点型。其表示方法有两种：

第一种，十进制形式，如 0.889，-23.6。

第二种，指数形式，通常用来表示一些比较大或者比较小的数值。例如，0.000 016 3 可表示为 1.63e-5，-123 456.8 可表示为 -1.234568e5。

3) 复数类型

复数类型用于表示数学中的复数，由实数部分和虚数部分组成，一般形式为 real+imagj 或 real+imagJ。例如，5+3j、-3.4-6.8J 都是复数类型。Python 中的复数类型是其他计算机语言所没有的数据类型。

需要注意的是：

复数的实数部分 real 和虚数部分 imag 都是浮点型，一个复数必须有表示虚部的实数和 j，如 1j、-1j 都是复数，而 0.0 不是复数，并且表示虚部的实数部分即使是 1 也不能省略。复数类型示例代码如下：

```
a = 1+2j            # 将复数 1+2j 赋值给变量 a
print(a)            # 输出结果为(1+2j)
print(a.real)       # 输出实数部分，结果为 1.0
print(type(a.real)) # 输出实数部分的数据类型，结果为<class 'float'>
print(a.imag)       # 输出虚数部分，结果为 2.0
print(type(a.imag)) # 输出虚数部分的类型，结果是<class 'float'>，是浮点型
```

2. 布尔类型

布尔类型是特殊的整型，它的值只有两个，分别是 True(真)和 False(假)。如果将布尔值进行数字运算，True 会被当作整型 1，False 被当作整型 0。

3. 字符串类型及格式化

1) 字符串

生活中一个人的姓名、性别和联系方式以及家庭住址等信息都是以字符串形式表示。在 Python 中，字符串是由引号括起来的数字、字母、下画线的集合，引号可以是单引号、双引号和三引号。字符串示例代码如下：

```
s1 = "Hello, Haotest！"
print(s1)                              # 输出结果为 Hello, Haotest！
s2 = 'Hello, Haotest！'
print(s2)                              # 输出结果为 Hello, Haotest！
s3 = "I'm HaoZQ!"
print(s3)                              # 输出结果为 I'm HaoZQ!
```

2) 转义字符

在 Python 中，一些字符前面加一个反斜杠 "\"，如\0、\t、\n 等，就称为转义字符，因为后面的字符，都不是它本来的字符意思了。转义序列通常有两种功能：第一种功能是在程序中表示一个实体，如设备命令或者无法被字母表直接表示的特殊数据；第二种功能是表示键盘上的一些符号(如字符串中的回车符)。Python 中常用的转义字符如表 2-1 所示。

表 2-1 转 义 字 符

转义字符	描　述
\ (在行尾时)	续行符
\\	反斜杠符号
\'	单引号
\"	双引号
\a	响铃
\b	退格(Backspace)
\000	空
\n	换行
\v	纵向制表符
\t	横向制表符
\r	回车
\f	换页
\oyy	八进制数 yy 代表的字符，例如 \o12 代表换行
\xyy	十进制数 yy 代表的字符，例如 \x0a 代表换行

使用字符串，要注意以下事项：

(1) 引号不能混用。Python 中字符串左右的引号要一致，不能混用单引号、双引号。例如，在 Python 中输入 s= 'hello' 语句会报这样的错误。

(2) 相同的引号不能嵌套使用。引号在嵌套使用时，不能使用相同类型的引号表达嵌套。例如，要用变量 s 表示字符串：子曰"学而时习之，不亦说乎？"，那么正确的表达示例如下：

```
s1='子曰"学而时习之，不亦说乎？"'      # 单引号里嵌套双引号
print(s1)                          # 子曰"学而时习之，不亦说乎？"
s2='子曰\'学而时习之，不亦说乎？\''    # 嵌套使用同样的引号时，可使用转义字符转义
print(s2)                          # 子曰"学而时习之，不亦说乎？"
```

```
s3="子曰\"学而时习之，不亦说乎？\""        # 嵌套使用同样的引号时，可使用转义字符转义
print(s3)
```

注意，s1 字符串最右侧的两个引号分别是一个双引号和一个单引号，分别与前面的双引号和单引号匹配。

运行结果如下：

```
子曰"学而时习之，不亦说乎？"
子曰'学而时习之，不亦说乎？'
子曰"学而时习之，不亦说乎？"
```

而下面的两种表达都是错误的：

```
s="子曰"学而时习之，不亦说乎？""        # 错误的引号嵌套
s='子曰'学而时习之，不亦说乎？'         # 错误的引号嵌套
```

（3）单引号和双引号都不能跨行使用。Python 中，单引号和双引号都不能跨行使用，如果需要跨行，加斜杠符号"\"，示例代码如下：

```
# 使用斜杠符号"\"实现换行
S1="白日依山尽,\
黄河入海流"
S2='欲穷千里目,\
更上一层楼'
```

（4）合理使用三重引号。Python 中，三重引号既有单引号、双引号的作用，还具有单双引号不具备的一些功能，示例代码如下：

```
"""下面三个字符串变量都使用了三重引号
此处三重引号用作程序多行注释
本程序作者是：HaoTest
日期：2024 年 5 月 10 日"""


# 多行字符不需要用换行符
s1 = """白日依山尽,
黄河入海流。
欲穷千里目,
更上一层楼。
"""
print(s1)


# 字符串的单引号不需要用转义字符
s2 = """Hello，what's your name?
My name is haozq. And you?
I'm liqing!"""
print(s2)
```

```
s3 = """    *
   ***
*******"""
print(s3)                        # 打印图形
```

运行结果如下：

```
白日依山尽，
黄河入海流。
欲穷千里目，
更上一层楼。

Hello，what's your name?
My name is haozq. And you?
I'm liqing!
    *
   ***
*******
```

(5) 取消转义。Python 还允许用 "r" 或者 "R" 表示内部的字符串默认不转义，示例代码如下：

```
print('你好\tPython')            # 字符串中 "\t" 是转义字符，相当于键盘上的一个 Tab 键的作用
print(r'你好\tPython')           #r 表示取消了 "\t" 的转义，还是表示 \ 和 t 原本字符
print()
print('d 盘上 test.txt 文件的表示：')
print('d:\\test.txt')           # Python 中 "\" 表示转义的意思，而在操作系统中 "\" 表示盘符和文件
                                  名之间的分隔符
print('d:\test.txt')            # 这样写系统会认为 "\t" 是转义字符
print(r'd:\test.txt')           # 使用 r 可以取消 "\t" 的转义
```

运行结果如下：

```
你好 Python
你好\tPython

d 盘上 test.txt 文件的表示：
d:\test.txt
d:est.txt
d:\test.txt
```

3) 字符串的输出格式

在前面讲解 print 函数时只使用了该函数基本的输出格式，在实际应用中经常需要各种各样的输出形式，Python 通过对字符串进行格式化可以实现 print 函数的多种格式输出。

(1) 使用 "%" 操作符。在许多编程语言中都包含有格式化字符串的功能，Python 中也内置有对字符串进行格式化的操作，如表 2-2 所示。

表 2-2　字符转换格式化符号

格式化字符	名　　称
%c	转换成字符(ASCII 码值，或者长度为一的字符串)
%r	优先用 repr()函数进行字符串转换
%s	优先用 str()函数进行字符串转换
%d	转成有符号十进制
%u	转成无符号十进制
%o	转换成无符号八进制
%x%X	转换成无符号十六进制数
%e%E	转成科学记数法
%f%F	转成浮点型
%%	输出%

格式化符号"%"也称为占位符，其功能是将一个值插入到有字符串格式符的模板中，应用示例代码如下：

```
# 格式化操作整型输出
print("We are at %d%%"% 100)        # 输出 We are at 100%
# 格式化字符串
print ("Your name is %s" %"Bob")     # 用"Bob"的值替换%s,%s 先占了一个位置
print ("Your age is %d" %21)
print ("Your name is %s,age is %d" %("Bob",21))
# 对小数和字符串使用精度格式化
print("%.3f" % 123.12345)            # 保留三位小数，输出 123.123
print("%.5s" % "hello world")        # 只输出 5 个字符，输出 hello
```

代码运行结果如下：

```
We are at 100%
Your name is Bob
Your age is 21
Your name is Bob,age is 21
123.123
hello
```

从以上示例程序可看出，利用 print 进行格式化输出的基本格式是在需要替换输出的位置用"%s""%d"等占位符表示，然后在后面通过"%"来连接实际替换后需要输出的内容。如果需要替换输出的元素不止一个，则需要在"%"后面通过一对圆括号把实际替换后需要输出的内容包含进来，同时在每个元素之间用逗号隔开。

(2) 使用字符串对象的 format 方法。使用 str.format()方法格式化字符串。基本语法是通过在字符串中使用"{}"和":"来替代之前的占位符"%"。format()方法可以有多个输出项，位置可以按指定顺序设置。

当使用 format()方法格式化字符串时，如果在"{}"中输入":"(":"称为格式引导符，

是可选项），那么在"："之后分别设置 <填充字符><对齐方式><宽度>，"{ }"中的"："(冒号)后指定填充的字符，只能是一个字符，不指定的话默认是用空格填充，常用的格式设置项如表 2-3 所示。

表 2-3　format()方法中的格式设置项

设　置　项	可　选　值
<填充字符>	"*" "=" "-" 等，但只能是一个字符，默认为空格
<对齐方式>	^(居中)、<(左对齐)、>(右对齐)
<宽度>	一个整数，指格式化后整个字符串的字符个数

format()方法应用示例代码如下：

```
# (1)按照先后顺序位置替换
print('我同学是{}，今年{}岁。'.format('小明', 20))
# (2)使用变量名形式的简单字段名传递关键字参数
print('我同学是{name}，今年{age}岁。'.format(name='小明', age=20))
# (3)关键字参数的顺序可以随意调换
print('我同学是{name}，今年{age}岁。'.format(age=20, name='小明'))
# (4)按照索引匹配替换，在括号中的数字用于指向传入对象在 format() 中的位置
print('他的名字叫{1}，    {1}是我同学，今年{0}岁。'.format(20, '小明'))

# (5)花括号个数可以少于位置参数的个数，反之会报错
print('{}和{}都是我同学。'.format('小明', '小红', '小美'))
# 可选项：和格式标识符可以跟着字段名，可以对值进行更好的格式化。
print("{:.2f}".format(3.1415926))            # 结果保留两位小数
print("{:.4f}".format(3.1415926))            # 结果保留四位小数
print("{:=^30.4f}".format(3.1415926))        # 宽度 30，居中对齐，用 "=" 填充，保留四位小数
print('{:5d}'.format(24))                    # 宽度 5，右对齐，空格填充，整数形式输出
```

运行结果如下：

```
我同学是小明，今年 20 岁。
我同学是小明，今年 20 岁。
我同学是小明，今年 20 岁。
他的名字叫小明，小明是我同学，今年 20 岁。
小明和小红都是我同学。
3.14
3.1416
============3.1416============
   24
```

【例 2-1】 利用 Python 中字符串的格式化输出方式，输出商品的名称、产地、价格和配置等信息。

```
# 输出商品信息
brand = "华为"
```

```
address = "中国"
price = 3688.88
config = "8+128GB 全面屏"
print("商品名称是：%s"%brand)
print("产地是:{}".format('中国'))
print("="*27)
print("价格\t\t 配置")
print("="*27)
print("{:<.2f}\t\t{:^s}" .format(price,config))
print("="*27)
```

程序运行结果如下：

```
商品名称是：华为
产地是：中国
===========================
价格        配置
===========================
3688.88    8+128GB 全面屏
===========================
```

说明：str.format()是比较新的函数，现在大多数的 Python 代码仍然使用"%"操作符。但是这种旧式的格式化最终会从该语言中移除，提倡使用 str.format()。

（3）使用 f-string 格式化字符串。f-string 是 Python3.6 之后版本添加的格式化字符串，称之为字面量格式化字符串，是新的格式化字符串的语法。f-string 格式化字符串以 f 开头，后面跟着字符串，字符串中的表达式用大括号"{}"包起来，它会将变量或表达式计算后的值替换进去，示例如下：

```
name = "阿尔法编程"
website = "www.alphacoding.cn"
print(f'{name}的网址是{website}")
```

运行结果如下：

```
阿尔法编程的网址是 www.alphacoding.cn
```

格式化方法的使用示例如下：

```
name = "美美"
age = 19
print("这个女孩今年%d 岁，她的名字叫%s"%(age,name))
print("这个女孩今年{}岁，她的名字叫{}".format(age,name))
print("这个女孩今年{0}岁，她的名字叫{1}".format(age,name))
print("这个女孩名字叫{1}，今年{0}岁".format(age,name))
print("这个女孩名字叫{name},今年{age}岁".format(age=age,name=name))
print("这个女孩名字叫{n},今年{a}岁".format(a=age,n=name))
print(f"这个女孩今年{age}岁，她的名字叫{name}")
```

代码运行结果如下：

这个女孩今年 19 岁，她的名字叫美美

这个女孩今年 19 岁，她的名字叫美美

这个女孩今年 19 岁，她的名字叫美美

这个女孩名字叫美美，今年 19 岁

这个女孩名字叫美美，今年 19 岁

这个女孩名字叫美美，今年 19 岁

这个女孩今年 19 岁，她的名字叫美美

4) 常用函数

在程序设计中，字符串是常用的数据类型，很多问题都涉及对字符串的操作，Python 提供了若干内置函数，需要相应功能的时候，直接调用函数即可实现。有关字符串处理函数分为以下几大类：字母处理相关函数、字符串搜索相关函数、字符串替换相关函数、字符串去空格及去掉指定字符相关函数、按指定字符分割字符串相关函数和字符串判断相关函数等。

【例 2-2】很多应用程序都需要登录，在输入登录名时，如果在名称的前面或者后面多输入了空格，因为空格也是一个字符，程序在处理时要将多余的空格去掉，这样才能判断输入的登录名是否正确。实现代码如下：

```
user = input('请输入登录名：')
size = len(user)        # 使用 len 函数获取字符串的长度
print("登录名：%s, 长度是%d"%(user,size))
```

执行第一条语句时，从键盘输入首先输入一个空格，然后输入 haotest，显示结果如下：

```
请输入登录名： haotest
登录名： haotest,长度是 8
```

从结果可以看出，键盘输入内容的长度是 8，而正确的登录名是 "haotest" 7 个字符，在比较的时候两者是不相等的。为了使用户在使用时感觉友好，不会因为无意多输入了空格就无法登录，程序中都会自动删除多余的空格，修改代码如下：

```
user = input('请输入登录名：')
user = user.strip()      # 使用 strip()函数去掉字符串头尾空格，返回一个新的字符串
print("登录名：%s,长度是%d"%(user,len(user)))
```

运行结果如下：

```
请输入登录名：      haotest
登录名：haotest,长度是 7
```

在输入登录名 haotest 时，无论在前面还是后面多输入了空格，使用 strip()函数就可以去掉多余的空格。

在该实例中，使用了 len()函数和 strip()函数，更多字符串函数在以后的实例中介绍。

4. 类型判断和类型间转换

所谓类型转换，就是将某一个类型的对象转换为其他类型对象，只不过在转换过程中，需要借助一些函数。类型转换函数一共有 4 个，分别是 int()、float()、str()和 bool()。在类型转换之前首先要明确数据是什么类型，可以使用 type()函数获取一个对象的数据类型。使用该函数可以帮助我们了解变量的类型，从而编写出更健壮的代码。

1）类型判断函数 type()

Python 提供了 type()函数，该函数返回对象的数据类型。type()函数应用示例如下：

```
a = "china"
print(type(a))              # 输出变量 a 的数据类型为 str
b = 12
print(type(b))              # 输出变量 b 的数据类型为 int
c = True
print(type(c))              # 输出变量 c 的数据类型为 bool
```

运行结果如下：

```
<class 'str'>
<class 'int'>
<class 'bool'>
```

2）int()函数

int()函数可以将其他类型的对象转换为整型，转换规则如下：

（1）布尔型转换为整型：如果被转换的值为 True，那么转换之后的值变为 1；如果被转换的值为 False，那么转换之后的值变为 0。示例代码如下：

```
num = False
num = int(num)
print("False 的值变为：", num)  # num

num = True
num = int(num)
print("True 的值变为：", num)
```

运行结果为：

```
False 的值变为：   0
True 的值变为：   1
```

（2）浮点型转换为整型：转换的方式很简单，直接取整，省略小数点后的所有内容，不四舍五入。示例代码如下：

```
num = 3.946
num = int(num)          # 取整
print("num 的值变为：", num)

num = -3.946            # 重新为 num 变量赋值
num = int(num)
print("num 的值变为：", num)
```

运行结果为：

```
num 的值变为：   3
num 的值变为：   -3
```

（3）字符串转换为整型：由于字符串的类型比较复杂，所以只能转换为合法的整数字符串。如果字符串中包含了非整型内容，那么程序在执行时将报错；如果字符串合法，那么会直接将整数字符串转换为对应的整数。示例代码如下：

```
# 转换合法的整数字符串
ch = '35'
print("转换前 ch 的类型为：",type(ch))
ch = int(ch)
print("ch 的值变为：", ch)
print("转换后 ch 的类型为：",type(ch))
ch = '-35'
ch = int(ch)
print("ch 的值变为：",ch)
```

运行结果为

```
转换前 ch 的类型为：<class 'str'>
ch 的值变为：    35
转换后 ch 的类型为：<class 'int'>
ch 的值变为：    -35
```

下列转换字符串中包含了非整型内容，那么程序在执行时将报错。

```
# 字符串中包含了非整型内容，转换时报错
ch = '35.12'
ch = int(ch)


ch = 'hello'
ch = int(ch)
```

代码运行结果如下：

```
------------------------------------------------------------
ValueError                    Traceback (most recent call last)
<ipython-input-11-6bf239d52748> in <module>
      1  # 字符串中包含了非整型内容，转换时报错
      2 ch = '35.12'
----> 3 ch = int(ch)
      4
      5 ch = 'hello'
ValueError: invalid literal for int() with base 10: '35.12'
```

练一练：

运行如下代码：输出结果是什么？

```
num1 = 30
num2 = 7
num3 = num1/num2
print("变量 num3 的值：",num3)
print("变量 num3 的类型是：",type(num3))
```

```
# 在下面将 num3 转换成 int 类型，使得最终输出是<class 'int'>
num3 = int(num1/num2)
print("将 num3 转换成 int 类型后，num3 的类型是：")
print(type(num3))
```

【例 2-3】　现有小区停车收费规则如下，每小时收费 1 元，1 小时内免费，不足 1 小时按 1 小时计算。请编程实现根据输入的停车时长，输出所需要收取的停车费。例如，从键盘输入时长 1.5，则输出所需缴纳的停车费为 1。

实现代码如下：

```
hour = float(input("请输入停车时长："))        # 从键盘输入的数据转换为浮点型
parking_fee = int(hour)
print("需缴纳的停车费: %d 元"%parking_fee)
```

运行结果为

```
请输入停车时长：3.6
需缴纳的停车费: 3 元
```

【例 2-4】　修改例 1-4，输入任意两个数，然后相加。

将 n1 和 n2 值转换为整数，就可以进行加法运算了。修改后代码如下：

```
n1=int(input("请输入数字 n1:"))        # 从键盘输入 2，并转换成整数
n2=int(input("请输入数字 n2:"))        # 从键盘输入 3，并转换成整数
n=n1+n2                              # 计算
print("结果为：",n)                   # 输出结果
```

运行结果为

```
结果为：5
```

3）float()函数

float()函数和 int()函数的使用方法基本一致，不同的是它会将对象转换为浮点型数据，转换规则如下：

(1) 布尔型转换为浮点型：如果被转换的值为 True，那么转换之后的值变为 1.0；如果被转换的值为 False，那么转换之后的值变为 0.0。示例代码如下：

```
num = False
num = float(num)
print("False 的值变为：", num)   # num

num = True
num = float(num)
print("True 的值变为：", num)
```

运行结果为

```
False 的值变为：    0.0
True 的值变为：    1.0
```

(2) 整型转换为浮点型：转换的方式很简单，直接在整型数的末尾加上“.0”。示例代码如下：

```
num = 3
```

```
num = float(num)          # 整数转换为浮点型
print("num 的值变为：", num)


num = -3                  # 重新为 num 变量赋值
num = float(num)
print("num 的值变为：", num)
```

运行结果为

```
num 的值变为：   3.0
num 的值变为：   -3.0
```

(3) 字符串转换为浮点型：字符串的类型转换和整型相同，只能转换合法的浮点数字符串，转换时会直接将浮点数字符串转换为对应的数字。示例代码如下：

```
ch = '35'
ch = float(ch)
print("ch 的值变为：", ch)
ch = '-35'
ch = float(ch)
print("ch 的值变为：",ch)
```

运行结果为

```
ch 的值变为：   35.0
ch 的值变为：   -35.0
```

4) str()函数

str()函数可以将对象转换为字符串。

【例 2-5】 输出"我是大一新生，今年 18 岁！"，代码如下：

```
age = 18
message = "我是大一新生，今年"+str(age)+"岁！"
print(message)
```

因为"+"运算符两边的数据需要类型一致，因此像上面这样在字符串中使用整数时，需要显式地将这个整数用作字符串，使其与两侧的字符串数据类型保持一致，需要用 str()函数将 age 的值转换为字符串类型。

5) bool()函数

bool()函数可以将对象转换为布尔型数据。任何对象都可以转换为布尔型数据。转换规则为：对于所有表示空的对象都会转换为 False，其余的转换为 True。表示空的值有 0、None、" 等。

2.3   运算符与表达式

2.3.1   表达式

表达式是数学中算式的概念，只要有计算就是表达式。表示运算的符号称为运算符，参与运算的数据被称为操作数。举个简单的例子，4+5，这是一个加法运算，"+"称为运算符，4 和 5 称为操作数。使用运算符将操作数连接而成的式子称为表达式，表达式中的操作数可以是变量、常量或子表达式。

2.3.2　运算符

表达式可分为多种类别，具体取决于所用运算符的类型，主要的类型包括赋值运算符、算术运算符、复合赋值运算符、比较运算符、逻辑运算符以及成员运算符等。

本任务重点讲解赋值运算符、复合赋值运算符和算术运算符，其他运算符在相关应用时进行讲解。

1. 赋值运算符

赋值运算符用"="表示，注意在 Python 中等于是用"=="表示。赋值运算符主要用来为变量赋值。使用时，可以直接把赋值运算符"="右边的值赋给左边的变量，也可以进行某些运算后再赋值给左边的变量。复合赋值运算符可以看作是将算术运算和赋值运算功能进行合并的一种运算符，是一种缩写形式。Python 中常用的赋值及复合赋值运算符如表 2-4 所示。

表 2-4　常用的赋值运算符

运 算 符	描 述	实 例
=	简单的赋值运算	c = a
+=	加法赋值运算符	c+=a 等效于 c=c+a
-=	减法赋值运算符	c-=a 等效于 c=c-a
*=	乘法赋值运算符	c*=a 等效于 c=c*a
/=	除法赋值运算符	c/=a 等效于 c=c/a
%=	取模赋值运算符	c%=a 等效于 c=c%a
**=	幂赋值运算符	c**=a 等效于 c=c**a
//=	取整赋值运算符	c//=a 等效于 c=c//a

复合赋值运算也叫增量赋值。下列两条语句作用是一样的：

```
a += b
a = a+b
```

一般情况下，使用"+="的增量赋值方法，代码的运行效率更高。因为"+="运行调用了特殊内置方法 __iadd__。如果一个类没有实现 __iadd__ 方法，Python 会退一步调用 __add__ 方法。这两个方法的区别在于，__iadd__ 为就地改动，不会改变原值的内存地址，而 __add__ 方法会得到一个新对象。所以 a = a+b 这条语句执行后会产生一个新的对象，消耗内存，效率比原地改动低。其他复合赋值也都有各自对应的特殊方法。

2. 算术运算符

算术运算符用于对操作数执行算术运算。算术运算符有加(+)、减(-)、乘(*)、除(/)、%(取模，除法计算后的余数)、幂(**)、//(取整除，除法计算后的商的整数部分)。

常用的算术运算符及功能如表 2-5 所示，其中 a = 20，b = 10。

表 2-5　算 术 运 算 符

运算符	描　述	实　例
+	加：两个对象相加	a + b 计算结果为 30
−	减：一个数减去另一个数	a − b 计算结果为 10
*	乘：两个数相乘或是返回一个被重复若干次的字符串	a * b 计算结果为 200 'a' * 10 计算结果为'aaaaaaaaaa'
/	除：a 除以 b	a / b 计算结果为 2.0
%	取余：返回除法的余数	a % b 计算结果为 0
**	幂：返回 a 的 b 次幂	a**b 为 20 的 10 次方，计算结果为 10240000000000
//	取整除：返回商的整数部分	a/b 计算结果为 2

【例 2-6】 一个三位整数 num，将其个、十、百位倒序生成一个数字输出。例如，这个三位数是 123，则输出 321。请编程实现该功能。

分析：一个三位数，将其个、十、百位倒序形成一个数，则需要分别求出它的个、十、百位数字，然后个位数乘以 100 加十位数乘以 10 再加百位数，就可以形成一个倒数。每个位数的取法：该数字对 10 取模得到个位数；该数先除以 10 取整除，再对 10 取模可得到十位数；百位数字可以直接除以 100 取整除得到。实现代码如下：

```
num = 123          # 给定一个整数
# 计算每个位数上的数值
a = num %10         # 取个位数
b = num //10%10     # 取十位数
c = num//100        # 取百位数
print("%d 的倒序为: %d"%(num,100*a+10*b+c))
```

运行结果如下：

```
123 的倒序为：321
```

思考：如果使这个程序更加通用，可以输入任意一个三位数，并将其倒序输出，程序如何修改？

将语句 num = 123 修改为 num = int(input("请输入一个整数："))即可。

【例 2-7】 某超市新进一种象韵方便面，单价每包 2.5 元，一箱 10 包，共 100 箱，该超市象韵方便面的库存价值多少？实现代码如下：

```
# 定义数据
name = "象韵"
price = 2.5
# 计算
total = price*10*100
print("象韵方便面的库存为: ",total,"元")              # 直接输出三个对象的内容
# print( "%s 方便面的库存为: %f 元" % (name,total))    # 格式化字符串输出
```

运行结果如下：

```
象韵方便面的库存为:  2500.0 元
```

3. 优先级

像四则混合运算一样，多个运算符在 Python 的同一个表达式中出现时，也会涉及运算符的优先级问题。运算符的优先级是算术运算符优先于比较运算符，比较运算符优先于逻辑运算符，逻辑运算符优先于赋值运算符。可以使用圆括号来改变运行优先级。

【例 2-8】 实现一个简单的数据加密器。

数据加密的基本过程，就是对原来为明文的文件或数据按某种算法进行处理，使其成为不可读的一段字符，这段字符通常称为密文。通过将明文变为密文这样的方法，来达到保护数据不被非法窃取和非法阅读的目的。如 MD5、DES 和 RSA 都是很常见的加密算法。

实现一个简单的数字加密器，加密规则是：加密结果 =(整数*10+5)/2+3.14159。实现代码如下：

```
# 简单的数字加密器
num = int(input("请输入一个整数："))
result = (num *10 +5)/2 + 3.14159;
print("加密后的数字为：",result)
```

运行结果如下：

```
请输入一个整数：568
加密后的数字为： 2845.64159
```

【例 2-9】 在银行存 1000 元钱，银行一年的利息是 3%，那一年之后钱变成了多少？实现代码如下：

```
# 使用变量存放本金
money = 1000                              # 使用变量 money 存放本金
interest_rate = 0.03                      # 使用 interest_rate 存放利息
result = money +money* interest_rate
print("一年后连本带息为：%0.2f 元"%result)
```

运行结果如下：

```
一年后连本带息为：1030.00 元
```

知识扩展

Python 是动态类型语言及强类型语言

1. 动态和静态

静态语言是指编译时变量的数据类型就可以确定的语言，多数静态类型语言要求在使用变量之前必须声明数据类型，如 C 语言、Java 语言等。

动态语言是指在运行时才确定数据类型的语言。变量使用之前不需要声明数据类型，通常变量的类型是被赋值的那个值的类型。Python 是一种动态类型语言，它的变量类型可以动态变更。

如以下代码在 C 和 Java 中会报错，但在 Python 中是允许的。

```
x = 10              # 定义一个变量 x(整型)
x = "testType"      # 变量定义之后还可以动态定义为另一种类型(字符串)
```

2. 强类型和弱类型

强类型和弱类型主要是根据变量类型处理的角度进行分类的。强类型是指不允许隐式变量类型转换，弱类型是指允许隐式变量类型转换。

Python 是强类型语言，在运算过程中不会自动进行数据类型转换，除了 int、float、bool 和 complex 之间可以自动转换，其他类型之间必须明确用哪个函数转换。

```
print("3"+2)        # 执行该语句会报错，报错信息是 TypeError
print(True+2)       # 不报错，结果是 3
print(2.2+2)        # 不报错，结果是 4.2
print(2+(2+3j))     # 不报错，结果是(4+3j)
```

2.4　实验：实现模拟超市商品入库功能

1. 任务描述

本任务要实现模拟超市商品入库功能，可以在控制台输入入库商品的数量，最后打印出仓库中入库商品的详细信息以及入库商品的总库存数和库存商品总金额。效果如图 2-2 所示。

```
下面是华为手机的信息：
品牌型号：华为
尺寸： 5.5
价格： 3688.88
品牌型号：华为

请输入华为手机的库存：3
华为手机的库存总金额为： 11066.64

下面是小米手机的信息：
品牌型号：小米
尺寸： 5.0
价格： 2988.88
配置： 4+64g 全面屏

请输入小米手机的库存：6
小米手机的库存总金额为： 17933.28

-------------------------------------------库存清单-------------------------------------------
品牌型号      尺寸           价格          配置              库存数量        总价
华为         5.5          3688.88      8+128g全面屏       3.0           11066.64
小米         5.0          2988.88      4+64g 全面屏       6.0           17933.28


输出库存总量和库存总金额
总库存： 9.0
库存总价： 28999.92元
```

图 2-2　任务效果图

设计思路：

假设有华为与小米两款手机需要做入库处理，入库完成后，打印入库商品的详细信息并计算出入库商品的数量与入库商品总金额。该程序分为 3 部分实现：商品入库、显示库存清单、计算并显示总库存数与库存商品总金额。

(1) 商品入库从程序的角度来看就是某些变量的数据发生改变，首先显示要入库的商品的信息，然后输入库存数，计算库存总价。商品信息包含以下内容，可以设计对应的变量存放这些信息。

> 品牌型号：商品的名称
>
> 尺寸：手机的大小
>
> 价格：手机的单价
>
> 配置：手机的内存等配置
>
> 库存数：此项数据为用户输入的数据，用户输入需要使用 input()函数
>
> 总价：经过计算后打印，可以设置单独的变量

(2) 库存清单要具有一定的格式，可以包含 3 部分：顶部为清单表头，是固定的数据，直接打印；中部为变换的数据，与商品入库的数据一致，打印出所有商品的详情；底部也为固定样式，显示商品的总库存和商品的总价，直接打印即可。

(3) 总库存数与库存商品总金额是统计操作，需经过计算后打印，可以设置两个单独的变量：所有商品的库存总数，库存商品总金额。

2. 任务实施

(1) 商品入库时，该商品的一部分信息是固定不变的，可以设计一些变量来存放，如手机的品牌名称、手机的尺寸、手机的价格和手机的规格等。这一步骤要用到的知识点是变量的定义与赋值。实现代码如下：

```
# 华为手机信息(变量的赋值)
huaweiBrand = "华为"                    # 手机的品牌名称
huaweiSize = 5.5                        # 手机的尺寸
huaweiPrice = 3688.88                   # 手机的价格
huaweiConfig = "8+128GB 全面屏"         # 手机的规格
# 小米手机信息
xiaomiBrand = "小米"
xiaomiSize = 5.0
xiaomiPrice = 2988.88
xiaomiConfig = "4+64GB 全面屏"
```

(2) 对这两种商品进行入库操作，在程序中入库相当于库存变量的值发生改变，要设计一个变量存放库存，这个变量的值就是库存量，这个值从键盘输入，有多少量就输入对应的值，在输入库存之前，先输出该商品的信息。库存量确定后，就可以计算出该商品的库存总金额，因此再设计一个变量存放库存总金额。这一步骤要用到的知识点是输入和输出函数、类型转换函数以及算术表达式的应用。实现代码如下：

```
# 华为手机入库
print("下面是华为手机的信息：")
print("品牌型号：", huaweiBrand)
print("尺寸：", huaweiSize)
print("价格：", huaweiPrice)
print("品牌型号：", huaweiBrand)
huanweiCount = float(input("请输入华为手机的库存："))          # 输入库存量
huaweiTotal = huanweiCount*huaweiPrice                        # 计算该商品的库存总金额
```

```
    print("华为手机的库存总金额为：", huaweiTotal)


    #  小米手机入库
    print("品牌型号：", xiaomiBrand)
    print("尺寸：", xiaomiSize)
    print("价格：", xiaomiPrice)
    print("配置：", xiaomiConfig)
    xiaomiCount = float(input("请输入小米手机的库存："))         # 输入小米手机的库存量
    xiaomiTotal = xiaomiCount*xiaomiPrice                      # 计算小米手机的库存总金额
    print("小米手机的库存总金额为：", xiaomiTotal)
```

如果输入华为手机的库存是 3 部，小米手机的库存是 6 部，则运行结果如下：

```
下面是华为手机的信息：
品牌型号：华为
尺寸：  5.5
价格：  3688.88
品牌型号：华为
请输入华为手机的库存：3
华为手机的库存总金额为：  11066.64
品牌型号：小米
尺寸：  5.0
价格：2988.88
配置：  4+64GB  全面屏
请输入小米手机的库存：6
小米手机的库存总金额为：  17933.28
```

（3）将这两种商品的库存清单输出，清单格式可以按照需要进行设计。这一步骤用到的知识点是输出函数及输出格式、转义字符的应用。实现代码如下：

```
    print("{:-^86s}".format("库存清单"))  # "库存清单"按照 format 前面的字符串的样式显示
    print("品牌型号\t 尺寸\t\t 价格\t\t 配置\t\t 库存数量\t 总价")   # 转义字符\t 起分隔的作用
    print(huaweiBrand, "\t\t",huaweiSize,"\t\t",huaweiPrice,"\t", huaweiConfig,"\t\t",huanweiCount, "\t\t", huaweiTotal)
    print(xiaomiBrand, "\t\t", xiaomiSize,"\t\t", xiaomiPrice,"\t", xiaomiConfig,"\t\t", xiaomiCount, "\t\t", xiaomiTotal)
    print("-"*90)  # 分割线
```

第一行代码表示"库存清单"这个字符串要按照 format 前面的字符串的样式显示，字符串 "{:-^86s}"中"："表示格式引导符，86 表示长度，"^"表示居中，"-"表示要填充的字符，"s"表示数据类型，该样式的含义是"库存清单"这个字符串显示时占用 86 个字符长度，不足部分用"-"符号填充，并且"库存清单"这个字符串居中，运行结果如下：

```
--------------------------------库存清单--------------------------------------
品牌型号   尺寸   价格     配置            库存数量   总价

华为       5.5    3688.88  8+128 GB 全面屏  3.0        11066.64

小米       5.0    2988.88  4+64 GB 全面屏   6.0        17933.28


------------------------------------------------------------------------
```

(4) 最后将所有商品(两种商品)的库存量以及库存总金额输出。这一步骤要用到的知识点是输出函数及输出格式和算术表达式的应用。实现代码如下：

```
print("输出库存总量和库存总金额：")
total = huanweiCount+xiaomiCount        # 计算总库存
totalMoney = huaweiTotal+xiaomiTotal    # 计算库存总金额
print("总库存：", total)
print("库存总价：%0.2f 元"% totalMoney)
```

运行结果如下：

```
输出库存总量和库存总金额：
总库存： 9.0
库存总价：28999.92 元
```

本 章 习 题

一、选择题

1. (多选)在下列选项中，同一类型的数据是(　　)。

A. 520　　　　　　B. "Beijing"　　　　C. "127.0.0.1"　　　D. [5, 15, 25]

E. "The Great Well"

2. 执行如下代码，输出结果是(　　)。

```
x = 12.34
print(type(x))
```

A. <class 'int'>　　　　　　　　　　　B. <class 'float'>

C. <class 'bool'>　　　　　　　　　　 D. <class 'complex'>

3. Python 中对变量描述错误的选项是(　　)。

A. Python 不需要显式声明变量类型，在第一次变量赋值时由值决定变量的类型

B. 变量通过变量名访问

C. 变量必须在创建和赋值后使用

D. 变量 PI 与变量 Pi 被看作相同的变量

4. 关于 Python 语句 P = -P，以下选项中描述正确的是(　　)。

A. P 和 P 的负数相等　　　　　　　B. P 和 P 的绝对值相等

C. 给 P 赋值为它的负数　　　　　　D. P 的值为 0

5. (多选)以下变量名中，合法的是(　　)。

A. import　　　　B. username　　　　C. __init__　　　　D. **first　　　　E. 5ages

6. 以下选项不是关键字的是(　　)。

A. for　　　　　　B. range　　　　　　C. in　　　　　　　D. from

7. 关于 Python 语言的浮点数类型，以下选项中描述错误的是(　　)。

A. Python 语言要求所有浮点数必须带有小数部分

B. 浮点数类型与数学中实数的概念一致

C. 小数部分不可以为 0

D. 浮点数类型表示带有小数的类型

8. 下面代码的执行结果是(　　)。

```
1.23e+4+9.87e+6j.real
```

A. 12300.0　　　B. 123e-4　　　C. 9882300.0　　　D. 9.87e+6

9. 在下面表达式中添加括号，使其值从 4 更改为 -6，正确的添加方式是(　　)。

```
6 * 1 - 2
```

A. (6 * 1 - 2)　　B. (6 * 1) - 2　　C. 6 * (1 - 2)　　D. [6 * 1 - 2]

10. 以下(　　)会报错。

A. "one" + "2"　　B. "7" + 'eight'　　C. 3 + 4　　D. '5' + 6

二、判断题

1. 3+4j 是合法 Python 数据类型。　　　　　　　　　　　　　(　)

2. 已知 x=3，那么执行 x+=6 语句前后 x 的内存地址是不变的。(　)

3. 在 Python 中，可以直接修改字符串中的某一个字符。　　　(　)

4. 相同内容的字符串使用不同的编码格式进行编码得到的结果并不完全相同。(　)

5. 在 UTF-8 编码中一个汉字需要占用 3 个字节。　　　　　　(　)

三、编程题

1. 假设每瓶可乐 12 元，用 100 元去买可乐，最多能买多少瓶，及还剩多少钱。编程计算。

2. 编程计算圆的面积和周长，要求从键盘输入圆的半径 r，圆的面积用 area 表示，周长用 circumference 表示，所有数保留两位小数，π 取值为 3.14。

3. 输入任意两个数 num1，num2，分别计算它们的和(summation)、差(difference)、积(product)、商(quotient)，并将计算结果输出，输出时所有数据均保留两位小数。

4. 预测并输出孩子身高。请输入父亲和母亲的身高，预测出儿子的身高，并将计算结果打印出来，结果保留两位小数。

身高预测公式为：儿子身高 = (父亲身高 + 母亲身高) × 0.54。

5. 编写程序实现时间转换。

要求：输入秒数，将秒数转换为分 + 秒格式(无需转换小时数)。例如：输入 130 秒，转换后为 2 分 10 秒。

四、拓展练习

1. 从键盘输入 4 个数字，各数字采用空格分隔，对应为变量 x0,y0,x1,y1。计算两点(x0,y0) 和(x1,y1)之间的距离，屏幕输出这个小数，保留 2 位小数。

示例输入：

```
1 2 3 4
```

示例输出：

```
2.83
```

```
ntxt = input("请输入 4 个数字(空格分隔):")
```

```
x0 = eval(nls[0])
y0 = eval(nls[1])
x1 = eval(nls[2])
y1 = eval(nls[3])
r = pow(pow(x1-x0, 2) + pow(y1-y0, 2),_____ )
print("{:.2f}".format(r))
```

2. 键盘输入一个 9800 到 9811 之间的正整数 n，作为 Unicode 编码，把 n-1、n 和 n+1 三个 Unicode 编码对应字符按照如下格式要求输出到屏幕：宽度为 11 个字符，加号字符用 "+" 填充，居中。

示例输入：

```
    9802
```

示例输出：

```
    ++++???++++
ntxt = input("请输入 4 个数字(空格分隔):")
n=eval(input("请输入一个数字:"))
print("{_____}".format(_____))
```

第 3 章

流 程 控 制

本章导读

编写程序就是为了提高工作效率，降低出错率。在解决生活中遇到的根据不同条件进行选择或者处理有规律的量大且易错的业务时，Python 语言提供了条件和循环语句解决这些问题。学习这些语句为进一步提升学生的程序逻辑判断能力和应用能力，利用 Python 技术解决更加复杂的数据处理问题奠定基础。本章主要包含以下内容：

(1) 程序的三种控制结构；

(2) 程序的选择结构；

(3) 程序的循环结构。

学习目标

(1) 理解程序的控制结构；

(2) 掌握分支语句和循环语句的用法；

(3) 掌握 break、continue、pass 和 else 语句的作用；

(4) 能够使用分支语句和循环语句编写程序；

(5) 会调试简单的程序错误。

3.1 程序的三种控制结构

程序的执行都是由一系列操作(代码)组成的，这些操作之间的执行次序就是程序的控制结构。任何简单或复杂的算法都可以由顺序结构、选择结构、循环结构这三种基本结构组合而成，所以这三种结构就是程序设计的基本结构。

结构化程序设计的三种基本控制结构是：

(1) 顺序结构：按照代码书写的先后顺序依次执行，没有任何跳转或分支。

(2) 分支结构：根据条件判断选择不同的执行路径。包括单向分支和双向分支两种形式。单向分支只有一个判断条件，如果满足则执行某段代码；否则直接跳过该段代码继续往下执行。双向分支有两个判断条件，可以根据不同情况选择不同的执行路径。

(3) 循环结构：重复地执行某一段代码，直到满足退出循环的条件为止。

宏观上，程序都是顺序执行的，但是依次处理的每一行代码(步骤)不仅可以是一个非转移操作或者多个非转移操作，甚至可以是空操作，也可以是三种基本结构中的任一结构。程序主要包括两方面的信息：一是对数据的描述，二是对操作的描述。对数据的描述就是我们第 2 章学习的数据类型及其组织形式；对操作的描述就是要给出要求计算机进行操作的步骤，也就是算法。

3.1.1 算法与流程图

1. 算法

在编写程序之前，要给出一个解题方案，并对该方案进行准确而完整的描述，是一系列解决问题的清晰指令，这种解决方案就是算法(Algorithm)。算法是程序的灵魂，如果一个算法有缺陷，或不适合于某个问题，执行这个算法将不会解决这个问题。不同的算法可能用不同的时间、空间或效率来完成同样的任务。一个算法的优劣可以用空间复杂度与时间复杂度来衡量。

现在我们要编程计算长方形的面积。在编写程序之前，先确定解决问题的思路：

(1) 接收用户输入的长方形长度和宽度两个值。

(2) 判断长度和宽度的值是否大于零。

(3) 如果大于零，将长度和宽度两个值相乘得到面积，显示面积；否则显示输入错误。

这个解决问题的具体方法和步骤就是算法。

算法可以用自然语言描述，也可以用流程图描述。

2. 流程图

流程图又称程序框图，是用统一规定的标准符号描述程序运行具体步骤的图形表示。程序框图的设计是在处理流程图的基础上，通过对输入输出数据和处理过程的详细分析，将计算机的主要运行步骤和内容标识出来。流程图是进行程序设计的最基本依据，因此它的质量直接关系到程序设计的质量。流程图直观、清晰，更有利于人们设计与理解算法。所以流程图就是算法的一种图形化表示方式。

流程图使用一组预定义的符号来说明如何执行特定任务，基本要素如下：

(1) 表示相应操作的框。

(2) 带箭头的流程线。

(3) 框内外必要的文字说明。

流程图采用的符号如图 3-1 所示。

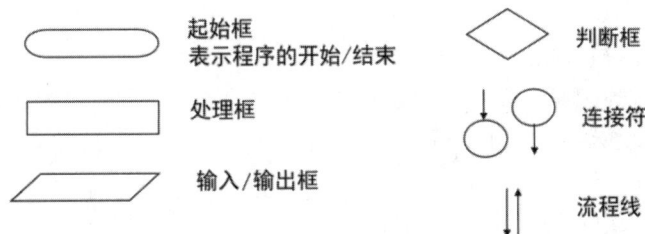

图 3-1 流程图符号

3.1.2 关系表达式

表达式是运算符和操作数所构成的序列，关系表达式是由比较运算符或者逻辑运算符和操作符构成的式子。接下来详细介绍关系表达式中使用的比较运算符和逻辑运算符。

1. 比较运算符

比较运算符用于比较两个数，其返回的结果只能是 True 或 False。表 3-1 列举了 Python 中的比较运算符。

表 3-1　比较运算符

运算符	描　述	实　例
==	检查两个操作数的值是否相等，如果是，则条件成立	如 a=3，b=3，则(a==b)为 True
!=	检查两个操作数的值是否不相等，如果是，则条件成立	如 a=1，b=3，则(a!=b)为 True
>	检查左操作数的值是否大于右操作数的值，如果是，则条件成立	如 a=7，b=3，则(a>b)为 True
<	检查左操作数的值是否小于右操作数的值，如果是，则条件成立	如 a=7，b=3，则(a<b)为 False
>=	检查左操作数的值是否大于或等于右操作数的值，如果是，则条件成立	如 a=3，b=3，则(a>=b)为 True
<=	检查左操作数的值是否小于或等于右操作数的值，如果是，则条件成立	如 a=3，b=3，则(a<=b)为 True

比较运算符使用示例如下：

```
num1 = 10
num2 = 10
num3 = 20
print('num1==num2 的比较结果为：',num1==num2)    # 输出表达式 num1==num2 的值
print('num1!=num2 的比较结果为：',num1!=num2)    # 输出表达式 num1！=num2 的值
print('num1>num3 的比较结果为：',num1>num3)      # 输出表达式 num1>num3 的值
print('num1<num3 的比较结果为：',num1<num3)      # 输出表达式 num1<num3 的值
print('num3>=20 的比较结果为：',num3>=20)        # 输出表达式 num3>=20 的值
print('num3<=20 的比较结果为：',num3<=20)        # 输出表达式 num3<=20 的值
```

运行结果如下：

```
num1==num2 的比较结果为：    True
num1!=num2 的比较结果为：    False
num1>num3 的比较结果为：    False
num1<num3 的比较结果为：    True
num3>=20 的比较结果为：    True
num3<=20 的比较结果为：    True
```

字符串之间的比较示例：

```
# 字符串之间的比较
s1 = 'abc'
s2 = 'abc'
s3 = 'abcd'
s4 = ' abc'              # abc 前有一空格
s5 = 'hello'
s6 = 'abc '              # abc 后有一空格
print('s1==s2 的比较结果为：',s1==s2)
print('s1==s4 的比较结果为：',s1==s4)
print('s1>s4 的比较结果为：',s1>s4)
print('s1>s6 的比较结果为：',s1>s6)
print('s2>s3 的比较结果为：',s2>s3)
```

运行结果如下：

```
s1==s2 的比较结果为：  True
s1==s4 的比较结果为：  False
s1>s4 的比较结果为：  True
s1>s6 的比较结果为：  False
s2>s3 的比较结果为：  False
```

说明：字符串之间按照字符的 ASCII 码进行比较，字符 a 的 ASCII 码比空格的 ASCII 码大，所以 s1>s4 的比较结果为 True。

2. 逻辑运算符

逻辑运算符用来表示日常交流中的"并且""或者""取反"等思想。Python 支持逻辑运算符，表 3-2 列举了 Python 中的逻辑运算符。

表 3-2　逻辑运算符

运算符	描　　述
and	and 运算符可以对符号两侧的值进行与运算，只有在符号两侧的值都为 True 时，才会返回 True，只要有一个为 False，就返回 False
or	or 运算符可以对符号两侧的值进行或运算，只有在符号两侧的值都为 False 时，才会返回 False，只要有一个为 True，就返回 True
not	not 运算符可以对符号右侧的值进行非运算，对于布尔值，非运算会对其进行取反操作，即 True 变为 False，False 变为 True；对于非布尔值，非运算会先将其转换为布尔值，然后再取反

逻辑运算符使用示例如下：

```
# 与运算
result1 = 1==1 and 2>1    # 将逻辑表达式"1==1 and 2>1"的值赋值给 result1
result2 = 1==1 and 2<1
```

```
print('result1 的结果为:%s, result2 的结果为:%s '%(result1, result2))
# 或运算
result3 = 1==1 or 2<1          # 将逻辑表达式 "1==1 and 2<1" 的值赋值给 result3
result4 = 2==1 or 2<1
print('result3 的结果为:%s, result4 的结果为:%s '%(result3, result4))
# 非运算
result5 = not 1==1             # 将逻辑表达式 "not 1==1" 的值赋值给 result3
result6 = not 2<1
print('result5 的结果为:%s, result6 的结果为:%s '%(result5, result6))
```

运行结果如下:

```
result1 的结果为:True, result2 的结果为:False
result3 的结果为:True, result4 的结果为:False
result5 的结果为:False, result6 的结果为:True
```

说明:逻辑运算符对符号两侧的表达式进行不同的逻辑运算,如表达式 1==1 and 2>1,先计算 1==1 表达式的结果为 True,2>1 表达式的结果为 True,然后二者进行与运算后结果为 True。

在数学中构成三角形的条件是任意两边之和大于第三边,假设这三条边用 x,y,z 表示,在程序中这个条件的表示为

```
x+y>z and z+x>y and y+z>x
```

3.2 选 择 结 构

选择结构又称为分支结构。当我们遇到需要根据某个条件是否满足来决定是否执行某一操作时,就可以利用分支结构的设计思路来解决问题。程序执行到控制分支的语句时,首先判断条件,根据条件表达式的值选择相应的语句执行(放弃另一部分语句的执行)。

分支结构包括单分支、双分支和多分支三种形式。

3.2.1 单分支 if 语句

单分支结构是最简单的一种选择结构,其语法格式如下:

```
if 条件表达式:
    语句块
```

语法说明:

(1) 条件表达式后面的 ":" 是不可缺少的,它表示一个语句块的开始,后面的几种形式的选择结构和循环结构中的 ":" 也都是要求必须有的。

(2) 在 Python 语言中代码的缩进非常重要,缩进是体现代码逻辑关系的重要方式,所以在编写语句块的时候,务必注意代码缩进,且同一个代码块必须保证相同的缩进量。

上述语法中,先计算条件表达式的值,当条件表达式的值为 True 的时候,语句块将被

执行；如果条件表达式不成立，语句块不会被执行，程序会继续执行后面的语句(如果有)，执行过程如图 3-2 所示。在这里，语句块有可能被执行，也有可能不被执行，是否执行依赖于条件表达式的判断结果。

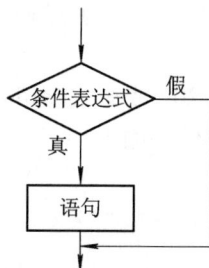

图 3-2　if 语句的执行流程

【例 3-1】 用户输入任意两个整数 num1 和 num2，比较大小，保证输出的 num1 是较大者。输入的两个数中如果 num1>num2，直接输出即可；如果 num1<num2，交换后输出。实现代码如下：

```
num1 = int(input("请输入第一个数:"))
num2 = int(input("请输入第一个数:"))
print("交换前输入的值：num1=%d"%num1,",num2=%d"%num2)
if num1<num2:
    num1,num2=num2,num1    #实现交换
print("交换后输出的值：num1=%d"% num1,",num2=%d"%num2)
```

运行结果如下：

```
请输入第一个数:23
请输入第一个数:56
交换前输入的值：num1=23 ,num2=56
交换后输出的值：num1=56 ,num2=23
```

从结果可以看出，输入的第一个数比第二个数小，满足条件，因此执行两个数的交换；如果输入的第一个数比第二个数大，不满足条件，则两数交换的语句不会执行。运行结果如下：

```
请输入第一个数:89
请输入第一个数:26
交换前输入的值：num1=89 ,num2=26
交换后输出的值：num1=89 ,num2=26
```

3.2.2　双分支 if...else 语句

有时候不仅考虑条件满足的情况，也要处理条件不满足的情况，这时就需要双分支结构。Python 使用关键字 if...else 实现双分支条件控制，语法格式如下：

```
if 判断条件:
    语句块 1
```

```
else:
    语句块 2
```

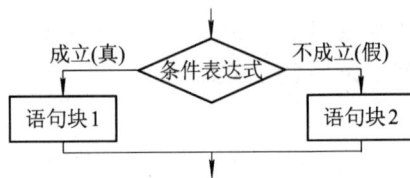

图 3-3   if...else 语句的执行过程

当判断条件成立时，执行语句块 1；当判断条件不成立时，将执行 else 语句下的语句块 2。执行过程如图 3-3 所示。

【例 3-2】 超市促销，满 100 减 20，小敏去超市购物，编程实现小敏应付金额。实现代码如下：

```
# 超市促销
money = int(input("请输入购物金额："))
# 计算应付款
if money >= 100:
    pay = money - 20
else:
    pay = money
# 输出付款金额
print("您需要支付：%d 元" % pay)
```

如果输入金额为 130 元，则运行结果如下：

```
请输入购物金额：130
您需要支付：110 元
```

如果输入金额为 79 元，则运行结果如下：

```
请输入购物金额：79
您需要支付：79 元
```

从结果可以看出，如果条件满足，才会执行减 20，否则应付款就等于购买商品的金额。

【例 3-3】 输入任意一个年份，判断是否为闰年。

分析：什么是闰年？普通年份数字能整除 4 且不能整除 100 的为闰年，能整除 400 的是闰年。

定义年份变量为 year，如果条件 year % 4 == 0 和 year % 100!=0 同时满足为闰年，或者满足条件 year % 400 == 0 的是闰年，需用逻辑运算符表示条件。当条件表达式需要多个条件同时判断时，使用 or(或)表示两个条件中只要有一个成立即为真；使用 and(与)表示两个条件同时成立判断条件才为真，可连续使用 and 和 or 联立多个条件表达式。实现代码如下：

```
# 判断闰年
year = int(input("请输入一个年份："))   # 将键盘输入转为整型
if (year % 4) == 0 and (year % 100) != 0 or (year % 400) == 0:
    print("{0}是闰年".format(year))
else:
    print("{0}不是闰年".format(year))
```

运行程序，从键盘输入 2022，运行结果如下：

```
请输入一个年份：2022
2022 不是闰年
```

再次运行程序，从键盘输入 2020，运行结果如下：

请输入一个年份：2020
2020 是闰年

3.2.3　多分支 if...elif 语句

根据一个条件的结果控制一段代码块的执行用单分支 if 语句，若条件失败时执行另一代码块用 else 语句。如果需要检查多个条件，并在不同条件下执行不同代码块，就要使用多分支 elif 子句，它是具有条件判断功能的 else 子句，相当于 else if。多分支结构的语法形式如下：

```
if  条件表达式 1:
    执行语句块 1
elif 条件表达式 2:
    执行语句块 2
elif 条件表达式 3:
    执行语句块 3
...
else:
    执行语句块 n
```

语法说明：

语法中 if 必须和 elif 配合使用，elif 可以有 0 个、1 个或者多个，else 最多只能有一个，也可以没有。

执行过程如下：

(1) 当满足条件表达式 1 时，执行语句块 1，然后整个 if 结束。

(2) 如果条件表达式 1 不满足，那么判断是否满足条件表达式 2，满足则执行语句块 2，然后整个 if 结束。

(3) 如果条件表达式 1 和 2 都不满足，那么判断是否满足条件表达式 3，满足则执行语句块 3，然后整个 if 结束。

(4) 依次类推，当所有条件都不满足时，执行 else 之后的语句块。

if...elif 语句的执行流程如图 3-4 所示。

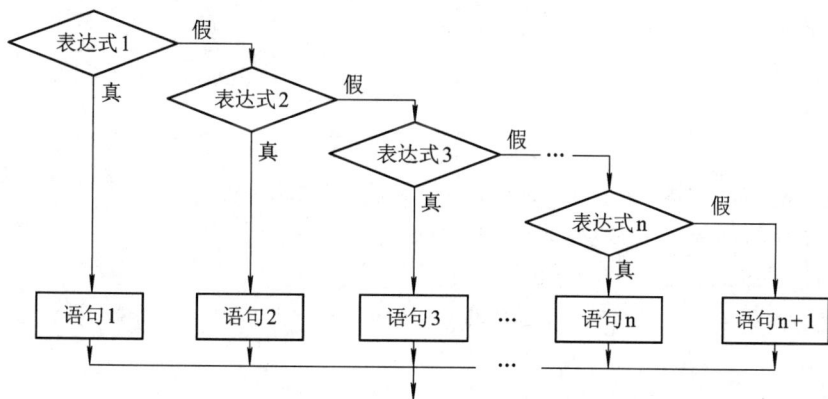

图 3-4　if...elif 语句的执行流程

【例 3-4】 某超市为了促销，采用购物打折的办法。1000 元以上者，按九五折优惠；2000 元以上者，按九折优惠；3000 元以上者，按八五折优惠；5000 元以上者，按八折优惠。编写程序，输入购物款数，计算并输出优惠价。实现代码如下：

```python
# 超市购物打折
a=input("输入购物款数：")
a=int(a)                              # 将键盘输入转为整型
if a>=5000:
    print("优惠价为八折：",a*0.8)
elif a>=3000:
    print("优惠价为八五折：",a*0.85)
elif a>=2000:
    print("优惠价为九折：",a*0.9)
elif a>=1000:
    print("优惠价为九五折：",a*0.95)
else:
    print("没有优惠哦！价格为：",a)
```

运行程序，从键盘输入 3800，运行结果如下：

```
输入购物款数：3800
优惠价为八五折： 3230.0
```

再次运行程序，输入 230，运行结果如下：

```
输入购物款数：230
没有优惠哦！价格为： 230
```

【例 3-5】 根据用户的身高和体重，计算用户的 BMI 指数，并给出相应的健康建议。BMI 指数，即身体质量指数，是用体重(kg)除以身高(m)的平方得出的数字，BMI 是目前国际上常用的衡量人体胖瘦程度以及是否健康的一个标准。标准的数值如下：

```
过轻：低于 18.5
正常：18.5~23.9
过重：24~27.9
肥胖：28~32
过于肥胖：32 以上
```

实现代码如下：

```python
# 计算 BMI 指数
height=float(input("请输入您的身高(m):"))      # 将键盘输入转换为浮点数
weight=float(input("请输入您的体重(kg):"))
BMI=weight/height/height   # 计算 BMI 指数
print("您的 BMI 指数是: {:.1f}".format(BMI))      # 格式化输出，保留一位小数
if BMI<18.5:
    print("过轻")
elif 18.5 <= BMI<24:
```

```
        print("正常")
    elif 24 <= BMI < 28:
        print("过重")
    elif 28 <= BMI <32:
        print("肥胖")
    else:
        print("过于肥胖")
```

运行程序，输入身高 1.80 m，体重 82 kg，运行结果如下：

```
请输入您的身高(m):1.80
请输入您的体重(kg):82
您的 BMI 指数是: 25.3
过重
```

思考：如果将第 2 个条件 "elif 18.5 <= BMI<24:" 变为 "elif BMI<24:" 是否可行，为什么？修改代码中条件表达式，效果是一样的，代码如下：

```
# 计算 BMI 指数
height=float(input("请输入您的身高(m):"))
weight=float(input("请输入您的体重(kg):"))
BMI=weight/height/height
print("您的 BMI 指数是: {:.1f}".format(BMI))
if BMI<18.5:
    print("过轻")
elif BMI<24:
    print("正常")
elif BMI < 28:
    print("过重")
elif BMI <32:
    print("肥胖")
else:
    print("过于肥胖")
```

条件表达式需要多个条件同时判断时，还可以用下列代码实现：

```
if BMI<18.5:
    print("过轻")
elif 18.5 <= BMI and BMI<24:
    print("正常")
elif 24 <= BMI and BMI< 28:
    print("过重")
elif 28 <= BMI   and BMI<32:
    print("肥胖")
else:
    print("过于肥胖")
```

3.2.4　嵌套的 if 语句

在 if 语句中，语句块本身也可以是一个或多个 if 语句，就形成了 if 语句的嵌套结构。一般形式如下：

```
if 判断条件 1:
    if 判断条件 2:
        语句块 1
    else:
        语句块 2
else:
    if 判断条件 3:
        语句块 3
    else:
        语句块 4
```

【例 3-6】　使用键盘输入一个三位数的正整数，输出其中的最大的一位数字是多少。例如，输入 386，输出 8；输入 290，输出 9。

可以将此问题分解成两步：第一步，需要从用户输入的三位数中分离出百位数、十位数和个位数分别是多少；第二步，从百位数、十位数和个位数中找最大的一个数字。实现代码如下：

```python
# 输出一个三位正整数中最大的一位数字

num=int(input("请输入一个三位正整数:"))
a = num//100          # 取 num 的百位数字
b = num//10%10        # 取 num 的十位数字
c = num%10            # 取 num 的个位数字

if a>b:
    if a>c:
        max_num=a
    else:
        max_num=c
else:
    if b>c:
        max_num=b
    else:max_num=c
print("%d 中的最大数字是:%d"%(num,max_num))
```

运行结果如下：

```
请输入一个三位正整数:968
968 中的最大数字是:9
```

此程序采用了 if 结构的嵌套，外层 if 和 else 分支中的语句块都是由一组内层 if 结构组成的。

当然，从三位整数中找最大的数字，当我们学到函数时也可以用 Python 语言的内置函数 max() 来解决，对应语句为 max_num=max(a，b，c)。本程序这样写是为了讲解 if 嵌套语句。求一个三位数中的最大数字，本身并不是一个复杂的问题，但解决这个问题的种种尝试和实现方法却体现了程序设计的一些重要思想：绝大多数的计算问题，都有多种解决方法。这就意味着求一个问题时不要急于编写我们脑海中的第一个想法，我们的目的是要找到一个正确的算法，之后力求清晰、高效地让代码变得赏心悦目，让阅读和维护代码变得简单、轻松、高效。

3.2.5 pass 语句

pass 是空语句。当暂时没有确定如何实现功能，或者为以后软件升级预留功能时，一般用 pass 来"占位"。可以用在类、函数、选择结构和循环结构中，示例代码如下：

```
if  a<b:
    pass  # 什么操作也不做
else:
    z = a
```

比如输入一个表示季度的数字，如果输入不是 1~4 则打印输入错误，否则什么都不做，代码如下：

```
# 输入一个季度，如果输入不是 1~4 则打印输入错误，否则什么都不做
n = int(input("输入一个季度(1~4)："))
if 1<=n<=4:
    pass
else:
    print("您的输入有错！")
```

3.3 循 环 结 构

在实际生活中，有不少问题是具有规律性的重复操作，我们可以利用循环结构的程序设计思路来解决此类问题。Python 提供了两种循环结构：for 循环和 while 循环。

3.3.1 range 函数

在讲解 python 循环语句之前，先介绍 range 函数。由于迭代一个范围内的数字是十分常见的操作，Python 提供了一个内置的 range 函数，它可以返回包含一个范围内的整数序列，经常用在 for 语句中，生成遍历序列。range 函数有以下几种不同的调用方法。

1. range(n)

range(n) 得到的迭代序列为 0，1，2，3，…，n-1。例如 range(100) 表示序列 0，1，2，3，…，99。

2. range(m,n)

range(m,n)得到的迭代序列为 m，m+1，m+2，…，n-1。例如，range(11,16)表示序列 11，12，13，14，15。

3. range(m,n,d)

range(m,n,d)得到的迭代序列为 m，m+d，m+2d，…，按步长值 d 递增，如果 d 为负则递减，直至那个最接近但不包括 n 的等差值。因此，range(11,16,2)表示序列 11，13，15；range (15,4,-3)表示序列 15，12，9，6。这里的 d 可以是正整数，也可以是负数，正整数表示增量，而负数表示减量，也有可能出现空序列的情况。

如果 range()产生的序列为空，那么用这样的迭代器控制 for 循环的时候，其循环体将一次也不执行，循环立即结束。

3.3.2　for 循环语句

for 循环是一种遍历控制循环，通过遍历的当前情况来控制循环。for 循环可以遍历任何序列的项目。语法格式如下：

```
for 循环变量 in 遍历序列:
    语句块 1
[else:
    语句块 2]
```

语法说明：

(1) for、in 和 else 都是关键字。关键字 for 开始的行是循环的控制结构，它控制 for 中语句块 1 的执行次数，for 中的语句块 1 称为循环体。要注意的是，for 中的语句块需要缩进，以表示其是 for 中包含的内容，缩进量通常为 4 个字符。

(2) 遍历序列也称迭代器，迭代器是 Python 语言中的重要机制之一，一个迭代器是一个值序列或值集合。循环过程中，循环变量依次从迭代器中取值，并对取得的每个值执行 for 循环体的代码。迭代器中的值的个数就是 for 循环的次数。当循环变量取完迭代器中的所有值后，循环将结束。如果遍历序列为空，则循环体一次也不执行。

(3) 方括号中的内容表示可选项，else 必须和 for 配对使用，不能单独使用。

执行过程：

先判断遍历序列中是否有未遍历的元素，若有，将该序列中第一个未遍历的元素的值赋值给循环变量，然后执行语句块 1；再判断遍历序列中有无未遍历的元素，若有，取出该值赋值给循环变量，继续执行语句块 1；直至取完序列中的所有值，循环结束。循环结束后如果有 else 子句则执行语句块 2，如果没有 else 则执行循环结构之后的语句。

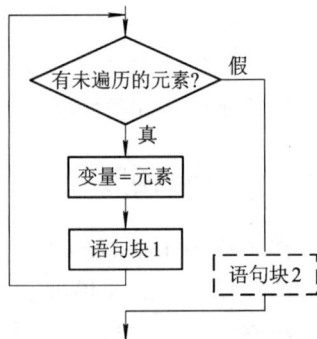

图 3-5　for 语句的执行流程

for 语句的执行流程图如图 3-5 所示。

【例 3-7】　老师为了考验学生夺冠的决心，要他说一百遍"我能行！"。要求每十次回答占一行，一共输出 10 行。

程序分析：说一百遍"我能行！"相当于在程序中输出 100 次字符串"我能行！"，所以要用到循环结构。在循环输出时每 10 次输出占一行，那么 print()函数中 end 参数就必须重新赋值，默认是换行符。在输出之前要判断次数是否 10 的倍数(次数除以 10 余数为 0)，如成立，则使用 print()换行。实现代码如下：

```
print("老师问：你能夺冠吗？ ")
print("学生回答:")
for answer in range(100):
    if answer%10==0:
        print()                    # 每输出 10 个换行
        print("我能行！ ",end=' ')   # 不换行
```

运行结果如下：

```
老师问：你能夺冠吗？
学生回答:
我能行！ 我能行！ 我能行！ 我能行！ 我能行！ 我能行！ 我能行！ 我能行！ 我能行！ 我能行！
我能行！ 我能行！ 我能行！ 我能行！ 我能行！ 我能行！ 我能行！ 我能行！ 我能行！ 我能行！
我能行！ 我能行！ 我能行！ 我能行！ 我能行！ 我能行！ 我能行！ 我能行！ 我能行！ 我能行！
我能行！ 我能行！ 我能行！ 我能行！ 我能行！ 我能行！ 我能行！ 我能行！ 我能行！ 我能行！
我能行！ 我能行！ 我能行！ 我能行！ 我能行！ 我能行！ 我能行！ 我能行！ 我能行！ 我能行！
我能行！ 我能行！ 我能行！ 我能行！ 我能行！ 我能行！ 我能行！ 我能行！ 我能行！ 我能行！
我能行！ 我能行！ 我能行！ 我能行！ 我能行！ 我能行！ 我能行！ 我能行！ 我能行！ 我能行！
我能行！ 我能行！ 我能行！ 我能行！ 我能行！ 我能行！ 我能行！ 我能行！ 我能行！ 我能行！
我能行！ 我能行！ 我能行！ 我能行！ 我能行！ 我能行！ 我能行！ 我能行！ 我能行！ 我能行！
我能行！ 我能行！ 我能行！ 我能行！ 我能行！ 我能行！ 我能行！ 我能行！ 我能行！ 我能行！
```

【例 3-8】　计算 1～100 之间所有偶数的和。

程序分析：

使用 range 函数构造一个 1 到 100 的偶数序列，设置步长为 2 即可，每次从这个序列中取出一个值和之前的和进行相加，这个过程称为累加。实现代码如下：

```
# 求 1～100 之和
sum=0                              # 定义一个变量存放结果，初值为 0
for i in range(2,101,2):
    sum=sum+I                      # 累加
print("1 到 100 之和为：",sum)       # 循环结束后输出最终结果
```

运行结果如下：

```
1 到 100 之和为：　2550
```

试一试：将 print 语句和 sum=sum+i 语句缩进一致，结果是什么？

【例 3-9】　从键盘输入一行英文句子，统计句子中大写字符、小写字符和数字各有多少个？

程序分析：字符串是可以迭代的，因此字符串也可以作为循环中的遍历序列，遍历字

符串中的每一个字符，使用字符串函数 isupper()、islower()和 isdigit()来判断这个字符是大写字符、小写字符还是数字，并且定义三个变量 count_upper、count_lower、count_digit 存放计数结果。实现代码如下：

```
# 统计英文句子中大写字符、小写字符和数字各有多少个


str=input("请输入一句英文:")   # 从键盘输入一行字符
# 定义三个变量分别存放大写字符、小写字符和数字的个数
count_upper=0
count_lower=0
count_digit=0
# 遍历字符串中的每一个字符进行判断
for s in str:
    if s.isupper(): count_upper=count_upper+1
    if s.islower(): count_lower=count_lower+1
    if s.isdigit(): count_digit=count_digit+1
# 输出结果
print("大写字符:%d 个"%count_upper)
print("小写字符:%d 个"%count_lower)
print("数字字符:%d 个"%count_digit)
```

运行结果如下：

```
请输入一句英文:This boy is 12 years old.
大写字符:1 个
小写字符:16 个
数字字符:2 个
```

3.3.3 while 循环语句

在 for 语句中，关注的是遍历序列的个数和元素的值，然而有的时候循环的初值和终值并不明确，但却有清晰的循环条件，这时采用 while 语句会比较方便。while 语句中用一个表示逻辑条件的表达式来控制循环，当条件成立的时候反复执行循环体，直到条件不成立的时候循环结束。语法格式：

```
while 条件表达式:
    语句块
```

同样，条件表达式后面的冒号":"不可省略，语句块要注意缩进。执行 while 语句的时候，先求条件表达式的值，如果值为 True 就执行循环体语句一次，然后重复上述操作；当条件表达式的值为 False 的时候，while 语句执行结束。注意 while 语句中也可以有 else 子句，用法和 for 语句相同。执行过程如图 3-6 所示。

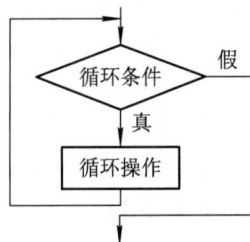

图 3-6 while 语句的执行流程

【例 3-10】　利用 while 语句求 1 至 10 中所有偶数的乘积。

程序分析：

在 1～10 中，首先对第一个数 i＝1 判断奇偶性，如果是偶数则累乘，然后将计数器 i 加 1，如果 i≤10，继续判断第 2 个数、第 3 个数……对所有的偶数循环累乘，直到 i 为 10 时结束循环。注意存放结果的变量初始值为 1，否则累乘的时候结果永远为 1。实现代码如下：

```
# 求 1 至 10 中所有偶数的积
sum=1 # 初始值为 1
i=1
while i <= 10:
    if i%2==0:
        sum=sum*i
    i=i+1
print("1 至 10 中所有偶数积为:", sum)
```

运行结果如下：

```
1 至 10 中所有偶数积为： 3840
```

与前面的 for 语句相比，使用 while 语句的时候，必须使用一个变量控制循环，程序中的"i=i+1"就是对变量 i 做增量操作。如果去掉"i=i+1"这条命令，变量 i 的值将一直等于 1，循环条件"i<=10"将一直成立，这个循环就一直无法结束，变成了"死循环"。for 与 while 相比较而言，如果循环比较规范，循环中的控制比较简单，事先可以确定循环次数，那么用 for 语句写的程序往往会更简单、更清晰。

【例 3-11】　录入学生的 Python 课程成绩，计算其平均成绩。

程序分析：

从键盘输入一名学生的成绩，使用条件循环，询问是否要继续循环，如果回答是大写 Y 或者小写 y，则继续，否则退出循环。每循环一次，要统计输入的学生人数，计算他们的总成绩，循环结束后，输出有几人参加考试、平均成绩是多少。实现代码如下：

```
# 录入学生的 Python 课成绩，计算其平均成绩
print("开始录入成绩：")
answer = 'y'                          # 循环控制变量，初值为 y
total = 0                            # 存放总成绩
i = 0                                # 存放学生人数
while answer == 'y' or answer == 'Y':  # 当 answer 的值是 y/Y 时，执行循环
    i = i+1                          # 学生人数加 1
    print('输入第%d 个同学的成绩： '%i)
    score = float(input("成绩="))     # 将键盘输入的成绩转换为浮点数
    total = total+score              # 所有成绩累加
    answer = input("继续输入吗？(y/Y)")  # 输入 y 或者 Y，循环继续，否则循环结束
print("一共有%d 个学生参加了 Python 考试，平均分为%0.2f"%(i,total/i))
```

运行结果如下：

开始录入成绩：

输入第 1 个同学的成绩：

成绩=89

继续输入吗？(y/Y)y

输入第 2 个同学的成绩：

成绩=78

继续输入吗？(y/Y)y

输入第 3 个同学的成绩：

成绩=68

继续输入吗？(y/Y)n

一共有 3 个学生参加了 Python 考试，平均分为 78.33

思考：无论从键盘输入大写 Y 还是小写 y，都通过字符串函数转换成大写统一判断，程序如何修改？

提示：使用 upper()函数。

【例 3-12】 小明在 2020 年存入 5000 元，假设每年按复利增长 3%，请问按此增长速度，到哪一年存款将达到 1 万元？

程序分析：

按复利计算的话，每年的存款金额为本金加本金乘以利率，如第一年的存款是本金加本金乘以 3%，这个结果将作为第二年的本金，以此类推，每年的本金都是前一年的本金加本金乘以利率的和，可以用循环实现这种类推。实现代码如下：

```python
money = 5000                    # 使用 money 表示本金，第一年的本金是 5000 元
year = 0
while money<=10000:             # 循环条件
    # 本金加本金乘以利率再赋值给 money，作为下一次循环的本金
money = money*(1+0.03)
    year = year+1
print(year,"年后存款达到 1 万元")
```

运行结果如下：

```
24 年后存款达到 1 万元
```

修改问题为，十年后小明的存款将达到多少？代码如下：

```python
# 存款 5000 元，利息 3%，十年后存款为多少
money = 5000                    # 存入 5000 元
year = 0
while year<10:
    money = money*(1+0.03)
    year = year+1
    print("第%d 年存款为：%0.2f 元"%(year,money))
```

运行结果如下：

```
第 1 年存款为：5150.00 元
```

第 2 年存款为：5304.50 元

第 3 年存款为：5463.64 元

第 4 年存款为：5627.54 元

第 5 年存款为：5796.37 元

第 6 年存款为：5970.26 元

第 7 年存款为：6149.37 元

第 8 年存款为：6333.85 元

第 9 年存款为：6523.87 元

第 10 年存款为：6719.58 元

3.3.4 循环嵌套

循环嵌套指的是循环体里面还包含循环。包含另一个循环结构的循环称为外循环，被包含的循环称为内循环。循环嵌套在执行过程中，外循环每执行一次，内循环要完整地执行一遍。break 和 continue 语句只对本层循环有效。

while 和 for 循环可以互相嵌套，自由组合。外循环体中可以包含一个或多个循环结构，但必须完整包含，不能出现交叉现象。内循环作为外循环的循环体，内循环结构要整体缩进。

【例 3-13】 使用循环嵌套输出图 3-7 所示的菱形图形。

```
        *
       * *
      * * *
     * * * *
    * * * * *
     * * * *
      * * *
       * *
        *
```

图 3-7 菱形图

程序分析：

从图形看出，一共有 9 行，对于每一行来讲，由若干 * 号组成，可以由外循环控制行数，内循环控制每行的输出。每一行为了构成一个三角形，在输出 * 号之前还需输出一定的空格，每一行空格的个数和 * 号的个数都是有规律的。菱形的上半部分空格的个数是 4 减行数，* 号的个数和行的数字一致。菱形的下半部分空格的个数是行数减 4，* 号的个数是 9 减行数。实现代码如下：

```
# 输出一个菱形图形
i = 0                    #i 控制外循环，初值为 0
while i < 9:             # 总循环次数 9
    if i < 5:           #0 到 4，这 5 行是上半部分菱形
        # 上空格部分
        j = 0           #j 控制内循环
        while j < 4 - i:
```

```
        print(" ",end="")                        # 输出一个空格，之后不换行
        j +=1
    # 上部分*号
    j = 0
    while j < i+1:
        print("*", end=" ")
        j +=1
else:
    # 下空格部分
    j = 0
    while j < i -4:
        print(" ",end="")
        j +=1
    # 下部分
    j = 0
    while j < 9 - i:
        print("*",end=" ")
        j +=1
print()                                           # 内循环完成后一行的输出结束，所以要换行
i += 1                                            # 外循环控制变量加1，继续下一次循环
```

可以将程序中输出空格的地方用别的符号代替，体现空格的个数与行的关系，空格的个数从第一行到第九行依次是 4、3、2、1、0、1、2、3、4，执行结果如图 3-8 所示。

```
@@@@*
@@@* *
@@* * *
@* * * *
* * * * *
@* * * *
@@* * *
@@@* *
@@@@*
```

图 3-8　执行结果图

【例 3-14】　分别用 for 循环和 while 循环实现九九乘法表。

程序分析：

外循环控制行，内循环控制列，重点是寻找每一行与每一列之间的关系。九九乘法表行与列的关系为列数＝行数，内循环要循环几次，取决于是第几行。实现代码如下：

```
# 用 for 循环写九九乘法表
for i in range(1,10):
    for j in range(1,i+1):
        print("%d*%d=%d"%(i,j,i*j),end='\t')      # 不换行，每一项用一个制表位分隔
    print()                                       # 一行输出完后换行
```

```
# 用 while 循环写九九乘法表
i = 1                                    #i 控制外循环
while i < 10:
    j = 1                                #j 控制内循环
    while j <= i:
        print("%d*%d=%d"%(i,j,i*j),end='\t')
        j += 1
    print()                              # 一行输出完后换行
    i += 1
```

运行结果如下：

```
1*1=1
2*1=2    2*2=4
3*1=3    3*2=6    3*3=9
4*1=4    4*2=8    4*3=12   4*4=16
5*1=5    5*2=10   5*3=15   5*4=20   5*5=25
6*1=6    6*2=12   6*3=18   6*4=24   6*5=30   6*6=36
7*1=7    7*2=14   7*3=21   7*4=28   7*5=35   7*6=42   7*7=49
8*1=8    8*2=16   8*3=24   8*4=32   8*5=40   8*6=48   8*7=56   8*8=64
9*1=9    9*2=18   9*3=27   9*4=36   9*5=45   9*6=54   9*7=63   9*8=72   9*9=81
```

3.3.5 break 和 continue 语句

在循环结构中，可以使用控制语句来改变程序的流程。控制语句主要有 break 和 continue 语句。break 语句用于结束整个循环，continue 的作用是用来结束本次循环，紧接着执行下一次的循环。

1. break 语句

若要在循环中提前跳出循环，继续执行循环后的代码，则要使用 Python 中的 break 语句。break 语句的作用是结束当前循环然后跳转到循环后的下一条语句继续执行。

【例 3-15】 判断任意一个数 n 是否素数。

程序说明：

素数的定义是除了 1 和它本身外，不能被任何一个数整除。所以从 2 开始到 n-1，寻找 n 的约数。如果在循环中不使用 else 子句，实现代码如下：

```
# 判断任意一个数是否为素数
# 不使用 else
found = True
i = int(input("输入一个整数："))
for j in range(2,i):
    if i % j == 0:
```

```
            found = False
            break
    if found:
        print('%d 是一个素数'%i)
    else:
        print('%d 不是一个素数'%i)
```

如果在循环遍历的过程中，发现有一个整数 i 是 n 的约数，即 i % j == 0，那就不必再循环遍历下去，因为此时已经可以判定 n 不是素数，程序中使用 break 语句退出了循环。我们借助了一个标志量 found 来判断循环结束是不是由 break 语句引起的，如果对循环的 else 子句善加利用，代码可以简洁得多：

```
# 判断任意一个数是否为素数
# 使用 else
i = int(input("输入一个整数："))
for j in range(2,i):
    if i % j == 0:
        print('%d 不是一个素数'%i)
        break
else:
    print('%d 是一个素数'%i)
```

运行结果如下：

```
输入一个整数：53
53 是一个素数
```

当循环"自然"终结(循环条件为假)时，else 子句会被执行一次，而当循环是由 break 语句中断时，else 子句就不被执行。else 子句使程序员的生产力和代码的可读性都得到了提高。

判断一个循环是正常结束还是遇到 break 语句退出循环，也可以通过判断循环变量的值来确定，修改上述代码：

```
# 判断一个正整数 n(n>=2)是否为素数
n=int(input("输入一个正整数 n(n>=2):"))
for i in range(2,n):      # n 除以 2,3,4,…,n-1
    if n%i==0:            # 只要一个整除说明不是素数
        break             # 结束循环
if i == n-1:
    print(n,"是素数")
else:
    print(n,"不是素数")
```

对于输入的正整数 n 来说，判断它是否为素数，就是在 2~n-1 的范围中寻找 n 的约数。如果在循环遍历的过程中，发现有一个整数 i 是 n 的约数，即 i 把 n 整除了，那就不必再循环遍历下去，因为此时已经可以判定 n 不是素数，程序中使用 break 语句退出了循环。注意当遇到 break 语句退出循环的时候，遍历还未结束，此时的 i 仍然在 2～n-1 之间。如果 n 是素数，循环情况又会怎样呢？当 n 是素数的时候，循环体中的 if 条件永远不会成立，break 语句永远执行不到，只有当 i 的取值超出 range() 的迭代范围时，循环才会退出，因此正常退出循环时 i 的值一定等于 n-1。for 语句后的 if/else 结构正是根据 i 的取值来判断循环的执行情况，从而得到 n 的判定结果。

【例 3-16】 模拟登录系统账号密码检测功能，并限制账号或密码输错的次数至多 3 次。

登录系统一般具有账号密码检测功能，即检测用户输入的账号密码是否正确。若用户输入的账号或密码不正确，提示"用户名或密码错误"和"您还有*次机会"；若用户输入的账号和密码正确，提示"登录成功"；若输入的账号密码错误次数超过 3 次，提示"输入错误次数过多，请稍后再试"。实现代码如下：

```
# 模拟登录系统账号密码检测功能
count = 0                           # 用于记录用户错误次数
while count < 3:
    user = input("请输入您的账号：")
    pwd = input("请输入您的密码：")
    if user == 'admin' and pwd == '123':    # 进行账号密码比对
        print('登录成功')
        break
    else:
        print("用户名或密码错误")
        count += 1                  # 初始变量值自增 1
        if count == 3:              # 如果错误次数达到 3 次，则提示并退出
            print("输入错误次数过多，请稍后再试")
        else:
            print(f"您还有{3-count}次机会")  # 显示剩余次数
```

运行该程序，当输入的用户名和密码正确时，运行结果如下：

```
请输入您的账号：admin
请输入您的密码：123
登录成功
```

再次运行程序，当输入的用户名或者密码三次都没有输对时，结果如下：

```
请输入您的账号：admin
请输入您的密码：123456
用户名或密码错误
您还有 2 次机会
请输入您的账号：zhangsan
请输入您的密码：123
用户名或密码错误
您还有 1 次机会
请输入您的账号：asd
```

请输入您的密码：asd

用户名或密码错误

输入错误次数过多，请稍后再试

【例 3-17】　使用绝对循环与判断退出的方法修改例 3-12，小明在 2020 年存入 5000 元，假设每年按复利增长 3%，按此增长速度，到哪一年存款将达到 1 万元？

程序分析：

在例 3-12 中根据条件判断是否满足循环，满足条件执行循环直到条件不成立循环结束。在 while 循环中也经常将循环条件设为真，这样循环条件就永远满足，这种循环叫绝对循环，也叫死循环。如果在循环体中没有判断退出的语句，而且由于该循环条件是真，所以会一直循环下去，因此叫死循环。为了能够退出循环，在循环体中一定要有判断退出的语句。实现代码如下：

```python
money = 5000              # 本金存入 5000 元
year = 0
while True:               # 绝对循环
    year = year+1
    money = money*(1+0.03)
    if money>=10000:      # 存款额超过 1 万元就退出循环
        break
print(year,"年后存款达到 1 万元")
```

说明：在 Python 中如果值为非 0，或者对象不为空，就都是真，所以 while True 子句中的 True 也可以换成任何非 0 的值，一般用 while 1。

2. continue 语句

前面我们学习了 for 语句和 while 语句，知道 while 语句是在某一条件成立时循环执行一段代码块，而 for 语句是迭代一个集合的元素并执行一段代码块。然而在循环体中有时可能需要提前结束一次迭代，进行新的一轮迭代，如果遇到这种情况希望提前结束本次循环，并继续进行下次循环时，可以使用 continue 语句。continue 语句与 break 语句的不同之处在于，break 将结束本次循环并跳出循环，而 continue 仅仅是提前结束当前这次循环，继续进行下一次循环。

【例 3-18】　输出 1 到 10 中所有不是 3 的倍数的所有数字。

程序说明：

使用循环遍历 1 到 10 之间的每一个数，判断这个数能否被 3 整除，能整除就退出本次循环，继续判断下一个数，否则输出这个数。执行代码如下：

```python
# 输出 1 到 10 中所有不是 3 的倍数的所有数字
for i in range(1,10+1):
    if i % 3 ==0:
        continue
    print(i,end=', ')        # 输出的每一项用逗号分隔
```

运行结果如下：

1, 2, 4, 5, 7, 8, 10

【例3-19】 "逢七拍腿"游戏。

规则是：参与游戏者排成一圈，从某人开始依次从 1 开始顺序数数，数到含有 7 或 7 的倍数的人要拍腿表示越过。比如：数到 7、14、17 这类数字的人都不能数出该数字，要拍一下腿，然后下一人继续数后面的数字。请编程模拟这个游戏过程，计算从 1 数到 100，一共有多少人次要拍腿。

程序分析：

"逢七拍腿"游戏中，遇到含有 7 或 7 的倍数的数字时要拍一次腿，现在要计算从 1 数到 100 有多少人次拍腿，那我们可以在 for 循环中判断某个数是否符合拍腿的要求，若不符合则跳过累加拍腿人次，继续循环下一个数。判断一个数 number，如果不是 7 的倍数则条件表达为 number % 7 !=0，判断该数是否含有数字 7 可以将该数转换为字符串，利用字符串函数 endswith("7")判断是否以 7 结尾。实现代码如下：

```
total = 0                              # 记录拍腿次数的变量
for number in range(1,101):            # 创建一个从 1 到 101(不包括)的循环
    # 判断非 7 的倍数或非 7 为尾数时，跳过 total 的累加，继续循环判断下一个数
    if number % 7 !=0 and not str(number).endswith("7") and not str(number) startwith("7"):
        continue                       # 继续下一次循环
    total += 1
    print(number,end=' ')              # 输出需要拍腿的那个数字，以空格分隔每一个数字
print()                                # 输出完满足拍腿的数字后换行
print("从 1 数到 100 共拍腿",total,"次。")   # 显示拍腿次数
```

运行结果如下：

```
7 14 17 21 27 28 35 37 42 47 49 56 57 63 67 70 71 72 73 74 75 76 77 78 79 84 87 91 97 98
从 1 数到 100 共拍腿 30 次。
```

【例3-20】 猜数字游戏。

程序分析：

要猜的这个数是任意的并且在 1～100 之间，可以通过随机数的方法产生一个 1～100 的随机数字，每个数字允许猜几次，即循环几次。接收用户从键盘输入的数字，表示用户猜的那个数字，如果猜对了，游戏结束，也就是即使没有循环完 n 次也强行退出循环；如果猜大了，提示"大了"，猜小了提示"小了"，返回循环重新再猜，如果 n 次都没猜对循环也结束，执行循环以后的语句或者 else 子句。

Python 有一个随机数模块 random，通过 import random 语句将这个模块导入，该模块中包含的函数在程序中就可以直接使用了。有关模块的内容在后面的章节中介绍，在这里简单理解为模块就是为了实现某一功能已经有人事先做好代码存放在一起，可以由别的程序调用，不需重新再写代码，import 语句相当于有一个导航，指向我们需要使用的函数的位置。在 random 模块中有一个 randint 函数，调用该函数可以生成随机整数。实现代码如下：

```
# 猜数字游戏
import random                          # 导入随机数模块
# num 变量存放系统生成的随机数
num = random.randint(1,101)            # 调用随机模块中的 randint 函数产生 1-100 之间的整数
```

```
# print(num),                              # 如果想知道这个随机数是多少，可以输出看看
for i in range(5):                         # 允许猜五次
    guess = int(input('请输入你猜的数'))      # guess 变量存放用户猜的数
    if guess > num:                        # 比较用户猜的数和系统生成的随机数
        print('大了')
        continue                           # 没猜对退出本次循环，返回再猜(做下一次循环)
    elif guess == num:
        print('猜对了')
        break                              # 猜对后直接跳出循环 else 子句也不会做
    else:
        print('小了')
        continue
else:                                      # 循环结束后执行
    print('错误次数过多')
```

在规定的次数内猜对了，运行结果如下：

```
请输入你猜的数 56
大了
请输入你猜的数 36
猜对了
```

在规定的次数内没有猜对，会执行 else 子句，运行结果如下：

```
请输入你猜的数 56
大了
请输入你猜的数 46
大了
请输入你猜的数 38
大了
请输入你猜的数 26
大了
请输入你猜的数 21
大了
错误次数过多
```

上述案例也可以使用 while 循环实现，需要考虑循环结束的条件，条件是只要猜的次数没有超过允许的上限循环可以一直做。实现代码如下：

```
import random                             # 引入 random 库，使用随机函数
num = random.randint(1, 101)              # 随机产生的数字
count = 0
while count < 4:
    count += 1
    guess = int(input('请猜一个数： '))      # 转成 int 类型
```

```
        if guess > num:
            print('大了')
            continue
        elif guess == num:
            print('对了')
            break
        else:
            print('小了')
            continue
else:
    print('错误次数过多')
```

知识扩展

迭 代 器

什么是迭代器？迭代器是一种访问方式，它的作用是用来访问容器中的元素，容器是用来保存元素的数据结构，如列表、元组等。

在 Python 中，支持通过 for…in…语句迭代获取数据的对象，就是可迭代对象，列表、元组、字典和集合都是可迭代的对象。意味着从可迭代对象这个容器中的第一个元素开始访问，直到所有元素被访问完毕。迭代器只能往前不能后退。注意迭代器和迭代对象不是一个概念，用 Python 中的内置函数 iter()将可迭代对象转换成迭代器，这样系统就可以自动调用内置函数 next()进行遍历了。

为什么 Python 中不显示有些函数的返回值，如 range()，是因为该函数的返回值是迭代器(iterator)。如果想显示该函数的值需要转换成列表：

```
print(range(6))              # 输出 range(0, 6)
print(list(range(6)))        # 输出[0, 1, 2, 3, 4, 5]
```

如何判断一个对象是可迭代对象，方法是通过 collections 模块和内置函数 isinstance()判断，如果是 Iterable 类型而且返回 True，表示为可迭代对象。

```
from collections import Iterable    # 导入模块
isinstance("python",Iterable)       # 结果是 True，说明字符串"python"是可迭代对象
isinstance([1,2,3,4,5],Iterable)    # 结果是 True，说明列表[1,2,3,4,5]是可迭代对象
isinstance(56,Iterable)             # 结果是 False，说明整数 56 不是可迭代对象
```

3.4 实验：实现超市购物功能

1. 任务描述

本任务实现超市购物活动，在一家超市有牙刷、毛巾、水杯、苹果和香蕉等商品，商

品价格如表 3-3 所示。

表 3-3　超市部分商品价格

编　号	商品名称	价　格
1	牙刷	8.8 元
2	毛巾	10.0 元
3	水杯	18.8 元
4	苹果	12.5 元
5	香蕉	15.5 元

用户输入商品序列号进行商品购买,当用户输入购买数量后,计算出购买所需花费。一次购买结束后,需要用户输入"Y/y"或"N/n","Y/y"代表继续购买,"N/n"代表购物结束。

设计思路:

小明要去超市购物,超市有很多商品,每种商品的价格已经在标签上打好了,从程序的角度来讲,这些商品的价格就是确定的常量。假设小明要买五种商品,这五种商品的名称和价格都是确定的,所以使用 print 函数将商品名称和价格显示出来供小明选择,相当于在超市中看到的商品和价格标签。

小明选择商品的过程,在程序中就是使用 input 函数,将商品名称或者编号以及购买数量输入,由于价格也已经作为常量定义了,购买这类商品的花费很容易计算出来。

如果小明要继续买下一种商品,在程序中和购买上一种商品的做法相同,使用循环即可实现。

2. 任务实施

(1) 小明去超市购物,首先看到的是陈列的商品以及商品标签上打好的价格,小明要买五种商品,从程序的思维来讲,就是将这五种商品的名称和价格在控制台输出。首先定义 5 种商品的价格,再输出 5 种商品的对应的序号供选择(挑选商品)。实现代码如下:

```
# 超市购物
#1.商品展示
# 定义变量存放商品的价格
toothbrush = 8.8        # 牙刷价格
towel = 10.0            # 毛巾价格
cup = 18.8              # 水杯价格
apple = 12.5            # 苹果价格
banana = 15.5           # 香蕉价格
print("---MeetAll 超市---")
print()
print(" 1.牙刷: %0.2f 元"%toothbrush)
print(" 2.毛巾: %0.2f 元"%towel)
print(" 3.水杯: %0.2f 元"%cup)
print(" 4.苹果: %0.2f 元"%apple)
```

```
print(" 5.香蕉： %0.2f 元"%banana)
print("-----------------")
```

运行结果如下：

```
---MeetAll 超市---
 1.牙刷： 8.80 元
 2.毛巾： 10.00 元
 3.水杯： 18.80 元
 4.苹果： 12.50 元
 5.香蕉： 15.50 元
-----------------
```

（2）小明开始买商品，要确定第一种要买的商品是什么，数量是多少。程序中需要使用到 input 函数，让用户填写购买商品的序列号以及购买的数量，然后计算这种商品一共消费多少。实现代码如下：

```
# 2.开始购物，只购一种商品
goods_No = input('请输入要采购的商品编号： ')  # 输入的编号不经转换就按照字符串使用
count = int(input('请输入要购买商品数量:'))
if goods_No == '1':
    money = count*toothbrush              # 计算购买牙刷所需的金额
elif goods_No == '2':
    money = count*towel                   # 计算购买毛巾所需的金额
elif goods_No == '3':
    money = count*cup                     # 计算购买水杯所需的金额
elif goods_No == '4':
    money = count*apple                   # 计算购买苹果所需的金额
elif goods_No == '5':
    money = count*banana                  # 计算购买香蕉所需的金额
print('这次购物花费%0.2f 元'%money)
```

运行结果如下：

```
---MeetAll 超市---
 1.牙刷： 8.80 元
 2.毛巾： 10.00 元
 3.水杯： 18.80 元
 4.苹果： 12.50 元
 5.香蕉： 15.50 元
-----------------
请输入要采购的商品编号: 2
请输入要购买商品数量: 3
这次购物花费 30.00 元
```

（3）小明是否还购买其他商品，如果购买，流程和第二步相同，使用 input 函数输入另

82   Python 编程入门与实战指南

一种购买的商品的名称和数量；如此反复，将需要购买的商品全部买好。在程序中使用循环实现这个过程，需要将步骤二的代码作为循环体。在这一步，要设置循环条件，实现代码如下：

```
# 3.无限次购物，直到不再购物
money = 0                                      #
answer = 'y'                                    # 定义循环控制变量 answer
while answer == 'y'or answer == 'Y':           # 当 answer 值为 y(大小写均可)时循环
    goods_No = input('请输入要采购的商品编号：')   # 输入的编号按照字符串使用
    count = int(input('请输入要购买商品数量:'))    # 数量要转换成整数才能计算
    if goods_No == '1':
        money = money+count*toothbrush         # 计算购买牙刷后累计所花费的金额
    elif goods_No == '2':
        money = money+count*towel              # 计算购买毛巾后累计所花费的金额
    elif goods_No == '3':
        money = money+count*cup                # 计算购买水杯后累计所花费的金额
    elif goods_No == '4':
        money = money+count*apple              # 计算购买苹果后累计所花费的金额
    elif goods_No == '5':
        money = money+count*banana             # 计算购买香蕉后累计所花费的金额
    answer = input('继续购物吗？')              # 改变循环控制变量的值
print('这次购物花费%0.2f 元'%money)
```

运行结果如下：

```
- ---MeetAll 超市---
 1.牙刷：8.80 元
 2.毛巾：10.00 元
 3.水杯：18.80 元
 4.苹果：12.50 元
 5.香蕉：15.50 元
-----------------------
请输入要采购的商品编号: 1
请输入要购买商品数量: 2
继续购物吗? y
请输入要采购的商品编号: 5
请输入要购买商品数量: 3
继续购物吗? y
请输入要采购的商品编号: 3
请输入要购买商品数量: 1
继续购物吗? n
这次购物花费 82.90 元
```

程序说明：购买商品后计算金额得到的是累计花费，所以是在上一次花费的基础上加上本次消费。本任务中小明一共可以买五种商品，代码中用了五个判断，如果要买 50 种商品，是否要写 50 个条件判断呢？如果这样就违背了编程的初衷，程序就是要将这种烦琐的重复自动化，这个问题我们在学习后续的知识后可以很好地解决。本任务以这种小样本的数据讲解任务的实现原理，在后续的学习中将逐步优化程序。

本 章 习 题

一、选择题

1. Python 语言中，缩进是体现代码逻辑关系的重要方式，if 中应该缩进的语句是(　　)。

A. 所有语句　　　　　　　　　　B. 第一行语句

C. 分支需执行的语句块　　　　　D. 第二行语句

2. 以下关于 Python 分支的描述中，错误的是(　　)。

A. Python 分支结构使用保留字 if、elif 和 else 来实现，每个 if 后面必须有 elif 或 else

B. if-else 结构是可以嵌套的

C. if 语句会判断 if 后面的逻辑表达式，当表达式为真时，执行 if 后续的语句块

D. 缩进是 Python 分支语句的语法部分，缩进不正确会影响分支功能

3. 键盘输入数字 5，以下代码的输出结果是(　　)。

```python
n = eval(input("请输入一个整数: "))
s = 0
if n>=5:
    n -= 1
    s = 4
if n<5:
    n -= 1
    s = 3
print(s)
```

A. 3　　　　　　　B. 4　　　　　　　C. 0　　　　　　　D. 2

4. 以下程序的输出结果是(　　)。

```python
x = 10
y = 0
if (x > 5) or (x/y > 5):
    print('Right')
else:
    print('Wrong')
```

A. 报错：ZeroDivisionError　　　　B. Wrong

C. Right　　　　　　　　　　　　D. 不报错，但不输出任何结果

5. 有下面的程序段：

```
if k<=10 and k >0:
    if k>5:
        if k>8:
            x=0
        else:
            x=1
    else:
        if k>2:
            x=3
        else:
            x=4
```

其中 k 取(   )时，x=3。

A. 3,4,5　　　　　B. 3,4　　　　　C. 5,6,7　　　　　D. 4,5

6. 关于 Python 循环结构，以下选项中描述错误的是(   )。

A. 每个 continue 语句只能跳出当前层次的循环

B. break 用来跳出最内层 for 或者 while 循环，脱离该循环后程序从循环代码后继续执行

C. 遍历循环中的遍历结构可以是字符串、组合数据类型和 range()函数等

D. Python 通过 for、while 等保留字提供遍历循环和无限循环结构

7. 这段代码将输出(   )。

```
for i in range(10):
    if not i % 2 == 0:
        print(i + 1)
```

A. 输出 2 到 10 的偶数　　　　B. 输出 1 到 9 的奇数

C. 输出 0 到 8 的偶数　　　　D. 输出 2 到 8 的偶数

8. 以下代码的输出结果是(   )。

```
while True:
    guess =eval(input())
    if guess == 0x452//2:
        break
print(guess)
```

A. "0x452//2"　　B. break　　　　C. 0x452　　　　D. 553

9. 以下程序输出结果是(   )。

```
for s in 'I love my family':
    if s =='i':
        break
    print(s,end="")
```

A. I love my fam　　　　B. I love my fami

C. I love my famil　　　　D. I love my family

10. 下面代码的输出结果是(　　)。

```
for s in "HelloWorld":
    if s=="W":
        continue
    print(s,end="")
```

A. Helloorld　　　B. HelloWorld　　C. Hello　　　　D. World

二、判断题

1. 在 Python 中，选择结构和循环结构必须带有 else 子句。　　　　　　(　　)

2. 已知 x = 2, y = 2，执行以下语句后，y 的结果为 -1。　　　　　　(　　)

```
if (x == y):
    y = 1
else:
    y = -1
```

3. 以下程序执行后，s 的当前值为 30。　　　　　　　　　　　　　(　　)

```
s = 0
for i in range(0, 10, 2):
    s += i
```

4. while 后表达式只能是逻辑或关系表达式。　　　　　　　　　　　(　　)

5. 在循环中 continue 语句的作用是跳出当前循环。　　　　　　　　　(　　)

三、编程题

1. 每个星期对应的英语单词都不同，星期一到星期天的单词分别为 Monday、Tuesday、Wednesday、Thursday、Friday、Saturday、Sunday。

请用程序实现：输入单词的前两个字符，判断输入的单词是星期几，并输出对应的单词；如果输入的字符不匹配，则输出 error。

2. 请用程序实现：输入公司的年利润，求出公司发放的奖金，并将奖金输出。

以下为奖金发放规则：

利润没超过 100 000 元时，奖金为利润的 10%；

利润超过 100 000 但没超过 200 000 元时，低于 100 000 元的部分，奖金为利润的 10%，超出的部分，奖金为利润的 7.5%；

利润超过 200 000 但没超过 400 000 元时，低于 200 000 元的部分，奖金与利润的比例和之前相同，超出的部分，奖金为利润的 5%；

利润超过 400 000 但没超过 600 000 元时，低于 400 000 元的部分，奖金与利润的比例和之前相同，超出的部分，奖金为利润的 3%；

利润超过 600 000 但没超过 1 000 000 元时，低于 600 000 元的部分，奖金与利润的比例和之前相同，超出的部分，奖金为利润的 1.5%；

利润超过 1 000 000 元时，低于 1 000 000 元的部分，奖金与利润的比例和之前相同，超出的部分，奖金为利润的 1%。

例如：假设公司的年利润为 1 200 000 元，则需要发放的奖金为 100 000 × 0.1 + 100 000 ×

0.075 + 200 000 × 0.05 + 200 000 × 0.03 + 400 000 × 0.015 + (1 200 000 − 1 000 000) × 0.01 = 41 500。

注意：奖金保留两位小数。

3. 丐帮帮主去天桥乞讨，并把每天乞讨的钱都存起来。设帮主存款初始为 0，且不使用乞讨的钱。第一天乞讨了 1 元钱，第二天乞讨了 2 元钱，第三天乞讨了 4 元钱，第四天乞讨了 8 元钱，以此类推……

请用程序实现：输入一个天数 day，输出帮主每天的存款余额。

4. 复利公式为 F = p * (pow((1 + r), n))，其中 F 代表最终收入，p 代表本金，r 代表年利率，n 代表存了多少年。如本金是 10 000，年利率是 5%，存了两年，则复利收入为 10 000 * (pow((1 + 0.05), 2)) = 11 025。

假设你年收入是 84 000 元，每年都能拿出 12 000 元进行投资。经过研究股票和基金相关知识后，达到了每年 20%的年利率。

请用程序实现：输入一个表示投资年份 year 的 int 型变量，计算经过这些年的投资后的总复利收入，并将每一年的总复利收入输出。注意：第二年的本金 = 第一年的总复利收入 + 12 000。

5. 德国数学家哥德巴赫于 1742 年提出了任意一个大于 2 的偶数都可写成两个素数之和的猜想，这一猜想是世界近代三大数学难题之一，至今未能给出理论证明。

请用程序实现：对任意给定的偶数 n，验证 n 可以写成两个素数之和，要求 n 由用户输入。

四、拓展练习

1. 获得用户的非数字输入，如果输入中存在数字，则要求用户重新输入，直至满足条件为止，并输出用户输入字符的个数。实现代码示例：

```
while True:
    s = input("请输入不带数字的文本:")
    ...
print(len(s))
```

2. 程序接收用户输入的五个数，以逗号将这些数字按照输入顺序输出，每个字符占10 个字符宽度，右对齐，所有数字显示在同一行。

示例输入：

```
23,42,543,56,71
```

示例输出：

```
        23        42       543        56        71
num = input()._____
for i in num:
    print("{_____}".format(i),end="")
```

3. 接收用户输入的一个小于 20 的正整数，在屏幕上逐行递增显示从 01 到该正整数，数字显示的宽度为 2，不足位置补 0，后面追加一个空格，然后显示 '>' 号，'>' 号的个数等于行首数字。

示例输入：

3

示例输出:

```
01 >
02 >>
03 >>>
n = input('请输入一个正整数:')
for i in range(_____):
    print('_____'.format(i+1, _____))
```

4. 根据斐波那契数列的定义 F(0) = 0, F(1) = 1, F(n) = f(n − 1) + f(n − 2) (n≥2),输出不大于 100 的序列元素。

示例输出:

```
0
,
1
,
1
,
2
,
3
,
5
,
8
,
13
,
21
,
34
,
55
,
89
,
import _____
a, b = 0, 1
while _____:
    print(a, end=',')
```

```
a, b = _____
```

5. 让用户输入一串数字和字母混合的数据，然后统计其中数字和字母的个数，显示在屏幕上。

示例输入：

```
Fda243fdw3
```

示例输出：

```
数字个数：4，字母个数：6
ns = input("请输入一串数据：")
dnum,dchr = _____
for i in ns:
    if i._____ :
        dnum += 1
    elif i._____ :
        dchr += 1
    else: pass                 # 空语句，为了保持程序结构的完整性，用于占位
print('数字个数：{}，字母个数：{}'.format(dnum,dchr))
```

第 4 章

组合数据类型

本章导读

在前面的学习中，我们明白计算机要处理的数据存在内存变量中。如果要处理的数据是一个简单数据，则可以用一个简单变量表示；如果数据量很大，并且数据之间存在一定的关系，这种数据应该如何表示？如果我们要处理全班 50 个同学的成绩，这 50 个数据用什么类型的变量表示呢？如果每个变量存放一个学生的成绩，是不是很麻烦？如果有一千个学生甚至更多，那该怎么办呢？就像实际生活中，50 个学生组成一个班进行管理，500 个学生组成一个系进行管理。那么 Python 中使用什么方法对多个数据组织管理呢？Python 提供了组合数据类型，可以将多个数据组织起来。

根据数据组织方式的不同，Python 的组合数据类型可分成三类：序列类型、集合类型和映射类型。

(1) 序列类型存储一组排列有序的元素，每个元素的类型可以不同，通过索引可以锁定序列中的指定元素。Python 中的序列主要有三种：列表、元组和字符串。

(2) 集合类型同样存储一组数据，它要求其中的数据必须唯一，但不要求数据有序。

(3) 映射类型的数据中存储的每个元素都是一个键值对，通过键值对的键可以迅速获得对应的值。字典是一种映射类型。

本章主要包含以下内容：

(1) 列表及其常见操作；

(2) 元组及其常见操作；

(3) 字典及其常见操作。

学习目标

(1) 理解序列数据的类型；

(2) 掌握元组的定义及使用；

(3) 掌握列表的定义及使用；

(4) 掌握字典的定义及使用；

(5) 掌握字符串的定义及使用；

(6) 能够使用组合数据类型编写程序。

4.1 列　表

列表是一种序列类型，序列类型来源于数学概念中的数列。什么是列表呢？列表就是我们日常生活中经常见到的清单。比如，统计过去一周我们买过的东西，并把这些东西列出来，这就是清单。由于我们买一种东西可能不止一次，所以清单中是允许有重复项的。如果我们扩大清单的范围，统计我们过去一周所有的花费情况，那么这也是一个清单。但这个清单里会有类别不同的项，比如我们买东西是一种花费，交水电费也是一种花费，这些项的类型是可以不同的。Python 的列表和清单的道理是一样的，其特点就是：可重复，类型可不同。

4.1.1　列表的创建

列表是 Python 中重要的数据类型之一，是存储和组织数据的一种方式，它可以存储不同类型的数据，是一组任意对象的有序集合。创建列表的语法很简单，使用方括号将用逗号分隔的不同的数据项括起来即可，语法如下：

```
[ele1,ele2,ele3,…]
```

其中：ele1，ele2，ele3，…可以是任意类型的对象。

在 Python 中，可以使用下列三种方法创建列表。

1. 使用 [ ] 直接创建列表

使用 [ ] 创建列表后，一般使用 "=" 将它赋值给某个变量。

(1) 创建包含 n 个元素的列表。

```
# 下面定义的列表都是合法的
studentss = ['小美', '小红', '小明', '小丽', '小勇']
num = [1, 2, 3, 4, 5, 6, 7]
program = ["C 语言", "Python", "Java"]
```

(2) Python 中也可以创建不含元素的空列表，即列表长度为 0 的列表。

```
# 创建空列表
fruits1 = []     # 空列表，即 len(fruits)为 0
```

(3) 列表中的元素可以是简单对象，也可以是列表、元组等集合对象。示例如下：

```
# 创建一个包含多个列表元素的列表
peoples = [['张三',1.84],['李四', 1.65],['王五', 1.90],['赵六', 1.88],['钱七', 1.92],['孙八', 1.77]]
print(len(peoples))   # 结果为 6，即 peoples 长度为 6，包含 6 个列表元素
```

2. 使用 list()函数创建列表

除了使用 [ ] 创建列表外，Python 还提供了一个内置的函数 list()。它可以将其他数据类型转换为列表类型，示例如下：

```
# 创建空列表
fruits1 = list()
print(fruits1)
```

```
# 将字符串转换成列表
list1 = list("hello")
print(list1)

# 将元组转换成列表
tuple1 = ('Python', 'Java', 'C++', 'JavaScript')
list2 = list(tuple1)
print(list2)
```

运行结果如下：

```
[]
['h', 'e', 'l', 'l', 'o']
['Python', 'Java', 'C++', 'JavaScript']
```

3. 通过列表推导式创建

推导式是 Python 的一种独有特性。推导式是可以从一个数据序列构建另一个新的数据序列的结构体，具有语言简洁、速度快等优点。语法如下：

```
[表达式 for 变量 in 可迭代序列]
```

或者：

```
[表达式 for 变量 in 可迭代序列 if 条件]
```

说明：

以表达式的结果为元素构造列表，表达式的值为可迭代序列中满足条件的元素，缺省条件为所有元素。

例如，有一个列表 list：

```
list = [2, 3, 5, 9, 0]
```

如果要在这个列表的基础上为列表 list 中的每个元素加 5，产生一个新列表 list2，我们通常会这么做：

```
list2 = []
for i in list:                 # 使用循环在 list 中依次取一个元素赋值给 i
    list2.append(i + 5)        # 每个元素加 5，然后使用 append()函数把结果追加到 list2 中
print(list2)
```

输出结果如下：

```
[7, 8, 10, 14, 5]
```

使用列表推导式，实现方式更简洁，代码如下：

```
list2 = [x + 5 for x in list]
print(list2)
```

【例 4-1】　过滤掉长度小于或等于 3 的字符串列表，并将剩下的转换成大写字母。实现代码如下：

```
names = ['Bob','Tom','alice','Jerry','Wendy','Smith']         # 初始列表
```

```
new_names = [name.upper() for name in names if len(name)>3]        # 推导出新列表
print(new_names)
```

输出结果如下：

```
['ALICE', 'JERRY', 'WENDY', 'SMITH']
```

4.1.2 列表的相关操作

列表是 Python 中最常见的数据类型，主要有以下操作：索引、切片、追加、删除、查找、修改和遍历等。

1. 通过索引使用元素

列表中的各个元素都有各自的索引，可以通过索引来访问列表中的元素。列表索引是从 0 开始的，列表中的元素从左到右的索引顺序是[0, n-1]，从右到左的索引顺序是[-1, -n]，其中 n 是列表的长度。我们可以通过下标索引的方式来访问列表中的值。

示例如下：

```
list1 = [2024, 10, '2024-1-1',['hi', 1, 2]]
print("list1 列表的长度是：",len(list1))        # 结果 4
# 通过索引使用元素
print("list1[0]的值是：",list1[0])              # 2024
print("list1[-4]的值是：",list1[-4])            # 2024
print("list1[2]的值是：",list1[2])              # 2024-1-1
print("list1[3]的值是：",list1[3]              # ['hi', 1, 2]
print(list1[0] == list1[-4] == 2024)            # True
print(list1[2] == list1[-2] == '2024-1-1')      # True
print(list1[3] == list1[-1] == ['hi', 1, 2])    # True
```

多维列表即列表的嵌套。多维列表的元素值也是一个列表，多维列表的访问示例如下：

```
#  创建一个包含多个列表元素的列表
peoples = [['李冬', 1.77],['王平', 1.65],['章洋', 1.70],['叶光', 1.78]]
# 访问多维列表中的元素
print(peoples[0][0])   # 李冬
print(peoples[1][0])   # 王平
print(peoples[2][0])   # 章洋
print(peoples[3][0])   # 叶光

print(peoples[0][1])   # 1.77
print(peoples[1][1])   # 1.65
print(peoples[2][1])   # 1.7
print(peoples[3][1])   # 1.78
```

2. 通过切片使用元素

在 Python 中处理列表的部分元素，称为列表切片，也就是把整个列表切开。语法如下：

```
list_name[start:end:step]
```

其中：

- start、end 是元素的索引，start 是第一个截取的元素索引，end 是第一个不截取的元素索引。

- start:end 表示返回从第一个数字索引到第二个数字索引(不包括第二个数字索引的值)的一个新列表。

- step 是截取的步长，可取正/负值，缺省状态下取 1，表示正向逐个截取。

- step 取正值时表示正向截取列表，start 的索引位置必须在 end 的前面。

- step 取负值时表示反向截取列表，start 的索引位置必须在 end 的后面。

切片操作示例如下：

```
list_a = [1, 2, 3, 4, 5, 6]
print(list_a[0:3])      # 输出[1, 2, 3]
print(list_a[:3])       # start 缺省时默认是 0，输出[1, 2, 3]
print(list_a[1:5])      # 输出[2, 3, 4, 5]
print(list_a[1:7])      # end 的值大于列表长度，则取到最后一个元素，输出[2, 3, 4, 5, 6]
print(list_a[1:])       # end 缺省时默认取到最后一个元素，输出[2, 3, 4, 5, 6]
print(list_a[:])        # start 和 end 都缺省时表示取整个列表，输出[1, 2, 3, 4, 5, 6]
print(list_a[3:1])      # 正向切片时 start 应该比 end 大，否则返回空列表，输出[]
print(list_a[::2])      # step 为 2，输出[1, 3, 5]
```

如果列表中的元素是字符串，则一个字符串是一个列表元素，示例如下：

```
# 列表中的元素是字符串，一个字符串是一个列表元素
fruits = ['苹果','草莓','香蕉','梨', '百香果']
print(fruits[0:3])      # 输出索引 0 到 2 的三个列表元素，['苹果', '草莓', '香蕉']
print(fruits[1:4])      # 输出索引 1 到 3 的三个列表元素，['草莓', '香蕉', '梨']
print(fruits[:2])       # 没有指定索引时，从 0 开始，相当于 fruits[0:2]，['苹果', '草莓']
print(fruits[2:]);      # 输出含索引 2 及其后的所有元素，['香蕉', '梨', '百香果']
print(fruits[-2:]);     # 输出列表中的最后两个元素，['梨', '百香果']
```

3. 追加列表元素

列表是一个可以修改的序列类型，因此可以向列表中追加元素。追加的方法有"+"、append()方法、extend()方法和 insert()方法。

(1) 使用"+"把两个列表所包含的元素合并在一起。

示例如下：

```
fruits1 = ['苹果','草莓','香蕉','梨', '百香果']   # 第一个列表
fruits2 = ['猕猴桃','西瓜','樱桃']              # 第二个列表
fruits = fruits1 + fruits2                    # 两个列表相加
print(fruits1)    # 输出['苹果', '草莓', '香蕉', '梨', '百香果']
print(fruits2)    # 输出['猕猴桃', '西瓜', '樱桃']
print(fruits)     # 输出['苹果', '草莓', '香蕉', '梨', '百香果', '猕猴桃', '西瓜', '樱桃']
```

（2）使用 append()方法在列表末尾添加新对象。

示例如下：

```
fruits = ['苹果','草莓','香蕉','梨', '百香果']
fruits.append('猕猴桃')
print(fruits)
fruits.append(['西瓜','樱桃'])
print(fruits)
```

运行结果如下：

```
['苹果', '草莓', '香蕉', '梨', '百香果', '猕猴桃']
['苹果', '草莓', '香蕉', '梨', '百香果', '猕猴桃','['西瓜', '樱桃']]
```

说明：append()方法既可追加单个值，也可追加列表或其他对象。

（3）使用 extend()方法在列表末尾追加另一个序列中的多个值。

示例如下：

```
fruits = ['苹果','草莓','香蕉']
fruits.extend (['猕猴桃'])
print(fruits)
fruits.extend (['西瓜','樱桃'])
print(fruits)
```

注意：fruits. extend (['猕猴桃'])不能写成 fruits. extend ('猕猴桃')，extend()方法将把'猕猴桃' 作为字符序列分别一一追加到 fruits 列表中。

运行结果如下：

```
['苹果', '草莓', '香蕉', '猕猴桃']
['苹果', '草莓', '香蕉', '猕猴桃', '西瓜', '樱桃']
```

（4）使用 insert()方法将对象插入列表中的指定位置。

示例如下：

```
fruits = ['苹果', '香蕉','梨','百香果']
fruits. insert (2,'猕猴桃')          # 在第二个位置插入'猕猴桃'
print(fruits)
fruits. insert (4,['西瓜','樱桃'])    # 在第四个位置插入['西瓜','樱桃']，['西瓜','樱桃']作为一个元素
print(fruits)
```

说明：insert()方法有两个参数，第一个参数指明插入位置，第二个参数是要增加的数据。

运行结果如下：

```
['苹果', '香蕉', '猕猴桃', '梨', '百香果']
['苹果', '香蕉', '猕猴桃', '梨',['西瓜', '樱桃'], '百香果']
```

4. 查找列表元素

查找列表元素包括查找列表中某个元素出现的位置、统计某个元素在列表中出现的次数、检查某个元素是否在列表中等。下面的代码分别展示了上述各种查找列表元素的方法，示例代码如下：

```
# 使用 index()方法定位元素
```

```
list_a = [12,15,'a','b','c',15,9]
print(list_a.index(12))              # 输出 0，12 在列表中的第一位，用 0 表示
print(list_a.index(15))              # 输出 1，定位第一个 15 出现的位置
print(list_a.index(15,2))            # 输出 5，从索引 2 开始定位 15 出现的位置
#print(list_a.index(15,2,4))         # 在索引 2 和索引 4 之间定位 15，返回 ValueError 错误

# 使用 count()方法统计元素出现的次数
list_b = [12,15,'a','b','c',15,9]
print(list_b.count(15))              # 输出结果为 2

# 使用 in 运算符判断列表是否包含某个元素
list_c = [12,15,'a','b','c',15,9]
print('a' in list_c)                 # 输出 True
print(112 in list_c)                 # 输出 False
print(112 not in list_c)             # 输出 True
```

5. 修改列表元素

通过给列表的元素赋值来修改列表元素，示例如下：

```
list_a = list(range(1,10))           # 生成 1 到 9 的列表
print(list_a)                        # 输出[1, 2, 3, 4, 5, 6, 7, 8, 9]
list_a[1] = list_a[1]+1              # 取列表中位置 1 的值，加 1，再赋值回去
print(list_a)                        # 输出[1, 3, 3, 4, 5, 6, 7, 8, 9]
list_a[-1] = 100                     # 为列表中的最后一位置赋值为 100
print(list_a)                        # 输出[1, 3, 3, 4, 5, 6, 7, 8, 100]
list_a[:3] = ['a','b','c']           # 将列表中 0 到 3 位置的元素替换为'a','b','c'
print(list_a)                        # 输出['a', 'b', 'c', 4, 5, 6, 7, 8, 100]
```

利用切片功能对列表进行赋值时，并不要求新赋值的元素个数与切片的元素个数相同，这表明我们可以利用这种方式实现在列表中增加元素或者删除元素的效果，示例代码如下：

```
list_b = list(range(1,10))
print(list_b)                        # 输出[1, 2, 3, 4, 5, 6, 7, 8, 9]
list_b[2:2]= ['x','y','z']
print(list_b)                        # 输出[1, 2, 'x', 'y', 'z', 3, 4, 5, 6, 7, 8, 9]

list_b[-7:]=[]
print(list_b)                        # 输出[1, 2, 'x', 'y', 'z']

list_b[:2]=['x','y','z']
print(list_b)                        # 输出['x', 'y', 'z', 'x', 'y', 'z']
```

6. 删除列表元素

删除列表中的元素可以使用 del 语句，此语句既可删除列表中的单个元素，也可删除

列表中的一段元素，示例代码如下：

```
list_1 = ['I', 'am', 'very', 'happy']
del list_1[0]
print(list_1)                      # 输出['am', 'very', 'happy']
del list_1[1:2]
print(list_1)                      # 输出['am', 'happy']
list_2 = list(range(1,10))
del list_2[2:-2:2]
print(list_2)                      # 输出[1, 2, 4, 6, 8, 9]
del list_2                         # del 语句删除变量
print(list_2)
```

运行结果如下：

```
['am', 'very', 'happy']
['am', 'happy']
[1, 2, 4, 6, 8, 9]

-----------------------------------------------------------------
NameError                              Traceback (most recent call last)
<ipython-input-7-cf14eeb41118> in <module>
      8 print(list_2)               # 输出[1, 2, 4, 6, 8, 9]
      9 del list_2                  # del 语句删除变量
---> 10 print(list_2)

NameError: name 'list_2' is not defined
```

list_2 被 del 语句删除后，再用 print 输出时，弹出出错信息，说明 list_2 已不存在。

在 Python 中还可以用列表的 remove()方法删除与指定值第一个匹配的元素，示例代码如下：

```
list_1 = ['I', 'am', 'very', 'happy', 'very', 'happy']
list_1.remove('I')
print(list_1)                      # 输出['am', 'very', 'happy', 'very', 'happy']
list_1.remove('very')
print(list_1)                      # 输出['am', 'happy', 'very', 'happy']
```

在 Python 中还提供了 clear()方法，此方法用于清空列表，示例代码如下：

```
list_1 = list_2 = list(range(1, 5))
list_1.clear()                     # 清空 list_1
print(list_1)                      # 输出[]，空列表
del list_2                         # 销毁 list_2
print(list_2)                      # 使用 list_2 会报 NameError 类型的错误
```

7. 遍历列表元素

直接使用 for 循环遍历列表，示例代码如下：

```
# 以列表的形式定义超市抽奖奖项
reward_info = ["谢谢", "一等奖", "三等奖", "谢谢", "谢谢", "三等奖", "二等奖", "谢谢"]
for i in reward_info:              # 使用 for 循环依次获取列表的每个元素
    print(i,end ='、')              # 输出每个奖项, 不换行, 以顿号分隔
```

运行结果如下:

谢谢、一等奖、三等奖、谢谢、谢谢、三等奖、二等奖、谢谢

8. 列表的排序

排序是许多编程语言中经常出现的问题。在 Python 中，如何实现排序呢？Python 中拥有可实现排序的内置函数，可以直接调用它们实现排序功能。下面采用 Python 列表内置的 list.sort() 方法对列表进行排序。语法如下:

```
list.sort(key=None, reverse=False)
```

其中:

key: 一个含有一个参数的函数，用来指定按哪个关键字进行排序。

reverse: 排序规则, reverse = True 降序, reverse = False 升序(默认)。

示例如下:

```
a = [5, 2, 3, 1, 4]
a.sort()                           # 默认升序排序
print(a)                           # 输出原始的列表
```

运行结果如下:

```
[1, 2, 3, 4, 5]
```

说明:

使用 list.sort()方法来排序，列表本身将被修改。如果我们不需要保留原来的列表，则此方法有效；如果需要保留原始列表，可以使用其他方法，如 sorted()方法。读者可以自行查阅资料学习。

如果希望按照降序排列，则可以修改 reverse 参数，示例如下:

```
a = [5, 2, 3, 1, 4]
a.sort(reverse = True)             # 降序排序
print(a)                           # 输出结果是[5, 4, 3, 2, 1]
```

如果列表是二维列表，默认按照先 0 维排序，再 1 维排序，示例如下:

```
b = [[1, 7], [1, 5], [2, 4], [1, 1]]
b.sort()
print(b)                           # 输出结果是: [1, 1], [1, 5], [1, 7], [2, 4]]
```

【例 4-2】　在超市购物时，面对琳琅满目的商品，我们应该如何快速选择适合自己的商品呢？超市实行线上线下结合的模式，客户可以线上下单。为了让用户快速定位到适合自己的商品，在线上平台用户可以设置自己期望的价格范围，并对价格进行排序。

编程实现商品价格范围设置与价格排序功能。用户根据提示"请输入最大价格:"和"请输入最小价格:"分别输入最大价格和最小价格，选定符合自己需求的价格范围，并按照提示"1.价格降序排序(换行) 2.价格升序排序(换行)请选择排序方式:"输入相应的序号，程序根据用户输入将排序后的价格范围内的价格全部输出。

程序分析：

假设我们要买扫地机，线上平台提供了 10 种品牌的扫地机，我们要从 10 种商品价格中选出位于价格区间的部分商品价格进行排序并输出，这个过程可拆分为两步：

(1) 10 种商品价格定义成一个列表，按用户设置的价格区间选择部分商品价格。根据用户输入的最大价格和最小价格确定价格范围，依次取出 10 种商品价格进行比较：若某商品价格位于此范围中，则将其追加到新的列表中。待所有的商品价格均做完比较后，此时新的列表中得到的就是位于价格范围内的部分商品价格数据。

(2) 在新的列表中进行排序，可以升序排列，也可以降序排列，按用户选择的排序方式排列商品价格。根据用户输入的排序方式，将上一步骤中得到的部分商品价格重新排列。

由于上述过程中涉及遍历、排序和动态存储等操作，因此我们使用列表来存储商品价格。

实现代码如下：

```python
price = [399, 4369, 539, 288, 109, 749, 235, 190, 99,1000]    # 初始价格列表
score = []                                                     # 定义空列表，用于存放在范围内的数据
max_price = int(input("请输入最大价格:"))                        # 从键盘输入范围的最大值
min_price = int(input("请输入最小价格:"))                        # 从键盘输入范围的最小值
for i in price:        # 从初始价格列表中依次选取一个元素赋值给变量 i
    if min_price <= i <= max_price:                            # 如果变量 i 的值在范围内
        score.append(i)                                        # 条件成立将 i 追加到 score 列表中
print("1.价格降序排序")                                         # 显示两种排序方式，供选择
print("2.价格升序排序")
choice_num = int(input("请选择排序方式："))                       # 从键盘输入选择
if choice_num == 1:                                            # 选 1 则降序排列
    # 使用 sort 函数对 score 列表排序，参数 reverse=True 表示降序排列
    score.sort(reverse=True)
    print('从%d 到%d 的价格排序为： '%(max_price,min_price),score)
else:
    score.sort()                                               # 使用 sort 函数排序，不带参数默认升序排列
    print('从%d 到%d 的价格排序为： '%(min_price,max_price),score)
```

运行结果如下：

```
请输入最大价格:1000
请输入最小价格:300
1.价格降序排序
2.价格升序排序
请选择排序方式： 1
[1000, 749, 539, 399]
```

再次运行程序，在控制台分别输入最大价格 1000、最小价格 300，选择排序方式为 2，运行结果如下：

```
请输入最大价格:1000
请输入最小价格:300
```

1.价格降序排序

2.价格升序排序

请选择排序方式：2

从 300 到 1000 的价格排序为：[399, 539, 749, 1000]

从本例中可以看出，对列表的操作都是通过调用函数实现的。在 Python 中，一切皆对象，列表也是一个对象，通过对象调用不同的函数可以实现不同的功能。Python 的使用过程就是定义不同的对象，调用该对象具有的各种函数的过程。因此我们学习的重点就是要掌握不同的对象具有的函数，理解每一个函数的功能，传递合适的参数，进行正确的调用。

【例 4-3】 组建篮球队。有一份人员名单，其中包含姓名和身高，现需要从中选出身高最高的 5 名人员组建临时篮球队，请编写程序实现篮球队队员的选择。

程序分析：

可以定义嵌套列表 peoples，保存每个人的名字和身高，再从 peoples 中将每个人的身高数据取出来存储到列表 height 中。列表的 sort()方法可以实现对列表元素的升序排序，利用 height. sort()方法对列表中的身高进行排序后，再使用切片取出身高最高的 5 名人员的身高，最后将 peoples 中每个人的身高与这 5 个身高值进行对比。若某个人的身高在这 5 个值中，则将其名字加入列表 team_members 中。

实现代码如下：

```python
# 定义人员名单
peoples = [
    ['张峰', 1.84],
    ['李为', 1.65],
    ['王坚强', 1.90],
    ['赵尖尖', 1.88],
    ['李锴', 1.92],
    ['李力', 1.77],
    ['边凯', 1.93]
]
team_members = []                        # 空列表，准备存放选好的队员名单


# 挑出前 5 名身高的成员，并放至 team_members 中，像这样：
# team_members = ['张三', '李四', '王五', '赵六', '钱七']
height = []                              # 空列表，准备存放身高数据
for people in peoples:
    height.append(people[1])


height.sort()                           # 对所有身高升序排序
height = height[-5:]                     # 由于是升序排列，因此利用切片获取后 5 位数据


for people in peoples:                   # 遍历人员名单
```

```
        if people[1] in height:                       # 根据身高的值获取对应的名字
            team_members.append(people[0])

print('选择的队员名单为：',team_members)              # 输出选择的队员名字
```

运行结果如下：

选择的队员名单为： ['张峰', '王坚强', '赵尖尖', '李锴', '边凯']

4.2 元   组

元组也是 Python 的一种数据类型。元组与列表比较相像，但元组是一种静态数据类型，列表是一种动态数据类型，这意味着元组的元素是不可修改的，不可以对元组元素进行增加、删除和修改操作，而列表中的元素是可以进行增加、删除和修改的。语法上，元组使用小括号，列表使用方括号。

4.2.1 创建元组

创建元组的语法也很简单，使用圆括号将用逗号分隔的不同的数据项括起来即可。示例代码如下：

```
tup1 = ('apple', 'orange',2022, 2000)
tup2 = (1, 2, 3, 4, 5 )
tup3 = ('百香果', )     # 元组中只包含一个元素时，要在第一个元素后加逗号
# str = ('百香果' )     # 去掉逗号，就是定义了一个字符串
```

创建空元组，示例如下：

```
tup4 = ()              # 使用一对小括号创建空元组
tup5 = tuple ()        # 使用 tuple ()函数创建空元组
print(len(tup4))       # 由于元组是空的，所以长度为 0，结果输出 0
print(len(tup5))       # 输出 0
```

元组中的元素可以是简单对象，也可以是列表、元组等集合对象。示例代码如下：

```
tuple1 = (1, 2, 3, 4)
tuple2 = (12.5, ['张三', 1.84], 'abcd')
tuple3 = tuple('abcd')
print(tuple1)          # 输出(1, 2, 3, 4)
print(tuple2)          # 输出(12.5, ['张三', 1.84], 'abcd')
print(tuple3)          # 输出('a', 'b', 'c', 'd')


# peoples  长度为 6，包含 6 个元组元素
peoples = (('张力',1.84),('李云', 1.65),('王尖尖', 1.90),('赵伟', 1.88),('钱森', 1.92),('孙广', 1.77))
print(len(peoples))    # 输出 6
```

4.2.2　元组的常见操作

与列表的访问类似，元组也是一个序列，元组的索引也是从 0 开始的。可以通过下标访问元组中的元素。如果从前往后进行索引，则索引顺序是[0,n-1]，其中 n 是元组的长度；如果从后往前索引，则索引顺序是[-1, -n]。

1. 通过索引使用元素

通过有序的索引可遍历元组中的所有元素。示例如下：

```
tuple=( 'China',100,4.5)                      # 定义元组
# 使用下标索引来访问元组中的值
print(tuple[0])                               # 输出'China'
print(tuple[1])                               # 输出 100
print(tuple[2])                               # 输出 4.5
tuple1= (2022, 10, '2022-1-1', ['hi', 1, 2])  # 定义元组
print(len(tuple1))                            # 输出 4
# 通过索引使用元素
print(tuple1 [0] == tuple1 [-4] == 2022)      # 输出 True
print(tuple1 [2] == tuple1 [-2] == '2022-1-1')  # 输出 True
print(tuple1 [3] == tuple1 [-1] == ['hi', 1, 2])  # 输出 True
```

元组中的元素是有序的。下面两个元组的比较说明，即使元组中包含的元素相同，如果元素排序不同，那么元组也是不同的。示例如下：

```
tup1= (1,2,3)
tup2= (3,2,1)
print(tup1==tup2)          # 输出 False
print(tup1 is tup2)        # 输出 False
```

2. 通过切片使用元素

像列表一样，切片也是元组的常用操作。示例如下：

```
tuple1 = (1, 2, 3, 4, 5, 6)
print(tuple1[0:3])         # 输出(1, 2, 3)
print(tuple1[:3])          # start 缺省时默认是 0，输出(1, 2, 3)
tuple2 = (1, 2, 3, 4, 5, 6)
print(tuple2[-1])          # 输出 6
print(tuple2[-2:])         # 输出(5, 6)
```

3. 查找元组元素

查找元组中的元素包括查找元组中的某个元素出现的位置、统计某个元素在元组中出现的次数和检查某个元素是否在元组中等。示例代码如下：

```
# 使用 index()方法定位元素
tuple1 =(12,15,'a','b','c',15,9)
print(tuple1.index(12))    # 输出 0
```

```
print(tuple1.index(15))              # 输出 1，定位第一个 15 出现的位置
print(tuple1.index(15,2))            # 输出 5，从索引 2 开始定位 15 出现的位置
print(tuple1.index(15,2,4))          # 在索引 2 和索引 4 之间定位 15，返回 ValueError 错误

# 使用 count()方法统计元素出现的次数
tuple2 =(12,15,'a','b','c',15,9)
print(tuple2.count(15))              # 输出 2

# 使用 in 运算符判断列表是否包含某个元素
tuple3 = (12,15,'a','b','c',15,9)
print(12 in tuple3)                  # 输出 True
print(112 in tuple3)                 # 输出 False
print(112 not in tuple3)             # 输出 True
```

4. 遍历元组

可以通过 for 循环遍历元组中的元素。示例如下：

```
tuple1 = ("杨利伟","费俊龙","聂海胜","翟志刚","刘伯明","景海鹏","刘旺","张晓光","陈冬","刘洋","王
亚平")
print("致敬航天英雄：")
for num in tuple1:
    print(num,end=" ")
```

运行结果如下：

```
致敬航天英雄：

杨利伟 费俊龙 聂海胜 翟志刚 刘伯明 景海鹏 刘旺 张晓光 陈冬 刘洋 王亚平
```

5. 对元组进行连接组合

元组中的元素是不允许修改的，单独删除一个元素是不可能的，但可以利用切片的方式更新元组，间接地删除一个元素。示例如下：

```
fruits = ('苹果', '草莓', '香蕉', '梨', '百香果')
print("原始元组的长度是：",len(fruits))
f = fruits[:2]+fruits[3:]
print("新的元组：",f)
print("新的元组的长度是：",len(f))
```

运行结果如下：

```
原始元组的长度是： 5
新的元组： ('苹果', '草莓', '梨', '百香果')
新的元组的长度是： 4
```

【例 4-4】 阿拉伯数字与中文数字的转换。

要求：从键盘输入一个阿拉伯数字，可以转换为中文数字表示，如输入 3628.78，转换为叁陆贰捌点柒捌。

　　分析：在实际编程中，如果存储的数据和数量不变，只是固定地保存多个数据项，而不需要修改这些数据项，那么可以使用元组。因此我们将使用元组来存储大写数字"零""壹""贰""叁""肆""伍""陆""柒""捌""玖"，将用户输入的小字数字存储在 number 变量中，依次取出 number 中的各个索引位置对应的字符。若该字符是小数点，则用"点"字代替，否则从 Chinese_number 元组中通过索引取出对应的大写数字。

　　实现代码如下：

```
# 小写数字转换为大写数字
# 用圆括号定义元组
Chinese_number = ("零", "壹", "贰", "叁", "肆", "伍", "陆", "柒", "捌", "玖")
print(Chinese_number)


# 定义元组也可以不用圆括号
Chinese_number = "零", "壹", "贰", "叁", "肆", "伍", "陆", "柒", "捌", "玖"
print(Chinese_number)


number = input("请输入一个小写数字：")
print("您输入的小写数字是：")
print(number)


print("转换为大写数字是：")
for i in range(len(number)):
    if "." in number[i]:
        print("点", end="")
    else:
        print(Chinese_number[int(number[i])],end="")
```

　　运行程序，从键盘输入 3628.78，运行结果如下：

```
请输入一个小写数字：3628.78
您输入的小写数字是：
3628.78
转换为大写数字是：
叁陆贰捌点柒捌
```

4.2.3　元组的内置函数

　　Python 提供的元组常用的内置函数有 len()、max()、min()以及 tuple()函数，下列代码演示了这些函数的使用：

```
tuple_one = ('高敏','伏明霞','郭晶晶')


# 使用 len 函数计算元组元素个数
```

```
len_size = len(tuple_one)
print(len_size)          # 输出结果为 3


# 使用 max 和 min 函数获取元组元素的最大值和最小值
tuple_two = ('5', '4', '8')
max_size = max(tuple_two)
min_size = min(tuple_two)
print(max_size)          # 输出结果为 8
print(min_size)          # 输出结果为 4


# 通过 tuple 函数将列表转为元组
list_demo = ['高敏','伏明霞','郭晶晶','全红婵']
tuple_three = tuple(list_demo)
print(tuple_three)       # 输出结果为('高敏', '伏明霞', '郭晶晶', '全红婵')
```

4.3　字　典

字典是 Python 中重要的数据类型之一。字典是一种映射的集合，每个元素都是由两部分组成的，分别是键和值(key:value)，key 与 value 间用英文冒号分隔，多个 key:value 对之间用英文逗号分隔。

4.3.1　字典的创建

字典可以通过一对花括号{}来定义，语法如下：

```
{key1:value1,key2:value2,…}
```

其中，key 必须唯一且不可变，value 可以不唯一且可修改。key 可以是字符串、数字或元组，但不能是列表；value 可以是任意数据类型。

字典也可以使用 dict()函数来定义。示例如下：

```
dict0 = {}                                          # 使用一对花括号定义空字典
print(dict0)


dict1 = {'zhangsan': 1.84, 'lisi': 1.65, 'wangwu': 1.90}
print(dict1)


dict2 = {'company':{'name': 'Haier', 'address': 'beijing'}}    # 嵌套字典
print(dict2)


dict3 = {1: 'first', 2: 'second', 3: 'third', 4: 'fourth', 5: 'fifth'}    # 用数字作为 key
```

```
print(dict3)

# 使用元组作为 key
dict4 = {('BeiJing', 'ShangHai'): 'China', ('NewYork', 'San Francisco'): 'America'}
print(dict4)

# 嵌套字典保存通讯录信息
dict5 = {'wang': {'phone': '87086781', 'address': 'BJ'},
         'ling': {'phone': '80086561', 'address': 'NJ'},
         'miao': {'phone': '85286781', 'address': 'HZH'}}
print(dict5)

dict6 = dict()                          # 使用 dict()函数定义空字典
print(dict6)

# 使用赋值格式的键值对创建字典
dict7 = dict(name ='wang', phone = '87086781', address = 'BJ')
print(dict7)
```

运行结果如下：

```
{}
{'zhangsan': 1.84, 'lisi': 1.65, 'wangwu': 1.9}
{'company':{'name': 'Haier', 'address': 'beijing'}}
{1: 'first', 2: 'second', 3: 'third', 4: 'fourth', 5: 'fifth'}
{('BeiJing', 'ShangHai'): 'China', ('NewYork', 'San Francisco'): 'America'}
{'wang':{'phone': '87086781', 'address': 'BJ'}, 'ling':{'phone': '80086561', 'address': 'NJ'}, 'miao':{'phone':
'85286781', 'address': 'HZH'}}
{}
{'name': 'wang', 'phone': '87086781', 'address': 'BJ'}
```

上述定义的 dict1 到 dict7 对象，可以通过 type 函数查看对象类型，知道了该对象属于什么类型，就可以使用该类型对象的相关函数。示例如下：

```
# 输出 dict1 对象的类型
print(type(dict1))  # 结果为<class 'dict'>
```

该语句输出结果为<class 'dict'>，单词 class 表示类型，dict 是字典类型的关键字，说明 dict1 对象是字典类型。其他对象都可以通过 type 函数获取类型。

4.3.2　字典的常见操作

1. 根据键访问值

字典中的 key 非常重要，其在同一个字典中不允许重复，因为程序对字典进行操作时都是基于 key 的，所以我们可以像使用索引访问列表和元组中的元素一样，通过 key 来访问字典中的 value。示例如下：

```
dict1 = {'章一': 1.84, '李思': 1.65, '王武': 1.90}
print("章一的身高为：",dict1['章一'])            # 通过 key(章一)访问 value(1.84)
print(dict1['赵维'])                          # 访问不存在的 key，出现 KeyError 错误
```

运行结果如下：

```
章一的身高为：    1.84
-------------------------------------------------------------------
KeyError                                Traceback (most recent call last)
<ipython-input-4-296933c5d522> in <module>
      1 dict1 = {'章一': 1.84, '李思': 1.65, '王武': 1.90}
      2 print("章一的身高为：",dict1['章一'])        # 通过 key 访问 value
----> 3 print(dict1['赵维'])                        # 访问不存在的 key，出现 KeyError 错误

KeyError: '赵维'
```

上面的代码中，当使用方括号语法访问不存在的 key 时，会出现 KeyError 错误。为避免这种错误，可使用 get()方法来访问字典元素。get()方法根据 key 来获取对应的 value，当使用 get()方法访问不存在的 key 时，该方法会返回 None，而不会导致错误。示例如下：

```
dict1 = {'章一': 1.84, '李思': 1.65, '王武': 1.90}
print("章一的身高为：",dict1.get('章一'))          # 通过键访问值
print(dict1.get('赵维'))                          # 访问不存在的 key，返回 None
```

运行结果如下：

```
章一的身高为：    1.84
None
```

使用 get 方法，还可以设置默认值。示例如下：

```
info = {'name':'班长', 'id':100, 'sex':'f','address':'北京'}
age = info.get('age')
print(age)                                      #age 键不存在，所以 age 为 None
print(type(age))
age = info.get('age', 18)                        # 若 info 不存在 age，返回默认值 18
print(age)
```

运行结果如下：

```
None
<class 'NoneType'>
18
```

in 或 not in 运算符可以用来判断字典里是否包含指定的 key。示例如下：

```
dict1 = {'章一': 1.84, '李思': 1.65, '王武': 1.90}
# 判断 dict1 是否包含名为'章一'的 key
```

```
print('章一' in dict1)                    # 输出 True
# 判断 dict1 是否包含名为'赵柳'的 key
print('赵柳' in dict1)                     # 输出 False
print('赵柳' not in dict1)                 # 输出 True
```

items()、keys()、values()分别用于获取字典中的所有 key-value 对、所有 key 和所有 value。这三个方法依次返回 dict_items、dict_keys 和 dict_values 对象，可使用 list()函数把这些对象转换成列表。如下代码示范了这三个方法的用法：

```
dict1 = {'zhangsan': 1.84, 'lisi': 1.65, 'wangwu': 1.90}

# 获取字典所有的 key-value 对，返回一个 dict_items 对象
ims = dict1.items()
print(type(ims))              # 输出<class 'dict_items'>
print(ims)                    # 输出 dict_items([('zhangsan', 1.84), ('lisi', 1.65), ('wangwu', 1.9)])
# 将 ims 转换成列表
list1 = list(ims)
print(type(list1))            # 输出<class 'list'>
print(list1)                  # 输出[('zhangsan', 1.84), ('lisi', 1.65), ('wangwu', 1.9)]
# 访问第 2 个 key-value 对
print(list1[1])               # ('lisi', 1.65)

# 获取字典所有的 key，返回一个 dict_keys 对象
kys = dict1.keys()
print(type(kys))              # <class 'dict_keys'>
print(kys)                    # 输出 dict_keys(['zhangsan', 'lisi', 'wangwu'])
# 将 dict_keys 转换成列表
list2 = list(kys)
print(type(list2))            # <class 'list'>
print(list2)                  # ['zhangsan', 'lisi', 'wangwu']
# 访问第 2 个 key
print(list2[1])               # lisi

# 获取字典所有的 value，返回一个 dict_values 对象
vals = dict1.values()
print(type(vals))             # <class 'dict_values'>
print(vals)                   # 输出 dict_values([1.84, 1.65, 1.9])
# 将 dict_values 转换成列表
list3 = list(vals)
print(type(list3))            # <class 'list'>
```

```
print(list3)                        # [1.84, 1.65, 1.9]
# 访问第 2 个 value
print(list3[1])                     # 1.65
```

从上面代码可以看出，程序调用字典的 items()、keys() 和 values() 方法之后，都需要调用 list() 函数将它们转换为列表，这样即可把这三个方法的返回值转换为列表。上述代码的运行结果如下：

```
<class 'dict_items'>
dict_items([('zhangsan', 1.84), ('lisi', 1.65), ('wangwu', 1.9)])
<class 'list'>
[('zhangsan', 1.84), ('lisi', 1.65), ('wangwu', 1.9)]
('lisi', 1.65)
<class 'dict_keys'>
dict_keys(['zhangsan', 'lisi', 'wangwu'])
<class 'list'>
['zhangsan', 'lisi', 'wangwu']
lisi
<class 'dict_values'>
dict_values([1.84, 1.65, 1.9])
<class 'list'>
[1.84, 1.65, 1.9]
1.65
```

2. 增加字典元素

字典是可变数据类型，其数据可以根据需要进行增加、删除或修改。给字典增加元素非常简单，直接使用赋值命令给字典中不存在的 key 赋值即可。示例如下：

```
employee = {}                              # 创建空字典
employee['name'] = 'Wangxiao'              # 添加姓名键值对
employee['department'] = 'office1'         # 添加部门键值对
print(employee)


employee1 = {}
employee1['name'] = ('Wangxiao','Nina','Liang')
employee1['weight'] = (60,50,70)
print(employee1)


employee2 = {}
employee2 = dict.fromkeys(['name', 'sex'])
employee2['name'] = ('Wangxiao','Nina','Liang')
employee2['sex'] = ('男','女','男')
```

```
employee2['weight'] = (60,50,70)
print(employee2)
```

上述程序中，fromkeys()方法使用给定的多个 key 创建字典，这些 key 对应的 value 默认都是 None；也可以额外传入一个参数作为默认的 value。该方法通常使用 dict 类直接调用。运行结果如下：

```
{'name': 'Wangxiao', 'department': 'office1'}
{'name': ('Wangxiao', 'Nina', 'Liang'), 'weight': (60, 50, 70)}
{'name': ('Wangxiao', 'Nina', 'Liang'), 'sex': ('男', '女', '男'), 'weight': (60, 50, 70)}
```

3. 删除字典元素

如果要删除字典中的 key-value 对，则可使用 del 语句或者 clear 方法。del 语句可以删除一个键值对，也可以删除字典对象，删除后，字典完全不存在了，无法再根据键值访问字典的值。clear 方法只是清空字典中的数据，字典还存在，只不过没有元素。

del 语句的使用示例如下：

```
fruits = {'apple':10,'pear':12,'orange':23}
print(fruits)         # 输出{'apple': 10, 'pear': 12, 'orange': 23}
del fruits['pear']    # 使用 key 删除字典元素
print(fruits)         # 输出{'apple': 10, 'orange': 23}
```

执行如下语句，可以直接删除字典对象，此时输出该对象就会报错。

```
del fruits            # 删除对象
print(fruits)         # 报错，该对象已经不存在了
```

运行结果如下：

```
-----------------------------------------------------------------
NameError                          Traceback (most recent call last)
<ipython-input-2-b9815f27b187> in <module>
       1 del fruits
----> 2 print(fruits)

NameError: name 'fruits' is not defined
```

clear()方法用于清空字典中所有的 key-value 对，对一个字典执行 clear()方法之后，该字典就会变成一个空字典：

```
fruits = {'apple':10,'pear':12,'orange':23}
print(fruits)         # 输出{'apple': 10, 'pear': 12, 'orange': 23}
fruits.clear()
print(fruits)         # 输出{}，该对象还存在，只是没有值了
```

4. 修改字典元素

如果对字典中存在的 key-value 对赋值，那么新值就会覆盖原有的值，这样即可改变字典中的 key-value 对，实现修改。示例如下：

```
fruits = {'apple':10,'pear':12,'orange':23}
```

```
print(fruits)              # {'apple': 10, 'pear': 12, 'orange': 23}
fruits['pear'] = 22        # 修改'pear'键对应的值为22
print(fruits)              # {'apple': 10, 'pear': 22, 'orange': 23}
```

update()方法可使用一个字典所包含的 key-value 对来更新已有的字典。在执行 update() 方法时，如果被更新的字典中已包含对应的 key-value 对，那么原 value 会被覆盖；如果被更新的字典中不包含对应的 key-value 对，则该 key-value 对被添加进去。示例如下：

```
fruits = {'apple':10,'pear':12,'orange':23}
print(fruits)              # 输出{'apple': 10, 'pear': 12, 'orange': 23}
fruits.update({'pear':22, 'watermelon':50})    # 使用 update()操作字典
print(fruits)              # 输出{'apple': 10, 'pear': 22, 'orange': 23, 'watermelon': 50}
```

5. 遍历字典

字典的遍历可以通过 for 循环实现。可以遍历字典的键、值以及键值对。示例如下：

```
fruits = {'apple':10,'pear':12,'orange':23}
print("键：")
for key in fruits.keys():       # 遍历键
    print(key,end='  ')
print()
print("值：")
for val in fruits.values():     # 遍历值
    print(val,end='  ')
print()
print("键值对：")
for item in fruits.items():     # 遍历键值对
    print(item,end='  ')
```

运行结果如下：

```
键：
apple pear orange
值：
10 12 23
键值对：
('apple', 10) ('pear', 12) ('orange', 23)
```

【例 4-5】 模拟用户登录。

用户登录是非常常见的一个软件功能，此功能可以限制非法用户使用软件系统。请编程模拟用户登录软件系统时的身份验证过程。

程序分析：

可将用户注册信息事先存放在字典中，当用户登录时从键盘上模拟用户输入的账号和密码，程序判断输入的用户名或密码是否正确，并输出相应的提示信息：

- 如果输入的用户名存在，且密码正确，则输出 success。

- 如果输入的用户名存在，但密码不正确，则输出 password error。
- 如果输入的用户名不存在，则输出 not found。

实现代码如下：

```
# 将用户信息存放在 users 字典中
users = {
    "alpha": "alpha123",
    "beta": "betaisverygood",
    "gamma": "1919191923",
    "zhangsan": "123456",
    "lisi": "123456",
    "admin": "ADMIN",
    "root": "Root123"
}


# 从键盘接收用户登录输入的账号和密码
username = input()
password = input()


# 判断输入的用户名或密码是否正确
if username in list(users.keys()):
    if password in list(users.values()):
        print("success")
    else:
        print("password error")
else:
    print("not found")
```

程序说明：

list(users.keys())以列表形式返回 users 字典中的 key，即返回['alpha', 'beta', 'gamma', 'zhangsan', 'lisi', 'admin', 'root']。

username in list(users.keys())用于判断用户输入的 username 是否存在于此列表中。

list(users.values())以列表形式返回 users 字典中的 value，即返回['alpha123', 'betaisverygood', '1919191923', '123456', '123456', 'ADMIN', 'Root123']。

password in list(users.values())用于判断用户输入的 password 是否存在于此列表中。

分别给程序输入正确的账号和密码、正确账号和错误密码、非法账号验证程序的执行。

输入正确的账号和密码，运行结果如下：

```
admin
ADMIN
success
```

其他情况读者自行验证。

集　　合

在 Python 中如何将数列 1, 2, 3, 1, 5 存入内存中？一般使用容器存放。容器是用来保存元素的数据结构。Python 提供了多种容器。

(1) 有序、可变、不做重复过滤的容器，这种类型的容器是列表(List)。

(2) 有序、不可变、不做重复过滤的容器，这种类型的容器是元组(Tuple)。

(3) 无序、可变、自动完成重复过滤的容器，这种类型的容器是集合(Set)。

"序列"并非 Python 的独立数据类型，它是包含列表、元组和字符串在内的元素之间有顺序关系的数据类型的统称。集合不属于序列类型。

Python 的集合(set)本身是可变类型，但 Python 要求放入集合中的元素必须是不可变类型。

集合类型与列表和元组的区别是：集合中的元素无序但必须唯一。

集合的表现形式为一组包含在 "{}" 中、由 "," 分隔的元素。使用 "{}" 可以直接创建集合，使用内置函数 set() 也可以创建集合。但是，使用 "{}" 不能创建空集合(不包含元素的 {} 创建的是字典变量)，空集合只能利用 set() 函数创建。

集合是可变的。Python 提供了若干内置方法对集合中的元素进行动态增加或删除。集合也可以利用推导式创建，集合推导式的格式与列表推导式的相似，区别在于集合推导式外侧为 "{}"。集合主要用于去重。示例代码如下：

```
mySet1 = {1,2,3}              # 定义集合 1
mySet2 = {1,2,3,3,2,3}        # 定义集合 2
# 下面比较两个集合，结果为 True，说明这两个集合是相等的，因为集合中的元素是互异的
mySet1 == mySet2
```

4.4　实验：实现超市商品管理功能

1. 任务描述

每个超市都要有自己的库房，并且库房商品的库存变换需有专人记录，这样才能保证超市正常运转。

本任务要求编写一个程序，模拟库存管理系统。该系统主要包括系统首页、商品入库、商品展示和商品下架(删除)功能。每个功能的具体要求如下：

(1) 系统首页：提供菜单，用于显示系统所有的操作，并且可以选择使用某一个功能。

(2) 商品入库：根据用户输入的信息判断是否需要录入商品。如果需要录入商品，则用户输入商品的名称、价格和数量等信息。录入完成后，提示商品录入成功并打印所有商品。如果不需要录入商品，则返回系统首页。

(3) 商品展示：用户选择商品展示功能后，在控制台输出仓库所有的商品信息。

(4) 商品下架：用户选择下架商品功能后，根据用户输入的商品名称删除商品。

2. 任务实施

超市对商品的管理，本质上包括新的商品入库、显示库存以及商品下架等操作。实体店中有货架摆放商品，程序中就是将商品保存在某一变量中，这种存放数据的变量就相当于库房。由于商品数量较多，因此本任务使用列表和字典存放商品信息(在实际开发中，数据如果要长久保存，会使用数据库来存放信息)。

对商品进行管理的功能，会以菜单的形式列出，用条件语句进行判断，选择了哪一种功能，就执行对应的代码。这些菜单是可以反复选择的，因此要将菜单包含在循环中。

(1) 超市的商品数量较多，不可能用一个简单变量表示，本任务使用列表存放商品名称，用字典存放商品的相关信息。首先定义一个空列表准备存放商品，每一种商品包含价格、数量等信息，再定义一个字典存放商品及相关信息。实现代码如下：

```
# 主程序
goodslist = []              # 空列表，准备存放商品名称
goodsdict = {}              # 空字典，准备存放商品的相关信息
```

(2) 提供对商品管理的各项功能，在程序中就是在屏幕上显示这些功能，以方便管理员选择。由于对商品的管理工作是不断重复进行的，包括进货、查看库存、将卖完或者不卖的商品下架等工作，因此这些功能要包含在循环中，实现重复选择，一直到退出为止。程序中使用绝对循环，然后判断退出。这一步骤可搭好框架，每一项功能暂用 pass 占位，具体实现在后面逐步完善。实现代码如下：

```
while True:
    print('=' * 30)
    print("欢迎使用超市商品管理系统, 请选择要进行的操作")
    print("1. 商品入库")
    print("2. 库存显示")
    print("3. 商品下架")
    print("4. 退出系统")
    print('=' * 30)
    c = int(input("请输入你的选择："))
    if c==1:
        pass                # 这里实现商品入库功能
    elif c==2:
        pass                # 这里实现库存商品展示功能
    elif c==3:
        pass                # 这里实现商品下架功能
    elif c==4:
        print("退出系统！")
        break
```

```
    else:
        print("选择错误！")
```

(3) 实现商品入库功能。商品入库功能也是重复执行，同样使用绝对循环。首先询问是否要录入商品，如果选择 y(无论输入 Y 还是 y，一律转换成 y 进行判断)则开始录入商品，否则退出循环，结束录入。录入商品时，要录入商品的名称、价格和数量等信息，之后判断商品名是否已经存在。如果不存在，就在列表中增加商品名称，同时把商品信息保存到字典中；如果存在，则修改字典中的信息，实现更新。实现代码如下：

```python
# 商品入库功能的实现，这一段代码替换第一个 pass
while True:
    answer = input("是否要录入商品？(y/n)")
    if answer.lower()=='y':
        name = input("请输入商品的名称：")
        price = input("请输入商品的价格：")
        amount = input("请输入商品的数量：")
        if name not in goodslist:                        # 如果商品不存在
            goodslist.append(name)                       # 在列表中增加商品名称
            goodsdict[name] = (price,amount)             # 同时在字典中增加商品信息
        else:                                            # 如果商品已经存在，修改价格和数量
            oldamount = goodsdict[name][1]               # 取出原有的数量
            goodsdict[name] = (price,oldamount+amount)   # 增加
    else:
        break
```

(4) 实现库存商品展示功能。这一功能主要是查看有什么商品，商品的信息是什么，从程序实现的角度就是遍历列表和字典的数据。实现代码如下：

```python
# 库存商品展示功能的实现，这一段代码替换第二个 pass
print('超市现有商品为：')
for i in goodslist:                                      # 遍历列表信息
    print(i,"、")


print('各商品价格、数量如下。')
for i in goodsdict.items():                              # 遍历字典信息
    print(i)
```

(5) 实现商品下架功能。这一功能本质上就是在列表中删除一个数据，同时将字典中该商品名称关联的信息也一并删除。这一功能执行完毕后，可以再执行步骤(2)，此时可以看到商品库存已经删除这一商品了。实现代码如下：

```python
# 商品下架功能的实现，这一段代码替换第三个 pass
answer = input("是否要删除商品？(y/n)")
if answer.lower()=='y':
    name = input("请输入删除商品的名称：")
```

```
        if name   in goodslist:                         # 如果商品存在
            id = goodslist.index(name)                  # 找到要删除的商品在列表中的位置
            del goodslist[id]                           # 删除该位置的值(商品名)
            del goodsdict[name]                         # 同时删除字典中的相关信息
        else:
            print("该商品不存在！")
```

完整代码如下：

```
# 完整代码
goodslist = []                                          # 准备存放商品名称,
goodsdict = {}                                          # 准备存放商品的相关信息
while True:
    print('=' * 30)
    print("欢迎使用超市商品管理系统, 请选择要进行的操作")
    print("1. 商品入库")
    print("2. 商品显示")
    print("3. 商品下架")
    print("4. 退出系统")
    print('=' * 30)
    c = int(input("请输入你的选择："))
    if c==1:
        # 这里实现商品入库功能
        while True:
            answer = input("是否要录入商品？(y/n)")
            if answer.lower()=='y':
                name = input("请输入商品的名称：")
                price = input("请输入商品的价格：")
                amount = input("请输入商品的数量：")
                if name not in goodslist:               # 如果商品不存在
                    goodslist.append(name)              # 在列表中增加商品名称
                    goodsdict[name] = (price,amount)    # 同时在字典中增加商品信息
                else:                                   # 如果商品已经存在，修改价格和数量
                    oldamount = goodsdict[name][1]      # 取出原有的数量
                    goodsdict[name] = (price,oldamount+amount)
            else:
                break
    elif c==2:
        # 这里实现商品展示功能
        print('超市现有商品为：')
        for i in goodslist:
```

```
                print(i,end="、")

            print('各商品价格、数量如下。')
            for i in goodsdict.items():
                print(i)


    elif c==3:
        # 这里实现商品下架功能
        answer = input("是否要删除商品？(y/n)")
        if answer.lower()=='y':
            name = input("请输入删除商品的名称：")
            if name   in goodslist:              # 如果商品存在
                id = goodslist.index(name)       # 找到要删除的商品在列表中的位置
                del goodslist[id]                # 删除该位置的值(商品名)
                del goodsdict[name]              # 同时删除字典中的相关信息
            else:
                print("该商品不存在！")
    elif c==4:
        print("退出系统！")
        break
    else:
        print("选择错误！")
```

运行结果如下：

```
==============================
欢迎使用超市商品管理系统，请选择要进行的操作
1. 商品入库
2. 商品显示
3. 商品下架
4. 退出系统
==============================
请输入你的选择：1
是否要录入商品？(y/n)y
请输入商品的名称：特姆牛奶
请输入商品的价格：2.5
请输入商品的数量：100
是否要录入商品？(y/n)y
请输入商品的名称：柏康方便面
请输入商品的价格：1.5
请输入商品的数量：200
```

是否要录入商品？(y/n)n

==========================

欢迎使用超市商品管理系统，请选择要进行的操作

1. 商品入库

2. 商品显示

3. 商品下架

4. 退出系统

==========================

请输入你的选择：2

超市现有商品为：

特姆牛奶、柏康方便面、

各商品价格、数量如下。

('特姆牛奶',('2.5', '100'))

('柏康方便面',('1.5', '200'))

==========================

欢迎使用超市商品管理系统，请选择要进行的操作

1. 商品入库

2. 商品显示

3. 商品下架

4. 退出系统

==========================

请输入你的选择：3

是否要删除商品？(y/n)y

请输入删除商品的名称：柏康方便面

柏康方便面已经删除！

==========================

欢迎使用超市商品管理系统，请选择要进行的操作

1. 商品入库

2. 商品显示

3. 商品下架

4. 退出系统

==========================

请输入你的选择：2

超市现有商品为：

特姆牛奶、

各商品价格、数量如下。

('特姆牛奶',('2.5', '100'))

==========================

欢迎使用超市商品管理系统，请选择要进行的操作

1. 商品入库

2. 商品显示

3. 商品下架

4. 退出系统

==============================

请输入你的选择：4

退出系统！

从程序优化的角度讲，商品入库、商品展示和商品下架功能都可以写成一个函数的形式，在任何需要的地方直接调用即可。读者可以在学完函数这部分知识之后修改这个任务，用函数的形式完成它。

本 章 习 题

一、选择题

1. 关于 Python 中的列表，下列描述中错误的是(   )。

A. Python 列表是包含 0 个或者多个对象引用的有序序列

B. Python 列表用方括号 [] 表示

C. Python 列表是一个可以修改数据项的序列类型

D. Python 列表的长度不可变

2. 列表变量 ls 共包含 10 个元素，ls 索引的取值范围是(   )。

A. −1 到 −9(含)的整数   B. 0 到 10(含)的整数

C. 1 到 10(含)的整数   D. 0 到 9(含)的整数

3. 以下不是 Python 组合数据类型的是(   )。

A. 字符串类型   B. 数组类型

C. 元组类型   D. 列表类型

4. 字典 d={'Python':123,'C':123,'C++':123}，len(d)的结果是(   )。

A. 3   B. 6   C. 9   D. 12

5. 以下关于列表操作的描述，错误的是(   )。

A. 通过 append 方法可以向列表添加元素

B. 通过 extend 方法可以将另一个列表中的元素逐一添加到列表中

C. 通过 insert(index,object)方法在指定位置 index 前插入元素 object

D. 通过 add 方法可以向列表添加元素

6. 表达式 min([3,5,1,7,9])的结果是(   )。

A. 1   B. 9   C. 3   D. 7

7. 元组变量 t=("cat", "dog", "tiger", "human")，t[::-1]的结果是(   )。

A. {'human', 'tiger', 'dog', 'cat'}   B. ['human', 'tiger', 'dog', 'cat']

C. 运行出错   D. ('human', 'tiger', 'dog', 'cat')

8. 以下代码的输出结果是(   )。

```
d = {'food':{'cake':1,'egg':5}}
print(d.get('cake','no this food'))
```

A. egg　　　　　　B. 1　　　　　　C. food　　　　　　D. no this food

9. 以下代码的输出结果是(　　)。

```
CList = list(range(5))
print(2 in CList)
```

A. 0　　　　　　B. False　　　　　C. True　　　　　D. −1

10. 以下程序的输出结果是(　　)。

```
def mysort(ss,flag):
    if flag:
        return(sorted(ss,reverse = True))
    else:
        return(sorted(ss,reverse = False))
ss = [9,4,6,21]
print(mysort(ss,2))
```

A. [4,6,9,21]　　　B. [9,4]　　　　C. [21,9,6,4]　　　D. [9,4,6,21]

二、判断题

1. 列表可以作为字典的"键"。　　　　　　　　　　　　　　　　　　　　(　　)

2. 已知 x 为非空列表，那么表达式 sorted(x, reverse=True) == list(reversed(x))的值一定是 True。　　　　　　　　　　　　　　　　　　　　　　　　　　　　　　(　　)

3. 列表、元组、字符串属于有序序列，而字典和集合属于无序序列。　　　(　　)

4. 列表、元组、字符串支持双向索引，−1 表示最后一个元素的下标。　　(　　)

5. 列表对象的 append()方法属于原地操作，用于在列表尾部追加一个元素。　(　　)

三、编程题

1. 下面给出了 5 项资产的原值，请使用平均年限法，求出各项资产的年折旧额以及它们的总和。注：年折旧额 = (固定资产原值 − 预计净残值)/折旧年限。

```
# 各列表中数据项分别表示资产名称、资产原值、预计净残值、折旧年限
asserts=[['房屋',10000000,1000000,50],['卡车',250000,25000,10],['冰柜',50000,5000,10],
        ['电脑',900000,90000,20],['空调',100000,10000,10],]
```

2. XX 学校 XX 班级要竞选班长，有三位候选人，即王、赵、李，每人只能投一票，也可以弃权，该班总共有 50 个人，投票结果如下(王 = 1，赵 = 2，李 = 3，弃权 = 0)：

```
list_pre= [2,1,3,2,1,3,1,2,0,3,1,2,2,3,2,1,2,1,3,2,0,3,1,2,2,3,0,2,3,2,2,1,3,1,3,0,1,1,3,2,1,1,0,3,2,3,1,1,0,2]
```

请用程序实现：统计三位候选人的最终得票，然后根据每个人总票数的高低来确定谁当班长。

3. 列表 ls 中存储了我国 39 所 985 高校所对应的学校类型，请以这个列表为数据变量，完善 Python 代码，统计输出各类型的数量。

```
ls = ["综合", "理工", "综合", "综合", "综合", "综合", "综合", "综合", "综合", "综合",\
      "师范", "理工", "综合", "理工", "综合", "综合", "综合", "综合", "综合", "理工",\
```

"理工", "理工", "理工", "师范", "综合", "农林", "理工", "综合", "理工", "理工", \

"理工", "综合", "理工", "综合", "综合", "理工", "农林", "民族", "军事"]

4. 请用程序实现：使用字典存储三个学生信息，学生信息包含学号和姓名，并按照学号从小到大的顺序输出学生信息。

5. 设计某系统登录程序，具体要求如下：

(1) 如果用户输入的账号是已注册账号，则要求输入密码。若密码输入正确，则给出登录成功的信息。

(2) 若密码输入错误两次，则给出相应信息：密码错误，请重新输入。

(3) 若连续三次密码输入错误，则给出相应信息：密码错误三次，账号已锁定。

(4) 如果输入的账号不是已注册账号，则给出该账号未注册的信息。

四、拓展练习

1. 在下方的程序中，使用代码替换...与___，可以任意修改其他代码，实现键盘输入一组人员的姓名、性别、年龄等信息，信息间采用空格分隔，每人一行，空行回车结束录入。示例格式如下：

```
张三 男 23
李四 女 21
王五 男 18
```

计算并输出这组人员的平均年龄(保留 2 位小数)和男性人数，格式如下：平均年龄是20.67，男性人数是 2。

```
data = input()  # 姓名 年龄 性别
...
while data:
    ...
    data = input()
...
print("平均年龄是{:.2f} 男性人数是{}".format(_____))
```

2. 在下方的程序中，使用代码替换...与___，可以任意修改其他代码，实现键盘输入某班各个同学就业的行业名称，行业名称之间用空格间隔(回车结束输入)。完善 Python 代码，统计各行业就业的学生数量，按数量从高到低的顺序输出。注意，如果数量相同，则按照输入顺序输出(即只判断学生数量，不判断行业顺序)。

示例输入：

```
交通 金融 计算机 交通 计算机 计算机
```

示例输出：

```
计算机:3
交通:2
金融:1
```

```
names=input("请输入各个同学行业名称，行业名称之间用空格间隔(回车结束输入)：")
...
d = {}
```

```
    ...
    ls = list(d.items())
    ls.sort(key=lambda x:x[1], reverse=True)   # 按照数量排序
    for k in ls:
        print("{}:{}".format(_____))
```

3. 在下方的程序中，使用代码替换...与___，可以任意修改其他代码，实现键盘输入一组我国高校所对应的学校类型，以空格分隔，共一行，回车结束输入。统计各类型的数量，按数量由多到少的顺序在屏幕上输出类型及对应数量，以英文冒号分隔，每个类型一行，如果数量相同，则按照输入顺序输出(即只判断类型数量，不判断名称顺序)。

```
    txt = input("请输入类型序列: ")
    ...
    d = {}
    ...
    ls = list(d.items())
    ls.sort(key=lambda x:x[1], reverse=True)   # 按照数量排序
    for k in ls:
        print("{}:{}".format(k[0], k[1]))
```

4. 定义了 6 个浮点数的一维列表 lt1 和一个包含 3 个数的一维列表 lt2，请编写代码，完成功能：计算 lt1 列表与 lt2 列表的向量内积。

已知两个向量 X=[x1,x2,x3] 和 Y=[y1,y2,y3] 的内积计算公式为 K=x1*y1+x2*y2+x3*y3。

注意：因为 lt1 有 6 个元素，可以分成 4 个只包含 3 个元素的列表，即 lt1[0:3]; lt1[1:4]; lt1[2:5]; lt1[3:6]，所以 lt1 和 lt2 有 4 个 k。请将 k 值的计算步骤按照以下格式输出：

```
k = 0.069(lt1[0]*lt2[0]), lt2[0]=0.100, lt1[0+0]=0.690
k = 0.303(lt1[0]*lt2[0] + lt1[1]*lt2[1]), lt2[1]=0.800, lt1[0+1]=0.292
k = 0.410(lt1[0]*lt2[0] + lt1[1]*lt2[1] + lt1[2]*lt2[2]), lt2[2]=0.200, lt1[0+2]=0.330
k = 0.069(lt1[1]*lt2[0]), lt2[0]=0.100, lt1[1+0]=0.690
k = 0.303(lt1[1]*lt2[0] + lt1[2]*lt2[1]), lt2[1]=0.800, lt1[1+1]=0.292
k = 0.410(lt1[1]*lt2[0] + lt1[2]*lt2[1] + lt1[3]*lt2[2]), lt2[2]=0.200, lt1[1+2]=0.330
...
0.410    0.754    0.654    0.761
```

提示：

输出时不需要写 k 的计算公式。

所有值都保留三位小数。

最后一行为最终计算的 4 个 k 值，使用 \t 分隔。

最终输出的列表名以代码文件中的列表名为准：

```
k = 0.069, lt2[0] = 0.100, lt1[0+0] = 0.690
k = 0.303, lt2[1] = 0.800, lt1[0+1] = 0.292
...
0.410    0.754    0.654    0.761
```

```
img = [0.244, 0.832, 0.903, 0.145, 0.26, 0.452]
filter = [0.1,0.8,0.1]
# 请在此处计算向量内积
```

5. 计算两个列表 ls 和 lt 对应元素乘积的和(即向量积)。

```
ls = [111, 222, 333, 444, 555, 666, 777, 888, 999]
lt = [999, 777, 555, 333, 111, 888, 666, 444, 222]
# 计算两个列表对应元素乘积
```

6. 在下方的程序中，使用代码替换...与___，可以任意修改其他代码，实现键盘输入小明学习的课程名称及考分等信息，信息间采用空格分隔，每个课程一行，空行回车结束录入。屏幕输出得分最高的课程及成绩、得分最低的课程及成绩以及平均分(保留2位小数)。注意，只判断成绩高低，不判断名称顺序。

示例输入：

```
数学  90
语文  95
英语  86
物理  84
生物  87
```

示例输出：

```
最高分课程是语文 95, 最低分课程是物理 84, 平均分是 88.40
ls = [111, 222, 333, 444, 555, 666, 777, 888, 999]
data = input()   # 课程名  考分
...
while data:
    ...
    data = input()
...
print("最高分课程是{} {}, 最低分课程是{} {}, 平均分是{:.2f}".format(_____))
```

7. a 和 b 是两个列表变量，列表 a 为[3,6,9]，已给定，键盘输入列表 b，计算 a 中元素与 b 中对应元素乘积的累加和。

示例输入：

```
[1,2,3]
```

示例输出：

```
42
a=[3,6,9]
b=eval(input())
_____
for i in _____(3):
    s += _____
```

```
print(s)
```

8. a 和 b 是两个长度相同的列表变量，列表 a 为 [3,6,9]，已给定，键盘输入列表 b，计算 a 中元素与 b 中对应元素的和，形成新的列表 c，在屏幕上输出。

示例输入：

```
[1,2,3]
```

示例输出：

```
[4, 8, 12]
a=[3,6,9]
b=eval(input())
c=[]
for i in _____(3):
    c.append(_____)
print(c)
```

9. a 和 b 是两个列表变量，列表 a 为 [3, 6, 9]，已给定，键盘输入列表 b，将 a 列表的三个元素插入 b 列表中对应的前三个元素的后面，并显示输出在屏幕上。

示例输入：

```
[1,2,3]
```

示例输出：

```
[1, 3, 2, 6, 3, 9]
a=[3,6,9]
b=eval(input())
j=1
for i in range(len(_____)):
    b._____
    j+= _____
print(b)
```

第 5 章

字 符 串

本章导读

在其他语言中有字符类型，在 Python 没有字符类型，单引号和双引号包裹的都是字符串，切记没有字符类型。字符串是 Python 中十分重要的数据类型，它是一种序列类型，序列就是有顺序的，我们可以通过索引来取字符串中的数据，并且可以用 for 循环遍历字符串。Python 还提供了大量的内置函数对字符串进行各种转换操作。

本章主要包含以下内容：

(1) 字符串简介；

(2) 访问字符串中的值；

(3) 字符串函数的使用。

学习目标

(1) 了解字符串的定义；

(2) 掌握访问字符串的索引和切片方式；

(3) 掌握字符串的常见操作。

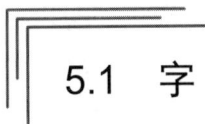

5.1 字符串简介

字符串和序列、元组一样也是 Python 中的一种数据类型。字符串是由任意字符任意个数组成的有限序列，所以字符串的本质是字符序列。和序列类型的对象操作类似，Python 的字符串是不可变的。字符串的定义在第 2 章中已经讲过，本节重点介绍字符串的相关操作。

5.1.1 字符串的创建

创建字符串很简单，只要为变量分配一个值即可。字符串的创建方法有两种：一种是直接在引号内包含字符的方式创建，另一种是用内置函数 str() 创建。

1. 直接创建的方法

示例如下：

```
s1 = "Hello, World！"          # 使用双引号
print(s1)                      # 输出 Hello, World！
```

```
s2 = 'Hello, World！ '        # 使用单引号
print(s2)                    # 输出 Hello, World！
s3 = 'I\'m a student!'       # 使用了转义字符\
print(s3)                    # 输出 I'm a student!
s4 = "I'm a student!"        # 混合使用单双引号
print(s4)                    # 输出 I'm a student!
```

2. 用 str 函数创建

str()函数可以将任意对象转换成字符串的形式，示例如下：

```
# 用 str 函数创建
s5 = str()                   # 创建空字符串
print(s5)                    # 输出空字符串
s6 = str(666)
print(type(s6))              # 输出<class 'str'>，说明 s6 是字符串类型
print(s6)                    # 输出 666，不是数字类型了
s7 = str(range(5))
print(type(s7))              # 输出<class 'str'>，说明 s7 是字符串类型
print(s7)                    # 输出 range(0, 5)，该对象已经转换成字符串
```

5.1.2　字符串的运算符

可以对字符串(string)进行连接、切片和索引等运算，常用的字符串运算符如表 5-1 所示。

表 5-1　Python 字符串运算符

操作符	描　　　　述
+	字符串连接
*	重复输出字符串
[]	通过索引获取字符串中的字符
[:]	截取字符串中的一部分，遵循左闭右开原则，如 str[0,2]是不包含第三个字符的
in	成员运算符，如果字符串中包含给定的字符则返回 True
not in	成员运算符，如果字符串中不包含给定的字符则返回 True
r/R	原始字符串。原始字符串是指字符串中的各个字符都是直接按照字面的意思来使用，没有转义字符、特殊字符或不能打印的字符。原始字符串除在字符串的第一个引号前加上字母 r (可以大小写)以外，与普通字符串有着几乎完全相同的语法
%	格式化字符串

字符串运算符示例如下：

```
# 字符串运算符应用
str1 = "Hello"
str2 = "Python"
```

```
print("str1 + str2 输出结果: ", str1 + str2 )
print( "str1 * 2 输出结果: ", str1 * 2 )
print("str1[1] 输出结果: ", str1[1] )
print("str1[1:4] 输出结果: ", str1[1:4] )
if( "H" in str1 ):
    print("H 在变量 str1 中")
else :
    print("H 不在变量 str1 中")
if( "M" not in str1) :
    print("M 不在变量 str1 中" )
else :
    print("M 在变量 str1 中")
print('Hello, \nPython')
print(r'\n')
print(R'Hello, \nPython')
```

运行结果如下：

```
str1 + str2 输出结果:   HelloPython
str1 * 2 输出结果:   HelloHello
str1[1] 输出结果:   e
str1[1:4] 输出结果:   ell
H 在变量 str1 中
M 不在变量 str1 中
Hello,
Python
\n
Hello, \nPython
```

【例 5-1】 编程输出一个菱形图。

我们在第 3 章中已经编写过实现菱形图的代码，现在使用字符串运算符的方法来实现，仔细体会程序的多种实现方法。

分析：菱形图的每一行都是若干空格和 * 号拼接组成，我们要确定行号和这一行的空格数及 * 号数量的关系。实现代码如下：

```
# 打印实心菱形图
n = int(input("请输入菱形的行数(单数): "))
n = n//2+1                      # 计算菱形上半部分的行数
for i in range(1,n+1):          # 输出菱形的上半部分
    print(" "*(n-i)+"*"*(2*i-1))  # 每一行都由若干空格和*号组成
for i in   range(1,n):          # 输出菱形的下半部分
    print(" "*i+"*"*(2*(n-i)-1))
```

程序运行结果如下：

```
请输入菱形的行数(单数): 7
```

```
         *
        ***
       *****
      *******
       *****
        ***
         *
```

思考：如何打印一个空心的菱形图？

【例 5-2】 输出一个发送进度条。

```
import time                              # 导入 time 模块(为了调用该模块的 sleep()方法)
incomplete_sign = 50                     #.的数量，初始发送条的状态
print('='*23+'开始发送'+'='*25)
for i in range(incomplete_sign + 1):
    completed = "#" * i                  # 表示已完成
    incomplete = "." * (incomplete_sign - i)   # 表示未完成
    percentage = (i / incomplete_sign) * 100   # 计算百分比
    print("\r{:.0f}%[{}{}]".format(percentage, completed, incomplete), end="")
    time.sleep(0.5)                      # 休眠 0.5 秒，每输出完一行有个停顿
print("\n" + '='*23+'发送完成'+'='*25)
```

程序运行结果如下：

```
========================开始发送=========================
69%[##############################.....................]
========================发送完成=========================
========================开始发送=========================
100%[##################################################]
========================发送完成=========================
```

思考：如果将 print("\r{:.0f}%[{}{}]".format(percentage, completed, incomplete), end="")
语句中开始的 "\r" 去掉，程序的运行结果会有什么影响？

转义字符 "\r" 的作用是回车，将 "\r" 后面的内容移到字符串开头，并逐一替换开头部分的字符，直至将 "\r" 后面的内容完全替换完成。通过这段代码读者仔细体会转义字符 "\r" 的作用。

5.2　访问字符串中的值

字符串是一种序列，字符串中的每个字符都对应一个下标，字符串最左端位置标记为 0，依次增加。存储方式如下所示。

从右到左编号	-12	-11	-10	-9	-8	-7	-6	-5	-4	-3	-2	-1
内容	H	e	l	l	o		P	y	t	h	o	n
从左到右编号	0	1	2	3	4	5	6	7	8	9	10	11

Python 中字符串索引从 0 开始，一个长度为 L 的字符串最后一个字符的位置是 L-1，Python 也允许使用负数从字符串右边末尾向左边进行反向索引，最右侧索引值是 -1。可以通过下标和切片访问字符串的字符。

5.2.1 获取字符串中的单个字符

可以通过下标访问字符串中的字符，假设字符串是 s，格式为 s[<索引>]，示例如下：

```
str1 = "meilizhonguoxing"
str2 = "美丽中国行"
print(str1[2])
print(str2[2])
print(str1[-2])
print(str2[-2])
```

运行结果如下：

```
i
中
n
国
```

5.2.2 使用切片截取子字符串

可以通过两个索引值确定一个位置范围，返回这个范围的子串。对字符串中某个子串或区间的检索称为切片。若有字符串 s，切片的使用方式如下：

```
s[头下标:尾下标]
```

表示在字符串 s 中取索引值从头下标到尾下标(不包含尾下标)的字符串。头下标和尾下标都是整数型数值。切片方式中，若头下标缺省，表示从字符串的开始取子串；若尾下标缺省，表示取到字符串的最后一个字符；若头下标和尾下标均缺省，则取整个字符串，示例如下：

```
str = "Hello Haotest"
print(str[0:5])        # 输出 Hello
print(str[6:-1])       # 输出 Haotes ，这里无法取到最后一个字符
print(str[:5])         # 输出 Hello
print(str[6:])         # 输出 Haotest
print(str[:])          # 输出 Hello Haotest
```

运行结果如下：

```
Hello
Haotes
Hello
Haotest
Hello Haotest
```

字符串切片还可以设置取子字符串的顺序，只需要再增加一个参数即可，将 [头下标:尾下标] 变成 [头下标:尾下标:步长]。当步长值大于 0 的时候，表示从左向右取字符；当步长值小于 0 的时候，表示从右向左取字符。步长的绝对值减去 1，表示每次取字符的间隔是多少，示例如下：

```
# 复杂切片
str = "Hello Haotest"
print(str[0:5:1])          # 输出 Hello，正向取
print(str[0:6:2])          # 输出 Hlo，正向取，间隔一个字符取
print(str[0:6:-1])         # 输出为空"，反向取，但是头下标小于尾下标无法反向取，输出为空
print(str[4:0:-1])         # 输出 olle，反向取，索引值为 0 的字符无法取到
print(str[4::-1])          # 输出 olleH，反向取，从索引值为 4 的字符依次取到开头字符
print(str[::-1])           # 输出 tsetoaH olleH，反向取整串，方便取逆序串
print(str[::-3])           # 输出 ttHlH，反向取，间隔两个字符取
```

【例 5-3】 编写程序判断一个字符串是否回文字符串。

程序分析：

从左到右读和从右到左读的字符串相同称为回文字符串。首先判断第一个字符和最后一个字符是否相同，然后判断第二个字符和倒数第二个字符是否相同，以此类推，直到中间字符。通过下标获取某个字符是本题的重点。下面给出两种实现方法。

实现方法一：

```
str=input("请输入一个字符串:")      # 从键盘输入一个字符串
length=len(str)                    # 求字符串长度
left=0                             # 定义左右指针，左指针从 0 开始
right=length-1                     # 右指针从最后一位开始
while left<=right:                 # 判断，只要左右指针没有相遇就一直做循环
    if str[left]==str[right]:      # 从左和从右对应的位置各取一个字符
        left+=1
        right-=1
    else:
        break;         # 左右指针对应位置的值不相等就不是回文，退出循环，不需继续判断
if left>right:         # 左指针大于右指针说明正常退出循环，每个左右指针位置的值都比较过了
    print("是回文")
else :
    print("不是回文")
```

程序运行结果如下：

```
请输入一个字符串:上海自来水来自海上
是回文
```

从右向左读取的字符顺序串为原串的逆序串，如果一个字符串和其逆序串相等，则此字符串为回文字符串。下面给出第二种实现方法。

实现方法二：

```
str=input("请输入字符串:")
if (str==str[::-1]):   # 使用切片的方式倒取，取的结果和源字符串一致说明是回文
    print(str+"是回文串")
else:
    print(str+"不是回文串")
```

【例 5-4】 从身份证信息中提取出生日期。

程序分析：

身份证号由 17 位数字本体码和 1 位校验码组成，排列顺序从左至右依次为：6 位数字地址码，8 位数字出生日期码，3 位数字顺序码和 1 位数字校验码。所以从身份证号的第 7 位开始取出 8 位数字即可获取出生日期，由于 Python 字符串下标从 0 开始，所以要截取的出生日期字符串下标从 6 开始。

实现代码如下：

```
str=input("输入你的身份证号：")
birth=str[6:14:1]      # 从第 6 位开始到 14(不包括 14)位取出 8 位，就是出生日期信息
print("你的身份信息：",str)
print("你的出生日期：",birth)
year=birth[:4]         # 取前 4 位
month=birth[4:6]       # 取中间 2 位
day=birth[6:8]         # 取后 2 位
print("你的出生日期：{}年 {}月 {}日".format(year,month,day))   # 格式化输出出生日期
```

运行结果如下：

```
输入你的身份证号：140103200106195112
你的身份信息：140103200106195112
你的出生日期：20010619
你的出生日期：2001 年 06 月 19 日
```

5.3 字符串的操作

在实际应用中对字符串的操作非常多，比如字符串的查找、替换、统计、删除、对齐、分隔、拼接和大小写转换等。Python 提供了很多字符串方法实现对应的操作。

5.3.1 字符串的查找与替换

1. 字符串的查找

Python 提供了 find()方法实现字符串的查找。语法如下：

```
str.find(str, beg=0, end=len(string))
```

该方法检测字符串中是否包含子字符串 str，如果指定 beg(开始)和 end(结束)的范围，则检查子字符串是否包含在指定范围内，如果包含子字符串，则返回开始的索引值，否则返

回 -1，示例如下：

```
str1 = "Learn from yesterday, live for today, hope for tomorrow."
str2 = "for"


print(str1.find(str2))              # 输出 27
print(str1.find(str2,10))           # 输出 27
print(str1.find(str2,0,10))         # 输出-1
print(str1.find(str2,40))           # 输出 43
print(str1.find(str2,0,40))         # 输出 27
```

【例 5-5】　文件扩展名是操作系统用来标记文件类型的一种机制。通常来说，一个扩展名是跟在主文件名后面的，由一个分隔符(.)分隔。编程将文件扩展名提取出来：

```
filename = input("请输入一个文件名：")
if  '.' not in filename:
    print('文件名错误')
else:
    new_filename = filename[::-1]    # 将原文件名倒序
    sp = new_filename.find('.')      # 查找符号 "." 第一次出现的位置
    ext = new_filename[:sp]
    ext = ext[::-1]
    print("文件的扩展名是：",ext)
```

运行结果如下：

```
请输入一个文件名：logo.jpg
文件的扩展名是：jpg
```

再次运行：

```
请输入一个文件名：logo.aa.jpg
文件的扩展名是：jpg
```

说明：即使文件中有多个 "."，也能将扩展名正确取出。这就是为什么要将原始文件名倒序，因为要确保 find 方法找到的第一个 "." 就是文件名和扩展名的分隔符。

思考，如果修改程序为下列代码，会出现什么问题？

```
filename = input("请输入一个文件名：")
if  '.' not in filename:
    print('文件名错误')
else:
    sp = filename.find('.')         # 查找符号 "." 第一次出现的位置
    ext = filename[sp:]
    print("文件的扩展名是：",ext)
```

如果在一个文件名中有多个分隔符 "."，那么上述代码就不能正确取到扩展名，运行如下：

```
请输入一个文件名：logo.aa.jpg
```

文件的扩展名是：　.aa.jpg

2. 字符串的替换

实现字符串的替换可使用 replace()方法。语法如下：

```
str.replace(old, new[, max])
```

replace()方法把字符串中的 old(旧字符串)替换成 new(新字符串)，如果指定第三个参数 max，则替换不超过 max 次。replace 方法类似于 Word、记事本等文本编辑器的查找和替换功能。该方法不修改原字符串，而是返回一个新字符串，示例代码如下：

```
str = "Learn from yesterday, live for today, hope for tomorrow."
print(str.replace("yesterday", "昨天"))
print(str)                                      # 替换不会影响原来字符串的内容
```

运行结果如下：

```
Learn from 昨天, live for today, hope for tomorrow.
Learn from yesterday, live for today, hope for tomorrow.
```

【例 5-6】　直播间有些敏感词是不允许说的，编程用 * 号替换敏感词。代码如下：

```
sensitive_character = '高血压'                   # 敏感词库
test_sentence = input('请输入一段话：')
for line in sensitive_character:                # 遍历输入的字符是否存在敏感词库中
    if line in test_sentence:                   # 判断是否包含敏感词
        test_sentence = test_sentence.replace(line, '*')  # 替换
print(test_sentence)
```

运行结果如下：

```
请输入一段话：这个产品对高血压有特效
这个产品对***有特效
```

思考：

如果有多个敏感词，程序如何修改？参见例 5-9。

5.3.2　字符串的统计

Python 提供了 count()方法用来统计一个字符串在另一个字符串中出现的次数。语法如下：

```
str.count(str, beg= 0,end=len(string))
```

该方法返回 str 在字符串里面出现的次数，可选参数 beg 和 end 为在字符串中搜索开始与结束的位置，如果有该参数，则返回在指定范围内 str 出现的次数，如果未出现则返回 0，示例如下：

```
str="www.alphacoding.cn"
sub='a'
print ("str.count('a') : ", str.count(sub))
print ("str.count('a', 7, 15) : ", str.count(sub,7,15))
sub='cn'
print ("str.count('cn') : ", str.count(sub))
```

```
print ("str.count('cn', 0, 10) : ", str.count(sub,0,10))
```

运行结果如下：

```
str.count('a') :    2
str.count('a', 7, 15) :    1
str.count('cn') :    1
str.count('cn', 0, 10) :    0
```

5.3.3　字符串大小写的转换

Python 是区分大小写的，在一些需要用户输入数据的情况下，为了方便用户输入，大小写都允许，这样在程序判断时需要转换成统一的标准。Python 提供了对字符串大小写转换的多种方法。

1. upper()方法

该方法将字符串中的小写字母转换成大写字母。

2. lower()方法

该方法将字符串中的大写字母转换成小写字母。

3. swapcase()方法

该方法将字符串中的大写字母转换成小写字母，小写字母转换成大写字母。

4. title()方法

该方法将字符串每个单词的首字母转换为大写字母，其他字母转换成小写字母。

5. capitalize()方法

该方法将字符串的第一个字母转换为大写字母，其余小写。

示例代码如下：

```
str = "Hello HaoTest"
print("小写字母转换成大写：",str.upper())
print("大写字母转换成小写：",str.lower())
print("大写转换成小写，小写转换成大写：",str.swapcase())
print("每个单词的首字母转换成大写，其余都是小写：",str.title())
print("只有首个字母转换成大写，其余都是小写：",str.capitalize() )
```

运行结果如下：

```
小写字母转换成大写：   HELLO HAOTEST
大写字母转换成小写：   hello haotest
大写转换成小写，小写转换成大写：   hELLO hAOtEST
每个单词的首字母转换成大写，其余都是小写：   Hello Haotest
只有首个字母转换成大写，其余都是小写：   Hello haotest
```

说明：

(1) Python 提供了 isupper()、islower()、istitle()方法用来判断字符串的大小写。

(2) 如果对空字符串使用 isupper()、islower()、istitle()方法，返回的结果都为 False。

示例代码如下：

```
str = "Hello HaoTest"
str1 = "HELLO"
str2 = "hello"
str3 = "Hello"
print(str.isupper())        # 输出 False
print(str1.isupper())       # 输出 True
print(str2.islower())       # 输出 True
print(str3.islower())       # 输出 False
print(str3.istitle())       # 输出 True
print(str.istitle())        # 输出 False
```

5.3.4 字符串的分隔与拼接

字符串的分割与拼接功能是处理文本时常用的功能。

1. split()方法

该方法可以按照指定的分隔符对字符串进行分割，结果返回分割后的子串组成的列表。默认分隔符是空格。如果第二个参数 num 有指定值，则分割为 num+1 个子字符串。语法如下：

```
str.split(str="", num=string.count(str))
```

【例 5-7】 获取用户输入的整数加法表达式，计算并输出表达式的和。代码如下：

```
expression = input("请输入两个整数相加的表达式：")
exp_ls = expression.split("+")
sum = 0
for item in exp_ls:
    sum += int(item)
print("执行结果为：")
print(expression,"=", sum)
```

运行结果如下：

```
请输入两个整数相加的表达式：56+12
执行结果为：
56+12 = 68
```

【例 5-8】 输入一段英文句子，按照空格分隔英文单词，并统计有几个单词。代码如下：

```
str = input("输入一句英文句子：").split(' ')    # 将键盘输入的内容按照空格分割后赋值给 str
#print(type(str))                          # 输出 str 的类型，是列表类型
count = 0
for i in str:                             #   循环统计列表元素的个数
    count = count + 1
print("该句一共有%d 个单词"%count)
```

运行结果如下：

输入一句英文句子：To the world you maybe one person but to one person you maybe the world
该句一共有 15 个单词

【例 5-9】 修改例 5-6，替换字符串中的多个敏感词。代码如下：

```
sensitive_character = '高血压，特效，高血糖'
sch = sensitive_character.split("，")
test_sentence = input('请输入一段话:')
for i in range(len(sch)):
    #print(sch[i])                    # 查看每个敏感词
    for line in sch[i]:
        if line in test_sentence:
            test_sentence = test_sentence.replace(line, '*')
print(test_sentence)
```

运行结果如下：

请输入一段话:这种药对高血压、高血糖都有特效
这种药对***、***都有**

2. join()方法

Python 提供了 join()方法，用于将序列中的元素以指定的字符连接生成一个新的字符串。语法如下：

```
str.join(sequence)
```

其中，sequence 表示要连接的元素序列，示例如下：

```
str1 = "-"
str2 = "."
seq = ("www", "alphacoding", "cn")    # 字符串序列
print (str1.join( seq ))
print (str2.join( seq ))
```

运行结果如下：

www-alphacoding-cn
www.alphacoding.cn

5.3.5 字符串中指定字符的删除

Python 提供了删除字符串中指定字符的多种方法。

1. lstrip()方法

该方法用于截掉字符串左边的空格或指定字符。

2. rstrip()方法

该方法用于删除字符串末尾的空格或指定字符。

3. strip()方法

该方法用于在字符串上执行 lstrip()和 rstrip()操作，即删除字符串两端的空格或指定

字符。

以上方法默认是删除字符串中指定的空格，示例代码如下：

```python
str1 = "*****hello **hao** test!!!*****"
print (str1.strip( '*' ))                        # 删除字符串前后的指定字符 *
str2 = "    admin    "                           # 字符串 admin 前后包含有空格
print("删除前的字符串：")
print(str2)
print("删除空格前字符串 str2 的长度为：",len(str2))
print("删除后的字符串：")
print (str2.strip())                             # 默认删除字符串前后的空格
print("删除空格后字符串 str2 的长度为：",len(str2.strip()))
```

运行结果如下：

```
hello **hao** test!!!
删除前的字符串：
    admin
删除空格前字符串 str2 的长度为： 11
删除后的字符串：
admin
删除空格后字符串 str2 的长度为： 5
```

【例 5-10】 实现注册名的唯一性验证。代码如下：

```python
# count()方法验证会员名的唯一性
all_users = ['Admin123','Lily920225','Zhang680612','York9506']   # 定义已有的注册名
user = input('请输入用户名：').strip()          # 接收的用户名去掉空格

if len(user) >5 and len(user) <13:          # 用户名长度为 6 到 12 个字符
    user1=user[0].upper()+user[1:].lower()  # 用户名一律首字母大写，其余小写
    for i in range(4):                      # 已注册的名字有 4 个
        if all_users.count(user1) > 0:      # 在 all_users 中统计 user1 出现的次数
            print('用户名已被注册')
            break
        else:
            print('用户名可用，赶紧注册吧')
            break
else:
    print('用户名长度需要在 6-12 位之间')
```

5.3.6 字符串的对齐方式

Python 提供了三种对齐方法。

1. ljust()方法

该方法用于返回一个原字符串并左对齐，并使用空格填充至指定长度为 width 的新字符串。如果指定的长度小于原字符串的长度则返回原字符串。

语法如下：

```
str.ljust(width[, fillchar])
```

其中：width 指定字符串长度，fillchar 指填充字符，默认为空格。

2. rjust()方法

该方法用于返回一个原字符串并右对齐，并使用空格填充至长度为 width 的新字符串。如果指定的长度小于字符串的长度则返回原字符串。该方法是在字符串左侧再填充更改字符，最大限度地达到对齐文本的目的。

语法如下：

```
str.rjust(width[, fillchar])
```

3. center()方法

该方法用于返回一个指定的宽度 width 居中的字符串，如果 width 小于字符串宽度直接返回字符串，否则使用 fillchar 去填充。

语法如下：

```
str.center(width[, fillchar])
```

示例如下：

```
str = "Hello，World!!!"
print("原始字符串是%s,长度是%d"%(str,len(str)))
print("\n 左对齐示例:")
print(str.ljust(10, '*'))          # 指定的长度小于原字符串的长度则返回原字符串
print(str.ljust(20, '*'))          # 用 * 补齐 20 位
print(str.ljust(20))               # 默认用空格补齐
print("用空格补齐后字符串的长度：",len(str.ljust(20)))
print("\n 右对齐示例:")
print(str.rjust(10, '*'))          # 指定的长度小于原字符串的长度则返回原字符串
print(str.rjust(20, '*'))          # 用 * 补齐 20 位
print(str.rjust(20))               # 默认用空格补齐
print("\n 居中示例:")
print(str.center(20,))             # 默认用空格补齐到 20 位
print(str.center(20,'='))          # 用指定字符补齐 20 位，使原字符串居中显示
```

运行结果如下：

```
原始字符串是 Hello，World!!!,长度是 14


左对齐示例:
Hello，World!!!
Hello，World!!!******
```

```
Hello，World!!!
```
用空格补齐后字符串的长度： 20

右对齐示例：
```
Hello，World!!!
******Hello，World!!!
        Hello，World!!!
```

居中示例：
```
    Hello，World!!!
===Hello，World!!!===
```

【例 5-11】编程实现文字排版功能。代码如下：

```python
str = '''
    在 PC 时代大量的嵌入式的设备，底层的代码，以及桌面的应用都是用 C、C++实现的，毋庸置疑他
们是最接近底层，也是最快的。随着电商的大规模的兴起，逐渐地从 PC 时代过渡到了互联网时代，Java
开始王者归来，Java 更是如日中天。那么未来到底哪种语言会独领风骚，笑傲江湖，我不得而知，但是未
来一定是人工智能，万物互联的时代，现在 AI、VR、无人驾驶汽车、智能家居离我们越来越近了。
    未来将是大数据，人工智能爆发的时代，到时将会有大量的数据需要处理，而 Python 最大的优势就
是对数据的处理，我相信未来，Python 会越来越火。
    '''
print(str)
print('1.删除空格')
print('2.英文标点替换')
print('3.首字母大写')
print('4.替换')
print('5.退出')
while True:
    choice = input("请输入功能选项：\n")
    if choice=='1':
        str = str.replace(' ','')
        print(str)
    elif choice =='2':
        # 替换英文标点
        for i in str:
            if i == ',':
                str = str.replace(',','，')
            elif i == '.':
                str = str.replace('.','。')
            elif i == '?':
```

```
                            str = str.replace('?','? ')
                    elif i == "' ":
                            str = str.replace("' ","'")
                str = str
                print(str)
            elif choice =='3':
                # 首字母大写
                str = str.title()
                print(str)
            elif choice =='4':
                # 替换字符串
                oldstr = input("请输入要替换的内容：\n")
                newstr = input("请输入替换后的内容：\n")
                str = str.replace(oldstr, newstr)
                print(str)
            elif choice == '5':
                break
```

运行结果有点长，请读者自行运行该程序。

本章了解了字符串常用的一些操作，包含了大部分的问题。在学习中不是要记住每一个函数，当忘记某个函数的时候查阅一下即可，在写程序的应用过程中印象会越来越深刻。

5.4 异常处理

异常的发生将使程序不能正常运行。Python 通过提供丰富的异常处理功能，可以在异常发生时既保证程序不会意外终止，同时还可以提供必要的提示及错误处理。

5.4.1 错误与异常

首先需要区分两个概念：错误与异常。

1. 错误

错误指语法错误或逻辑错误。语法错误指代码的书写违反了编译器设定的基本规则而导致的错误，这些错误如果不被处理掉，程序将在遇到这类错误时终止，示例如下：

```
for i in range(100):
    sum += i
```

以上代码运行时，可以看到系统报错了：

```
TypeError                          Traceback (most recent call last)
<ipython-input-1-b4dd95cf5e5b> in <module>
     1 for i in range(100):
```

```
----> 2        sum += i

TypeError: unsupported operand type(s) for +=: 'builtin_function_or_method' and 'int'
```

其中，第 2 行代码 sum += i 出错，出错的原因是 TypeError: unsupported operand type(s) for +=: 'builtin_function_or_method' and 'int'.

这句指出了错误类型。对 += 操作符来说，要求参与运算的操作数类型可以是"内置函数或方法"和"int"，这句话到底指明我们的错误在哪里呢？来看一下第 2 行代码：sum += i，这条代码其实就是 sum =sum+ i，这是 Python 中的赋值语句，先计算右侧表达式的值，再将计算结果赋给 sum。当计算右侧表达式值时，系统发现 sum 变量没有合理类型的初值，因此计算终止，系统报错。

逻辑错误指程序在编写的过程中，由于程序逻辑的表达不够严谨而导致的程序不能得到预期的运行结果。如编程计算 1 加到 100 之和，代码如下：

```
sum=0
for i in range(100):
    sum+=i
print(sum)
```

以上代码运行结果 4950，因为 range(100)的取值为[0,100)，不包括 100，因此，运算结果不是预期的 5050，而是 4950。

2. 异常

即便没有语法错误和逻辑错误，程序在运行的时候也可能出现不能正确运行的情况，示例如下：

```
num1 = 10
num2 = int(input("输入一个除数："))
print(num1/num2)
```

这段代码用来进行简单的除法运算，如果 num2 的值为非 0 的数，程序运行结果是正常的；但是当 num2 值为 0 时，程序就会出现如下错误并中断程序的运行。

```
输入一个除数：0
------------------------------------------------------------------------
ZeroDivisionError                          Traceback (most recent call last)
<ipython-input-19-b570a676eb59> in <module>
      1 num1 = 10
      2 num2 = int(input("输入一个除数："))
----> 3 print(num1/num2)

ZeroDivisionError: division by zero
```

在程序设计中很多异常是不可避免的，如用户的不合法输入，在网络编程中网络通信异常，进行数据库操作时数据库连接失败，进行文件操作时文件不能找到等等。工作中使用打印机时缺纸了，都属于异常。引起这些错误的原因很多时候是程序运行环境变换，而不是程序本身有问题。当出现这些情况时仍应提供良好的反馈给用户，并使程序继续运行，因此，在程序发生错误时提供必需的额外处理机制是非常必要的。

5.4.2 捕获简单的异常

异常的发生也会导致程序不能正常运行，因此，有必要对发生的异常进行处理。Python 提供了异常处理的机制，语法如下：

```
try:
    语句 1
except  异常类型:
    语句 2
finally:
    语句 3
语句 4
```

在 try 语句块中放入可能会产生异常的代码。如果在 try 语句块中发生异常，则将异常抛出，except 根据异常的类型进行捕获，如果发生的异常与 except 后面的异常类型相兼容，则执行 except 语句块中的内容语句 2。有时还会添加 finally 语句块，这个语句块中的内容是必须发生的内容，添加在异常处理的代码之后，在发生异常后一并由 except 进行处理。异常处理语句后面的内容语句 4 仍然可以继续执行。

通过以上结构对除法运算的代码进行完善，代码如下：

```
num1 = 10
num2 = int(input("输入一个除数："))
try:
    print("结果为： ",num1/num2)
except ZeroDivisionError:
    print("0 不能做除数")
finally:
    print("程序结束")
print("程序继续执行")
```

当输入除数为 2 时，运行结果如下：

```
输入一个除数：2
结果为：5.0
程序结束
程序继续执行
```

当输入的除数为 0 时，程序发生异常，从 print("结果为： ",num1/num2)语句处跳转到 except 处，与 except 后的异常类型进行匹配(ZeroDivisionError 是 Python 所提供除 0 异常类)。由于异常类型匹配，所以运行 except 中的代码，输出"0 不能做除数"，之后 finally 中的代码将被执行，最后的输出语句也将执行。结果如下：

```
输入一个除数：0
0 不能做除数
```

程序结束

程序继续执行

从上述结果可以看出，无论异常是否发生，finally 中的代码都将被执行。

当程序发生异常时，异常处理机制不仅提供了友好的信息提示，还可以让程序继续运行，这体现了程序的健壮性特点。

5.4.3 捕获多个异常

程序在运行时可能发生的异常有多种类型。如两数相除时，除数为 0 是一种异常，如果输入的数不是一个数值型的数据也会发生异常，对于这些异常我们必须在程序中进行捕获并处理，才能使程序合理运行。针对这种多异常情况，Python 提供了多异常捕获机制。语法如下：

```
try:
    语句 1
except   异常类型 1:
    语句 2
except   异常类型 2:
    语句 3
...
except   异常类型 n:
    语句 n
finally:
    语句 n+1
```

程序执行时对 try 语句块中的内容进行捕获，将从上至下依次进行异常类型的匹配，如果运行到第 $i(1 \leqslant i \leqslant n)$ 个 except 时，异常类型匹配成功，则执行其语句块中的语句。无论是否发生异常，或者出现某个异常，finally 后的语句都会被执行。完善两数相除代码：

```
num1 = 10
try:
    num2 = int(input("输入一个除数："))
    print(num1/num2)
except ZeroDivisionError:
    print("0 不能做除数")
except ValueError:
    print("输入应为数值！")
finally:
    print("程序结束")
print("程序继续执行")
```

当从键盘输入一个非数值的数据时，比如输入一个 a，程序运行结果为

输入一个除数：a

输入应为数值！

程序结束

程序继续执行

当从键盘输入一个 0 时，程序运行结果为

输入一个除数：0

0 不能做除数

程序结束

程序继续执行

5.4.4　异常类

在程序中，如果能针对不同的异常分别进行处理，使异常的处理内容更有针对性，则可以使程序更为友好。

Python 中定义了丰富的异常类型。BaseException 是所有异常的基类，从 BaseException 派生出的 Exception 类是常见错误的基类，其中包括 ValueError(传入无效参数错误)、ArithmeticError (数值计算错误)、ZeroDivisionError(除/取模时零错误)等异常。除派生自 Exception 的异常类之外，还有一些内建的异常，如 SystemExit(解释器请求退出)等。

对于异常的处理，通常会先进行具体的异常类型匹配，这样的好处在于，匹配具体类型可以提供更针对性的异常处理或更明确的异常信息。但一段代码可能发生的异常有时并不特别明确，为了保证代码不会发生异常匹配遗漏的问题，通常在多异常捕捉时，会在最后使用 Exception 基类进行匹配。

如对两个数的除法运算进行多异常捕获，代码如下：

```python
try:
    num1=int(input("num1:"))
    num2=int(input("num2:"))


    result=num1/num2
    print("result:",result)
except ZeroDivisionError:
    print("0 不能做除数")
except ValueError:
    print("输入应为数值！")
except Exception:
    print("发生了异常")
print("程序结束！")
```

5.4.5　自定义异常

虽然 Python 已经提供了丰富的异常类型，但在实际的开发中，常常需要根据业务需要构建有当前开发系统特性的一些异常类。Python 提供了自定义异常的机制。其基本语法如下：

```
class exceptionName(Exception):
    # 异常类的代码
```

自定义异常类必须继承自 Python 提供的异常类型(继承的概念将在第 9 章详细介绍)。自定义异常之后，就可以像系统提供的异常类型一样使用了。

【例 5-12】 自定义异常类的使用。

如前面的除法案例，现在根据业务的需要，我们规定，输入的参数不能为负数，这时可以自定义一个异常对用户输入的负数进行处理并给出相应的处理信息。代码如下：

```
# 自定义异常类
class NegativeError(Exception):
    def __init__(self):
        self.n='运算数不能为负'


num = input("请输入一个正整数：")
try:
    if int(num)<0:
        raise NegativeError
    print(10/int(num))
except ZeroDivisionError:
    print("0 不能做除数")
except ValueError:
    print("除数必须为整数")
except NegativeError as ne:
    print(ne.n)
finally:
    print("无论是否发生异常一定执行")
print("继续！")   # 无论是否发生异常处理后也能继续运行程序
```

在以上代码中，前 3 行创建了一个自定义异常类 NegativeError，并且在 if 语句中判断，如果当前值为负值，则通过 raise 进行该异常的抛出。第 3 个 except 进行了该异常的捕获与处理。运行程序，如果输入一个 0，结果如下：

```
请输入一个正整数：0
0 不能做除数
无论是否发生异常一定执行
继续！
```

再一次运行程序，输入一个负数，结果如下：

```
请输入一个正整数：-2
运算数不能为负
无论是否发生异常一定执行
继续！
```

正确的情况和非整数的情况请读者自行运行程序，验证结果。

📖 知识扩展

关于编码的那些事儿

计算机能理解的语言是二进制语言，即 0 和 1 组成的代码，其他高级语言编写的程序必须经过翻译，翻译成计算机能理解的语言，这个翻译过程就是编译。

计算机中存储信息的最小单元是 1 字节，其能表示的字符范围是 0～255 个。美国人首先对英文字符进行了编码，这也就是最早的 ASCII 码。但是人类要表示的符号太多，无法用 1 字节来表示。我们国家有 10 万多个汉字，于是发明了 GB2312 这种汉字编码方式，用 2 字节表示绝大部分的常用汉字。如果各个国家各有各的字符集编码，互相交流都是乱码。为了统一，于是就提出了 Unicode 编码，将世界上所有的符号都纳入集中。Unicode 编码可以容纳 100 多万个符号，每个符号都给予一个独一无二的编码，这样所有语言都可以互通，一个网页里面可以同时显示各国文字。

Unicode 统一了全世界的二进制编码，但它是如何存储的呢？如果 Unicode 统一规定，每个符号都用 3 字节或 4 字节表示，那么每个英文字母前必然有 2～3 字节是 0，文本文件的大小因此会大出 2～3 倍，这对于存储来说是极大的浪费，于是出现了多种 Unicode 存储方式。随着互联网的兴起，网页上要显示各种符号，统一是必要的，这时候 UTF-8 出现了，它是 Unicode 最重要的实现方式之一，它不是固定字长的编码方式，而是一种变长的编码方式，使用 1～4 字节表示一个字符，根据不同的字符变换字节的长度。128 个 ASCII 码只需 1 字节，1 个中文汉字在 UTF-8 中占 3 字节。

5.5 实验：实现超市购物商品数量检测功能

1. 任务描述

超市购物结算时，需要输入商品名称、商品价格、商品数量。一般情况下，商品名称和商品价格已经在系统中预设了，只有商品数量要根据顾客的实际采购情况输入。在输入时商品数量大于或等于 1 才符合规则，小于 1 则提示错误信息。本实验要编程实现在输入商品数量时检测其是否符合规则。

2. 任务实施

在超市购物系统中，商品是以商品名称和对应的价格来保存的，采购商品就是从字典中列出数据(键)，商品名称确定后价格(键对应的值)也就确定了，在结算时，输入数量，计算后可得到应付的金额。

(1) 在购物之前，需要将商品陈列出来以供顾客选择。从技术的角度看，商品的保存就是一个字典，存放商品名称(键)和商品价格(值)；商品的陈列就是遍历字典，并以一定的格式输出。代码如下：

```
# 定义一个字典，相当于库存
```

```
goods_dict = {"古树核桃": 45.00, "平遥牛肉": 59.90, "沁州小米": 35.00, "山西陈醋": 22.90}
# 遍历字典，相当于商品陈列
print('名称          价格')
for name,price in goods_dict.items():
    print(f"{name}          {price}￥")
```

运行结果如下：

名称	价格
古树核桃	45.0￥
平遥牛肉	59.9￥
沁州小米	35.0￥
山西陈醋	22.9￥

(2) 有了商品后可以进行采购了。假设只采购一次且只采购一种商品，而且输入正确。代码如下：

```
goods_dict = {"古树核桃": 45.00, "平遥牛肉": 59.90, "沁州小米": 35.00, "山西陈醋": 22.90}
print('名称          价格')
for name,price in goods_dict.items():
    print(f"{name}          {price}￥")
#采购开始
goods_name = input("请输入选购的商品名称:\n")
goods_num = int(input("请输入选购的数量:\n"))
total = goods_dict[goods_name] * goods_num        # 价格乘以数量
print(f'消费 {total:.2f} 元')
```

运行结果如下：

名称	价格
古树核桃	45.0￥
平遥牛肉	59.9￥
沁州小米	35.0￥
山西陈醋	22.9￥

请输入选购的商品名称:
山西陈醋
请输入选购的数量:
3
消费 68.70 元

(3) 实际购物时，顾客可能一次采购多种商品，每采购一种商品，就放入购物车，在所有商品采购完成后统一结账。从技术上讲，购物车就是一个列表，列表中的每一项数据是一个字典，表示每一种商品的采购情况：商品名称是什么，数量是多少。反复采购过程可以使用循环实现，每采购完一种商品，就构建一个字典，然后添加到列表(购物车)中。这一步先不考虑异常情况，实现代码如下：

```python
li = []                                      # 空列表，存放选购的商品(购物车)
all_total = 0                                # 存放总的消费金额
goods_dict = {"古树核桃": 45.00, "平遥牛肉": 59.90, "沁州小米": 35.00, "山西陈醋": 22.90}
# 商品展示
print('名称           价格')
for name,price in goods_dict.items():
    print(f"{name}          {price}￥")
# 购物开始
while True:
    cart_dict = {}                           # 存放购物车中的数据
    # 确定商品名称
    goods_name = input("请输入选购的商品名称(输入 Q 退出):\n")
    if goods_name =='q' or goods_name =='Q':
        break
    else:
        goods_num = int(input("请输入选购的数量:\n"))
        cart_dict['名称'] = goods_name          # 构造字典数据
        cart_dict['数量'] = goods_num           # 构造字典数据
        li.append(cart_dict)                 # 将所购商品(字典)添加到购物车(列表)

for i in li:    # 遍历列表，取出每一种商品计算花费金额，每一个 i 是一个字典
    # 在 goods_dict 中取出商品名称所对应的价格然后乘以数量得到这种商品的花费金额
    total = goods_dict[i['名称']] * i['数量']
    all_total += total                       # 每一种商品的金额进行累加
print(f'总消费 {all_total}元')
```

运行结果如下：

```
名称        价格
古树核桃     45.0￥
平遥牛肉     59.9￥
沁州小米     35.0￥
山西陈醋     22.9￥


请输入选购的商品名称(输入 Q 退出):
山西陈醋
请输入选购的数量:
2


请输入选购的商品名称(输入 Q 退出):
古树核桃
```

```
请输入选购的数量:
3

请输入选购的商品名称(输入 Q 退出):
Q
总消费 180.8 元
```

(4) 继续完善上述程序。考虑到程序的健壮性和使用友好性，如果顾客在输入数量时误输入负数，程序该如何处理？这种情况下，我们不希望程序崩溃报错退出，而是友好提示"输入无效"，同时让顾客重新输入。在输入数量时，为了确保数量值大于或等于 1，程序中要检测数量值，发现异常及时处理。因此，这一步根据业务需要定义一个自定义的异常类，在程序运行时捕获到这种类型的异常就可得到精确处理。实现代码如下：

```
class QuantityError(Exception):                    # 继承父类 Exception
    def __init__(self, err="输入无效"):            # 对象的初始化方法，默认异常信息是输入无效
        super().__init__(err)                      # 调用父类的构造方法
```

自定义异常类定义后，就可以像以前用过的系统已定义的异常一样使用了。

增加一段测试代码，测试自定义异常类能否正常使用，代码如下：

```
# 测试
try:
    x = int(input("输入一个数："))
    if x<0:
        raise QuantityError
    print(x)
QuantityError as e:
    print(e)
```

运行代码，当输入是一个大于 1 的数，结果如下：

```
输入一个数: 6
6
```

再次运行程序，输入一个负数，结果如下：

```
输入一个数: -6
输入无效
```

注意：由于是自定义的异常，当发生这种异常时需要我们手动抛出(raise QuantityError)，如果是系统定义的异常，发生时系统会自动抛出这种异常。就像做除法运算，只要除数为 0，系统就会自己判断出这是一种异常，然后生成异常对象抛出，之后的 except 就会捕获到这种异常进行处理。

(5) 增加异常处理，将容易发生异常的代码放在 try 语句块中，如果发生异常则通过 except 捕获该异常，并做相应的处理，确保程序能正确运行。完整代码如下：

```
# 超市购物，如果数量输入为负数则触发自定义异常


class QuantityError(Exception):                    # 自定义的异常类
```

```
        def __init__(self, err="输入无效"):
            super().__init__(err)


li = []                                              # 空列表，存放选购的商品(购物车)
all_total = 0                                        # 存放总的消费金额
goods_dict = {"古树核桃": 45.00, "平遥牛肉": 59.90, "沁州小米": 35.00, "山西陈醋": 22.90}
# 商品展示
print('名称          价格')
for name,price in goods_dict.items():
    print(f"{name}        {price}￥")
# 购物开始
while True:
    cart_dict = {}                                   # 存放购物车中的数据
    # 确定商品名称
    goods_name = input("请输入选购的商品名称(输入 Q 退出):\n")
    if goods_name =='q' or goods_name =='Q':
        break
    # 商品数量
    else:
        try:
            goods_num = int(input("请输入选购的数量:\n"))
            cart_dict['名称'] = goods_name
            cart_dict['数量'] = goods_num
            li.append(cart_dict)
            if goods_num<0:                          # 检测数量如果是负数，抛出异常
                raise QuantityError                  # 手动抛出异常
        except QuantityError as error:               # 捕获异常
            print(error)
            print("商品数量默认为 1")
            cart_dict['数量'] = 1                     # 数量重置为 1
            judge = input("是否修改商品数量：Y or N:\n")
            if judge =='Y'or'y':
                new_goods_num = int(input("请输入商品数量："))
                cart_dict['数量'] = new_goods_num    # 修改字典中数量的值
            else:
                cart_dict['数量'] = 1
# 计算总的消费金额
for i in li:
    total = goods_dict[i['名称']] * i['数量']
```

```
        all_total += total
print("今天在超市购买了:")
for i in li:
        name = i['名称']
        num = i['数量']
        print(f'{name},{num}公斤')
print(f'总消费{all_total}元')
```

运行结果如下:

```
名称            价格
古树核桃        45.0￥
平遥牛肉        59.9￥
沁州小米        35.0￥
山西陈醋        22.9￥


请输入选购的商品名称(输入 Q 退出):
古树核桃
请输入选购的数量:
2
请输入选购的商品名称(输入 Q 退出):
沁州小米
请输入选购的数量:
5
请输入选购的商品名称(输入 Q 退出):
Q


今天在超市购买了:
古树核桃,2 公斤
沁州小米,5 公斤
总消费 265.0 元
```

本 章 习 题

一、选择题

1. 以下方法能返回列表数据类型的是(   )。

A. s.split()   B. s.strip()   C. s.replace()   D. s.center()

2. 下列方法中,能够返回某个子串在字符中出现的次数的是(   )。

A. len()   B. count()   C. find()   D. split()

3. 以下程序的输出结果是(   )。

```
str='I love my family'
```

```
print(str[-9:])
```

A. family　　　　B. y family　　　　C. e my family　　　D. my family

4. 字符串 str='Chinese'，表达式 str[1] 的值是(　　)。

A. C　　　　　　B. h　　　　　　C. s　　　　　　　D. c

5. 已知 s="Python"，f"{s:4}" 中 4 的含义是(　　)。

A. 4 是填充字符　　　　　　　　B. 4 是对齐方式

C. 4 是指定域宽　　　　　　　　D. 4 是小数位数

6. 关于字符串的 split()方法，以下描述中错误的是(　　)。

A. 字符串 .split()能够截取若干个不带空格的字符串

B. split()默认分隔符为空格，可以指定其他分隔符

C. 字符串 .split(',',2)表示以逗号为分隔符，截取 2 个子串

D. 字符串 .split(',',2)表示以逗号为分隔符，截取 3 个子串

7. 以下关于 Python 字符串的描述中，错误的是(　　)。

A. 空字符串可以表示为 ""或"

B. 在 Python 字符串中，可以混合使用正整数和负整数进行索引和切片

C. 字符串 'my\\text.dat' 中第一个 \ 表示转义符

D. Python 字符串采用 [N:M] 格式进行切片，获取字符串从索引 N 到 M 的子字符串(包含 N 和 M)

8. 下列关于自定义异常类描述中，正确的是(　　)。

A. 一般以 Error 结尾　　　　　　B. 直接或间接地继承 SystemError

C. 定义及使用方法比较特殊　　　D. 不可以主动抛出自定义异常类

9. 下列关于 assert 语句的描述中，错误的是(　　)。

A. 是 raise 语句的简写　　　　　B. 用于主动抛出异常

C. 不可与 try/except 共同使用　　D. 条件为 False 才抛出异常

10. 以下对 Python3 中异常处理语句的描述中正确的是(　　)。

A. finally 子句不可与 except 子句共同使用

B. finally 子句不可与 else 子句共同使用

C. finally 子句既不可与 except 子句共同使用，也不可与 else 子句共同使用

D. finally 子句既可以与 except 子句共同使用，也可以与 else 子句共同使用

二、判断题

1. 如果需要连接大量字符串成为一个字符串，那么使用字符串对象的 join()方法比运算符＋具有更高的效率。　　　　　　　　　　　　　　　　　　　(　　)

2. Python 字符串方法 replace()对字符串进行原地修改。　　　　　　(　　)

3. 字符串属于 Python 有序序列，和列表、元组一样都支持双向索引。　(　　)

4. json 库的 dumps()函数将 Python 列表类型变成字符串。　　　　　(　　)

5. 在异常处理结构中，不论是否发生异常，finally 子句中的代码总是会执行的。(　　)

三、编程题

1. 假设有如下字符串 string = 'abcdefghijklmnopqrstuvwxyz'，请使用 input()方法输入索

引 begin 和长度 length，将字符串 string 中，从索引 begin 开始，长为 length 的字符串删除，并将剩下的字符串内容输出。

2. 小易喜欢的字符串具有以下特性：

- 字符串中每个字母都是大写。
- 字符串长度小于 100。
- 字符串中相邻的两个字母不相等。

例如：小易喜欢"ABCDSE"，不喜欢"ABBA"。

请用程序实现：输入一个字符串 string，判断它是否是小易喜欢的字符串。如果是，输出 yes；如果不是，输出 no。

3. 输入两个长度相等的字符串，将两字符串中相同索引中较大的字符组成一个新的字符串并输出，使用 ASCII 码来比较字符大小。

4. 输入一段仅由英文字母和空格组成的文本，通过 split() 方法统计这段文本中的单词数量，并将统计结果输出。

5. 请用程序实现：计算输入整数的平方，如果小于 100，抛出异常，并提示"输入数的平方小于 100！"(使用 assert 语句实现)。

四、拓展练习

1. 获得用户输入的一个字符串，将字符串逆序输出，同时输出字符串中字符的个数。

示例输入：

```
qwert
```

示例输出：

```
trewq
5
```

```
s=input()
print(_____)
print(_____)
```

2. 获得用户输入的一个数字，其中数字字符(0 到 9)用对应的中文字符"〇一二三四五六七八九"替换，输出替换后的结果。

示例输入：

```
367423748
```

示例输出：

```
三六七四二三七四八
```

```
n = input()
s = "〇一二三四五六七八九"
for c in "0123456789":
    _____
print(n)
```

第 6 章

函　　数

本章导读

软件随着规模的不断增大，经常会出现完全相同或者非常相近的操作，这时可以将实现类似操作的代码封装为函数，然后在需要的地方调用该函数。随着现代编程理念的兴起，大家对函数提取的关注度也达到了空前的高度。封装提取函数可以使代码的层次更加清晰，因此，会提取函数，多用函数，多用短小函数，逐渐成了一个编程高手的特征。

本章主要包含以下内容：

(1) 函数简介；

(2) 函数的定义与调用；

(3) 函数的返回值；

(4) 变量的作用域；

(5) 递归函数和匿名函数。

学习目标

(1) 了解函数的概念；

(2) 掌握函数的定义与调用方法；

(3) 掌握函数的参数传递方式及返回值；

(4) 理解变量的作用域，掌握变量的使用；

(5) 掌握匿名函数和递归函数的使用。

6.1　初　识　函　数

函数是一段具有特定功能的、可重用的代码段，它能够提高程序的模块化和代码的复用率。在前面任务的学习中我们已经接触过一些函数，如打印语句的 print()函数、接收用户输入的 input()函数等。Python 内部已有很多功能强大的函数，但是这些函数仅能满足开发过程中的基本需求，很多时候还需要自定义函数。

为了帮助大家更直观地理解使用函数的好处，下面分别以非函数和函数两种形式计算 N!。

以非函数形式计算 N!，示例代码如下：

```
# 计算 5!
```

```
s = 1
for i in range(1,6):
    s*=i
print(5,"!={}".format(s))
# 计算 6!
s = 1
for i in range(1,7):
    s*=i
print(6,"!={}".format(s))
# 计算 7!
s = 1
for i in range(1,8):
    s*=i
print(7,"!={}".format(s))
```

从这段代码可以看出，如果要计算不同数据的阶乘，相同的代码就需多次重复。

以函数形式计算 N!，示例代码如下：

```
# 以函数形式计算 N!
def fact(n):
    s=1
    for i in range(1,n+1):
        s*=i
    return s
print("5!=",fact(5))    # 调用函数计算 5 的阶乘
print("6!=",fact(6))    # 调用函数计算 6 的阶乘
print("7!=",fact(7)))   # 调用函数计算 7 的阶乘
```

这段代码中首先自定义函数 fact(n)，它的功能是计算 n 的阶乘，如果想分别计算 5!、6! 和 7!，只需调用 3 次 fact(n)函数，并分别传递 5、6 和 7 即可。相比较以非函数形式计算 N! 的方法而言，使用函数来编程可使程序模块化，既可减少冗余代码，又让程序结构更为清晰，既能提高开发人员的编程效率，又方便后期的维护和扩展。

函数式编程具有以下优点：

(1) 将程序模块化，既减少了冗余代码，又让程序结构更为清晰。

(2) 提高了开发人员的编程效率。

(3) 方便后期的维护与扩展。

6.2   函数的定义和使用

在 Python 中(以及大多数编程语言中)，函数通常需要先定义，然后才能在程序中调用

和使用。本节将详细讲解函数的定义和使用。

6.2.1　函数的定义

前面使用的 print()函数和 input()都是 Python 的内置函数，这些函数由 Python 定义。我们也可以根据自己的需求定义函数，Python 中使用关键字 def 来定义函数，其语法格式如下：

```
def 函数名称(参数):
    函数体代码
    return 返回值
```

说明如下：

(1) 函数要使用 def 关键字标识。

(2) 函数名称遵循标识符的定义规则，不能以数字开头。

(3) 函数的参数是可选项。如果设置多个参数，用逗号隔开。

(4) 如果没有参数，可以将其设置为空，但是必须有一对圆括号。

(5) 冒号是函数体的开始标志。

(6) 函数体代码前要有 Tab 键缩进。

(7) 如果函数有返回值，使用 return 加返回值；如果没有返回值，则可以省略 return。

【例 6-1】　定义函数，实现打印个人信息功能，并编程实现该功能。

分析：定义自定义函数 user_info()，其功能是输出个人的姓名、年龄和性别。然后调用 user_info()函数，输出个人信息。实现代码如下：

```
# 自定函数输出个人信息
def user_info():
    print("姓名:小美")
    print("年龄:17")
    print("性别:女")
```

说明：

定义 user_info()函数时，无参数，函数的功能是输出固定的姓名、年龄和性别。该函数没有返回值，所以也没有 return 语句。

思考：

如果想每次调用函数输出不同的姓名、年龄和性别，该如何定义函数？这时需要在定义 user_info()函数时定义多个参数，调用函数时根据不同的参数实现不同的功能。

【例 6-2】　定义函数，实现求两个数的乘积，编程实现该功能。

分析：因为要求两个数的乘积，这两个数可以是任意的，所以在自定义函数 product(x,y)中需要有两个参数 x、y，用来接收传递的值。计算结果存放在变量 s 中，最后要用 return s 把结果返回。实现代码如下：

```
# 自定义函数实现两个数的乘积
def product(x,y):
    s=x*y
    return s
```

6.2.2　函数的调用

定义了函数后，就相当于有了一段具有特定功能的代码。函数在定义后不会立刻执行，要想执行这些代码，需要调用函数。调用函数的格式如下：

```
函数名([参数列表])
```

在例 6-2 中增加调用函数的语句，代码如下：

```
# 自定义函数实现两个数的乘积
def product(x,y):
    s=x*y
    return s
# 调用函数并传递参数
print("4*5=",product(4,5))
```

程序在执行"product(4,5)"时经历了 4 个步骤：

(1) 程序在调用函数的位置暂停执行。

(2) 将数据 4、5 传递给函数参数 x 和 y。

(3) 执行函数体中的语句。

(4) 程序回到暂停处继续执行。

说明：函数在定义时可以在其内部嵌套定义另外一个函数，此时嵌套的函数称为外层函数，被嵌套的函数称为内层函数。在函数外部无法直接调用内层函数，只能在外层函数中调用内层函数，如果在主程序中调用内层函数，则会报错。

【例 6-3】 定义外层函数 add(x,y)，在 add(x,y)函数中调用内层函数 test()，实现代码如下：

```
# 定义外层函数
def add(x,y):
    s=x+y
    print(s)
    # 定义内层函数
    def test():
        print('这是一个内层函数')
    # 调用内层函数
    test()  # 在外层函数中调用内层函数
# 主程序中调用外层函数
add(4,5)
```

运行结果如下：

```
9
这是一个内层函数
```

6.2.3　函数的返回值

函数中的代码执行完毕，有的直接输出数据，有的处理完数据后要返回一个或一组值。

函数中的 return 语句会在函数结束时将数据返回给程序，同时让程序回到函数被调用的位置继续执行。

1. 函数无返回值

如果执行函数体时就已经有输出结果，则不需要将结果返回，这时函数不需要返回值。

【例6-4】 调用例6-1定义的函数。代码如下：

```python
# 自定函数输出个人信息
def user_info():
    print("姓名:小美")
    print("年龄:17")
    print("性别:女")
# 调用 user_info()函数
user_info()
```

运行结果如下：

```
姓名:小美
年龄:17
性别:女
```

2. 函数返回一个值

执行函数后得到一个结果，这个结果要返回到主程序中。

【例6-5】 给定任意三条边，判断能否构成一个三角形，并将判断结果返回。

(1) 三角形三边长必须大于零，不满足则返回数字 -1，表示数据不合法。

(2) 任意两边之和必须大于第三边。不满足则返回数字 0，表示不能组成三角形；满足则返回数字 1，表示能组成三角形。

实现代码如下：

```python
# 定义函数
def is_triangle(a, b, c):
    if a > 0 and b > 0 and c > 0:              # 判断三个边长是否大于零
        if (a+b > c) and (a+c > b) and (b+c > a):  # 判断是否满足组成三角形的条件
            return 1                            #  能组成三角形
        else:
            return 0                            #  不能组成三角形
    else:
        return -1                               # 数据不合法
# 主程序
x = int(input("请输入第一条边的值："))
y = int(input("请输入第二条边的值："))
z = int(input("请输入第三条边的值："))
result = is_triangle(x,y,z)
if result == 1:
    print("能够组成三角形")
```

```
elif result == 0:
    print("不能够组成三角形")
else:
    print("输入的值不合法")
```

is_triangle(a, b, c)函数根据传入的 a、b、c 三个边判断能否构成三角形，函数内使用两个 if 分步判断了三条边是否大于 0 以及任意两边之和是否大于第三边，符合以上两个要求则返回 1，否则分别返回 −1 和 0。程序中虽然有三条返回语句，但这是三种分支的结果，最终只有一个返回值。程序运行结果如下：

```
第一次运行结果:
请输入第一条边的值: -8
请输入第二条边的值: 5
请输入第三条边的值: -3
输入的值不合法


第二次运行结果:
请输入第一条边的值: 9
请输入第二条边的值: 6
请输入第三条边的值: 3
不能够组成三角形


第三次运行结果:
请输入第一条边的值: 9
请输入第二条边的值: 8
请输入第三条边的值: 6
能够组成三角形
```

3. 函数返回多个值

有的函数会返回多个值。在调用者的代码里，可以把返回的这几个值放到一个元组里，也可以用多个变量来接收这多个返回值。

【例 6-6】 定义一个控制游戏角色位置的函数，该函数使用 return 语句返回游戏角色目前所处的位置的 x 坐标和 y 坐标，实现代码如下：

```
# 定义 move()函数，包含三个形参，分别用来接收 x 坐标、y 坐标和移动距离
def move(x,y,step):
    nx=x+step
    ny=y-step
    return nx,ny
# 主程序
result=move(100,100,60)
print('result 的值',result)
print('result 的类型',type(result))
```

分析：定义 move()函数，包含三个参数，分别接收 x 坐标、y 坐标和移动的距离，最后返回移动后的 x 坐标和 y 坐标。返回的两个值被保存在元组中。运行结果如下：

```
result 的值 (160, 40)
result 的类型<class 'tuple'>
```

【例 6-7】　计算各个数的和、积。

```
# 计算各个数的和、积
def calc(numbers):
    number_plus = 0
    number_product = 1
    for i in range(len(numbers)):
        number_plus = number_plus + int(numbers[i])
        number_product = number_product * int(numbers[i])


    return number_plus, number_product    # 返回多个数的和、乘积


# 模块接收输入、调用函数、输出结果
number_list = input('输入多个数，用英文逗号分隔：').split(',')
num = calc (number_list)                    # 调用函数，将函数的两个返回值保存到元组 num 中
print('num 的类型是：', type(num))
print('这几个数的和是：', num[0])
print('这几个数的积是：', num[1])
```

函数 calc()将多个数的和、乘积共 2 个值返回给调用者，调用者使用 1 个 num 元组来接收这 2 个返回值，此时，Python 将这 2 个返回值序列封包为元组后赋值给 num。程序运行结果如下：

```
输入多个数，用英文逗号分隔：6,5,10,8
num 的类型是：<class 'tuple'>
这几个数的和是：　29
这几个数的积是：　2400
```

6.3　函数的参数

函数设置参数是为了接收输入值，根据不同的输入执行不同的操作或计算，从而增强函数的灵活性和复用性。参数使得函数更加通用和强大。

6.3.1　形参和实参

形参即形式上的参数，是在定义函数时给出的，没有实际的值，通过以后调用赋值后才有意义，相当于一个变量。

实参即实际意义上的参数，是一个实际存在的参数，即在调用函数时提供的值或者变量。
示例代码如下：

```
# 定义一个函数，函数名是 fun
def fun(name):            # 这里的变量 name 是一个形式参数，可以是任意变量名
    print("欢迎",name)    # 函数体
# 以下是函数的调用
fun("小美")              # 这里"小美"是实际参数，是在调用函数时给出的真实的数据
fun("小红")              # 这里"小红"也是实际参数，实参"小红"会传递给形参 name
```

【例 6-8】 判断文件是否为图片文件。

完整的文件名由主文件名和扩展名组成。扩展名表示文件的类型。扩展名是文件名中最后 1 个小数点后的几个字符，如 main.py 的扩展名是 py，logo.png 的扩展名是 png，book.docx 的扩展名是 docx。一个文件是否图片，可以依据扩展名进行判断。图片的扩展名主要有 png、jpg、jpeg、gif、bmp、svg 和 ico 等。

编写一个函数，判断一个文件名是否包含上面所列的图片扩展名，如果包含则视为图片文件，返回 True，否则返回 False。注意，扩展名不区分大小写，logo.gif 和 logo.Gif 是同一个图片文件。实现代码如下：

```
def is_image_file(filename):
    if '.' not in filename:
        return '错误的文件名！'
    else:
        new_filename = filename[::-1]
        sp = new_filename.find('.')
        ext = new_filename[:sp]
        ext = ext[::-1].lower()
        if ext in ['png', 'jpg', 'jpeg', 'gif', 'bmp', 'svg', 'ico']:
            return True
        else:
            return False


f_name = input('请输入一个文件名：')
if is_image_file(f_name) == True:
    print('{0} 是图片文件.'.format(f_name))
elif is_image_file(f_name) ==False:
    print('{0} 不是图片文件.'.format(f_name))
else:
    print('{0}是错误的文件名.'.format(f_name))
```

程序运行结果如下：

```
请输入一个文件名：test.jpg
test.jpg 是图片文件.
```

再运行程序：

请输入一个文件名：test.docx

test.docx 不是图片文件.

再运行程序：

请输入一个文件名：test

test 是错误的文件名.

6.3.2　参数类型

函数的参数分为形参和实参，形参又分为位置参数、默认参数、不定长参数、关键字参数。函数的参数传递是将实际参数传递给形式参数的过程。函数参数的传递分为以下几种形式。

1. 位置参数传递

函数在被调用时会将实际参数按照相应的位置依次传递给形式参数，即将第 1 个实参传给第 1 个形参，将第 2 个实参传给第 2 个形参，以此类推。

【例 6-9】 定义一个函数 get_min(x,y)，该函数的功能是获取两个数之间的较小值，在主程序中调用 get_min()函数，实现代码如下：

```
# 定义一个函数，获取两个数之间的较小值
def get_min(x,y):
    if x<y:
        print(x,'是较小值')
    else:
        print(y,'是较小值')
# 调用 get_min()函数传递实参
get_min(5,6)
```

分析：以上函数执行后会将第 1 个实参 5 传给第 1 个形参 x，将第 2 个实参 6 传给第 2 个形参 y。运行结果如下：

```
5 是较小值
```

2. 关键字参数传递

若函数的参数数量比较多，则开发者很难记住每个参数的作用，这时通过"形参 = 实参"的形式加以指定，可以让函数更加清晰，容易使用，同时也清楚了参数的顺序要求。

【例 6-10】 定义一个打印个人信息的函数 print_user()，调用 print_user()函数，按照"形参=实参"的方式传递，实现代码如下：

```
# 定义一个打印个人信息的函数
def print_user(name,gender,age):
    print('姓名：{}'.format(name))
    print('性别：{}'.format(gender))
```

```
        print('年龄：{}'.format(age))
    # 调用自定义函数并传递实参值
    print_user(name='小美',gender='女',age=16)
```

分析：以上代码执行后，会将"小美"传给形参 name，将"女"传给形参 gender，将 16 传给形参 age。运行结果如下：

```
姓名：小美
性别：女
年龄：16
```

思考：将语句 print_user(name='小美',gender='女',age=16)改为 print_user(name='小美', age=16,gender='女')可以吗？

虽然在调用 print_user()函数时，参数的顺序发生了变换，但是由于是通过关键字传递的，所以即使顺序发生变换，也不会影响参数的传递。

3. 默认参数传递

函数在定义时可以指定形式参数的默认值，所以在调用函数时可以选择是否给带有默认值的形参传递值。若没有给带有默认值的形参传递值，则直接使用该形参的默认值；若给带有默认值的形参传递新值，则使用传递的新值。

【例 6-11】 定义一个打印个人信息的函数 print_user()，有两个形参带有默认值，调用 print_user()函数时只给其中一个带默认值的形参传值，另一个使用默认值，实现代码如下：

```
    # 定义一个打印个人信息的函数
    def print_user(name,gender='男',age=16):
        print('姓名：{}'.format(name),end = " ")
        print('性别：{}'.format(gender),end = " ")
        print('年龄：{}'.format(age),end = " ")
        print()
    # 调用自定义函数并传递实参值
    print_user(name='小张')                      # gender 和 age 使用默认值
    print_user(name='小张',gender='女')          # age 使用默认值
    print_user(name='小张',gender='女',age=19)   # 全部重新赋值
    print_user(name='小张',age=19)               # gender 使用默认值
```

分析：调用 print_user()函数时，将"小张"传给形参 name，其他两个参数如果有值就将值"女"传给形参 gender，19 传递给 age，如果没有传递的参数就分别使用默认值"女"和 16。运行结果如下：

```
姓名：小张 性别：男 年龄：16
姓名：小张 性别：女 年龄：16
姓名：小张 性别：女 年龄：19
姓名：小张 性别：男 年龄：19
```

思考：调用 print_user()函数时，不带任何参数可以吗？

4. 不定长参数

有时需要一个函数能处理不定个数、不定类型的参数，这些参数称作不定长参数。不

定长参数在定义时不会设置所有的参数名称，也不会设置参数的个数。

不定长参数有两种定义方式：一种是不定长参数名称前有一个 *，表示把接收到的参数封装到一个元组中；另一种是不定长参数名称前有两个 *，表示接收键值对的参数值，并将接收到的键值对添加到一个字典中。

1）带有一个*的不定长参数

【例 6-12】 定义一个可以计算任意个数字的和的函数，并输出参数的值和参数的类型，实现代码如下：

```python
# 计算任意个数字的和
def sum_any(*args):
    s=0
    if len(args)>0:
        for i in args:
            s+=i
        print('总和：{}'.format(s))
    print('args 参数值：',args)
    print('args 参数类型：',type(args))
# 调用函数
sum_any(10,20)              # 计算两个数之和
sum_any(10,20,30)          # 计算三个数之和
sum_any(10,20,30,40,50)   # 计算 5 个数之和
```

分析：不定长参数 *args 可以接收任意个数的数字，并将函数调用传入的数字封装到元组中，通过循环遍历，获取每个参数值，然后累加求和。不定长参数不仅可以接收数字类型的参数值，还可接收其他不同类型的参数值。在定义函数时，在不定长参数之前还可以设置其他参数。运行结果如下：

```
总和：30
args 参数值： (10, 20)
args 参数类型： <class 'tuple'>


总和：60
args 参数值： (10, 20, 30)
args 参数类型： <class 'tuple'>


总和：150
args 参数值： (10, 20, 30, 40, 50)
args 参数类型： <class 'tuple'>
```

2）带有两个*的不定长参数

【例 6-13】 每月在发工资之前，公司的财务要计算每个人的实发工资，这里我们使用一种比较简单的工资计算方法：实发工资 = 基本工资 - 个人所得税 - 个人应缴社保费。下面按照这个工资计算方法编写一个工资计算器函数，实现代码如下：

```
# 计算工资的函数
def pay(basic,**kvargs):
    print('kvargs 参数值：', kvargs)
    print('kvargs 参数类型', type(kvargs))
    # 扣除个税金额
    tax=kvargs.get('tax')
    # 扣除社保金额
    social=kvargs.get('social')
    pay=basic-tax-social
    print('实发工资：{}'.format(pay))
# 函数调用
pay(7000,tax=400,social=1000)
```

分析：不定长参数 **kvargs 接收了函数调用时传入的键值对形式的实参。通过运行结果打印出的 kvargs 参数值和参数类型 dict 可以知道，kvargs 参数将接收到的参数值封装到了字典中。

运行结果如下：

```
kvargs 参数值：{'tax': 400, 'social': 1000}
kvargs 参数类型<class 'dict'>
实发工资：5600
```

3）拆包

当一个函数中设置了不定长参数时，如果想把已存在的元组、列表和字典传入函数中，并且能够被不定长参数识别，则需要使用拆包的方法。

【例 6-14】 定义一个可以计算任意个数字的和的函数，已经存在一个列表 num_list，要求计算出列表中各个数字之和，实现代码如下：

```
# 计算任意个数字的和
def sum_any(*args):
    s=0
    if len(args)>0:
        for i in args:
            s+=i
        print('总和：{}'.format(s))
    print('args 参数值：', args)
    print('args 参数类型：', type(args))
# 主程序
num_list=[10,20,30,40,50]  # 定义一个数字列表
# 由于函数设置了不定长参数*args，所以在传入列表时需要拆包*num_list
# *num_list 说明该值只能由 "*args" 这种前边带有一个*的不定长参数接收
sum_any(*num_list)
```

分析：拆包的作用是将已定义好的列表中的元素拆分出来，然后传入函数，这样才能

被函数中的不定长参数*args 接收。

运行结果如下：

```
总和：150
args 参数值：　(10, 20, 30, 40, 50)
args 参数类型：<class 'tuple'>
```

【例 6-15】 定义一个工资计算器函数，实发工资 = 基本工资 - 个人所得税 - 个人应缴社保费，已经存在一个字典，包含个人所得税 tax 和个人应缴社保费 social 的值，要求传入字典，计算出实发工资，实现代码如下：

```
# 计算工资的函数
def pay(basic,**kvargs):
    print('kvargs 参数值：', kvargs)
    print('kvargs 参数类型', type(kvargs))
    # 扣除个税金额
    tax=kvargs.get('tax')
    # 扣除社保金额
    social=kvargs.get('social')
    pay=basic-tax-social
    print('实发工资：{}'.format(pay))
# 主程序
# fee={'tax':400,'social':1000}     # 一个固定的字典，定义发工资之前需要扣除的费用
basic = float(input("请输入基本工资："))
tax = float(input("请输入个税金额："))
social = float(input("请输入社保金额："))
fee = {}                           # 定义空字典，以便存放工资数据
fee['tax'] = tax                   # 将变量 tax 的值赋值给字典中对应的键"tax"
fee['social'] = social             # 将变量 social 的值赋值给字典中对应的键"social"
# print(fee)                       # 可以输出字典查看其值
# 由于 pay 函数设置了不定长参数**kvargs，所以在传入字典时需要拆包**fee
pay(basic,**fee)
```

分析：字典类型的拆包方法是在变量名前加 **，拆包之后的参数只能由 "**kvargs" 这种前边带有两个*的不定长参数接收。

运行结果如下：

```
请输入基本工资：8000
请输入个税金额：400
请输入社保金额：1000
kvargs 参数值：　{'tax': 400.0, 'social': 1000.0}
kvargs 参数类型<class 'dict'>
实发工资：6600.0
```

5. 混合传递

前面介绍的参数传递的方式在定义函数或调用函数时可以混合使用，但是需要遵循一

定的优先级规则。这些方式的优先级从高到低依次为按位置参数传递、按关键字参数传递、按默认参数传递和按不定长参数传递等。

在定义函数时，带有默认值的参数必须位于普通参数(不带默认值或标识的参数)之后，带有"*"标识的参数必须位于带有默认值的参数之后，带有"**"标识的参数必须位于带有"*"标识的参数之后。

【例 6-16】 定义一个混合了多种形式的参数的函数，实现代码如下：

```
# 定义一个带有多种形式参数的函数
def test(a,b,c=8,*args,**kvargs):
    print(a,b,c,args,kvargs)
# 调用函数
test(1,2)
test(1,2,3)
test(1,2,3,4)
test(1,2,3,4,e=5)
```

分析：test()函数共有 5 个参数，以上代码多次调用 test()函数并传入不同数量的参数。

执行 test(1,2)函数时，该函数接收到了实参 1 和实参 2，这两个实参被 a 和 b 接收，其余 3 个参数 c、*args、**kvargs 没有接收到实参，都使用默认值(8、()、{})。

执行 test(1,2,3)函数时，该函数接收到实参 1、2、3，前 3 个实参被普通形参 a、b 及带默认值的参数 c 接收，其余 2 个形参都使用默认值 ()和{}。

执行 test(1,2,3,4)函数时，该函数接收到实参 1 到实参 4，4 个实参被普通参数 a、b、c 和*args 接收，形参**kvargs 没有接到实参，故使用默认值{}。

执行 test(1,2,3,4,e=5)函数时，该函数接收到实参 1 到实参 4 和形参 e 关联的实参 5，所有的实参被相应的形参接收。

运行结果如下：

```
1 2 8 () {}
1 2 3 () {}
1 2 3 (4,) {}
1 2 3 (4,) {'e': 5}
```

6.4 变量的作用域

变量的作用域是指定义的变量在代码中可以使用的范围。根据变量的使用范围可以把变量分为局部变量和全局变量两种。从这两种变量的名称可以看出，局部变量只能在某个特定的范围内使用，而全局变量可以在全局范围内使用。

6.4.1 局部变量

局部变量是指在函数内部定义的变量，它只能在函数内部使用，函数执行结束之后局部变量会被释放，此时无法对局部变量进行访问。例如，在 func1 函数中定义的变量，在

func2 函数中不能使用；同理，在 func2 函数中定义的变量，在 func1 函数中也不能使用。

【例 6-17】 在 func()函数中定义了一个局部变量 x，分别在函数内和函数外使用 x，实现代码如下：

```
def func():
    x = 8
    print(x)
# 调用 func ()函数
func()
# 在函数外变量访问 x
print(x)
```

分析：程序在定义了 func()函数后调用该函数(给局部变量 x 赋值 8，并且输出 x 的值)，结果成功访问了 x；接下来程序在 func()函数外直接用 print()函数访问局部变量 x，出现异常信息，说明函数外部无法访问局部变量。

运行结果如下：

```
NameError                      Traceback (most recent call last)
<ipython-input-21-10e737aec7c0> in <module>
      5 func()
      6 # 在函数外变量访问 x
----> 7 print(x)


NameError: name 'x' is not defined
```

不同函数内的局部变量可以定义相同的名字，它们相互独立，互不影响。

【例 6-18】 定义打印两个人信息的函数 print_user1()和 print_user2()，调用它们输出不同的个人信息，实现代码如下：

```
# 定义 print_user1()函数
def print_user1():
    # 局部变量
    name='小美'
    age=16
    print('name:{},age:{}'.format(name,age))
# 定义 print_user2()函数
def print_user2():
    name='小巩'
    age = 16
    print('name:{},age:{}'.format(name, age))
# 调用 print_user1()函数
print_user1()
# 调用 print_user2()函数
print_user2()
```

分析：print_user1()打印了小美的个人信息，在函数中定义了两个局部变量 name 和 age。print_user2()函数打印了小巩的个人信息，在函数中也定义了两个与 print_user1()函数相同的局部变量 name 和 age。当分别调用两个函数时，都能够正确打印出函数内的变量值，说明局部变量在对应的函数内有效，不同函数内的局部变量可以同名并且互不影响。

运行结果如下：

```
name:小美,age:16
name:小巩,age:16
```

6.4.2　全局变量

和局部变量相对，全局变量是定义在模块内的变量，因此具有更大的作用域。若一个模块中包含函数，则模块中定义的变量为全局变量。

【例 6-19】　在程序中定义全局变量 n，在自定义函数 test_1()和自定义函数 test_2()中分别访问全局变量，实现代码如下：

```
# 定义全局变量 n
n=10
# 定义函数 test_1()
def test_1(x):
    s=n+x
    return s
# 定义函数 test_2()
def test_2(x):
    s=n*x
    return s
# 调用 test_1()函数
print(test_1(2))
# 调用 test_2()函数
print(test_2(2))
```

分析：在函数外定义了一个全局变量 n，分别在 test_1()和 test_2()函数的计算过程中使用了全局变量 n 的值，说明全局变量是一个公共的共享变量，在不同函数内部都可以使用。

运行结果如下：

```
12
20
```

6.4.3　带 global 关键字的变量

函数只能访问全局变量，而无法直接修改全局变量。如果在函数内修改全局变量的值，则需要在函数内使用 global 关键字声明全局变量。语法格式如下：

```
global  变量名
```

【例 6-20】　在程序中定义全局变量 n，并赋值 10，在函数 test_1()中修改变量 n 的值为 20，然后在 test_2()中访问变量 n，实现代码如下：

```
# 定义全局变量 n
n=10
# 定义函数 test_1()
def test_1(x):
    global n
    n=20
    s=n+x
    return s
# 定义函数 test_2()
def test_2(x):
    s=n*x
    return s
print('n=',n)
print(test_1(2))
print('n=',n)
print(test_2(2))
```

分析：在调用 test_1()之前，先打印了没有经过修改的全局变量 n 的值 10；在 test_1()函数中通过 global 关键字声明全局变量 n，然后修改 n 的值为 20，在 test_1()函数中使用 n=20 的值进行计算。test_1()函数执行结束后，又打印了变量 n 的值，依然是修改之后的值 20。最后调用 test_2()函数。在 test_2()函数中，n 的值为 20，参与计算。这说明在函数内修改全局变量的值会使全局变量的值被彻底更改。

运行结果如下：

```
n= 10
22
n= 20
40
```

6.4.4　带 nonlocal 关键字的变量

使用 nonlocal 关键字可以在局部作用域中修改嵌套作用域中定义的变量。格式如下：

```
nonlocal 变量
```

【例 6-21】　在函数 test()中定义局部变量 number=10，在内层函数 test_in()中使用 nonlocal 关键字修饰 number，并修改 number 的值为 20，实现代码如下：

```
# 定义函数 test()
def test():
    number=10
    # 定义内层函数 test_in()
    def test_in():
        # 用 nonlocal 声明变量 number，并修改它的值
        nonlocal number
```

```
            number=20
        test_in()
        print('number=',number)
# 调用 test()函数
test()
```

分析：程序执行 test_in()函数时成功修改了变量 number 的值，并且打印了修改后的 number 的值。

运行结果如下：

```
number= 20
```

6.5   递归函数和匿名函数

除了前面按标准定义的函数外，Python 还提供了两种具有特殊形式的函数：递归函数和匿名函数。

6.5.1   递归函数

函数在定义时可以直接或间接地调用其他函数。若函数内部调用了自身，则这个函数被称为递归函数。递归函数常用于解决结构相似的问题，它采用递归公式，将一个复杂的大型问题转换为与原问题结构相似的、规模较小的若干子问题，之后对最小化的子问题求解，从而得到原问题的解。

递归函数在定义时需要满足两个基本条件：一个是递归公式，另一个是边界条件。其中，递归公式是求解原问题或相似的子问题的结构；边界条件是最小化的子问题，也是递归终止的条件。

递归函数的执行可以分为以下两个阶段：

(1) 递推：递归本次的执行都基于上一次的运算结果。

(2) 回溯：遇到终止条件时，沿着递推往回一级一级地把值返回来。

递归函数的一般定义格式：

```
def 函数名([参数列表]):
    if 边界条件:
        return 结果
    else:
        return 递归公式
```

【例 6-22】   递归最经典的应用是求阶乘。

分析：如何用递归来计算阶乘 $n! = 1 \times 2 \times 3 \times \cdots \times n$。

假设函数 fact(n)是求 n 的阶乘的函数，那么 $fact(n) = n \times fact(n-1)$，即 n 的阶乘等于 n 乘以 n-1 的阶乘，依次类推，n-1 的阶乘等于 n-1 乘以 n-2 的阶乘……3 的阶乘等于 3 乘以 2 的阶乘，2 的阶乘等于 2 乘以 1 的阶乘，1 的阶乘等于 1。用公式可表示如下：

$$fact(n) = n! = n \times (n-1) \times ... \times 3 \times 2 \times 1 = n \times (n-1)! = n \times fact(n-1)$$

fact(n–1) = (n–1) × fact(n–2)

⋮

fact(3) = 3 × fact(2)

fact(2) = 2 × fact(1)

fact(1) = 1

从上面的分析中可以抽象出 fact(n) = n × fact(n–1)，当 n = 1 时，fact(1) = 1。

所以，求正整数 n!(n 的阶乘)的问题根据 n 的取值可以分为以下两种情况：

(1) 当 n = 1 时，所得结果为 1。

(2) 当 n ≥ 2 时，所得结果为 n × (n–1)!。

求 n 的阶乘的递归代码如下：

```
# 定义计算阶乘的函数
def func(n):
    if n==1:
        return 1
    else:
        return n*func(n-1)
# 主程序
n = 6
# 调用 func()函数返回阶乘值
result = func(n)
print('6!={}'.format(result))
```

说明：利用递归求阶乘时，n = 1 是边界条件，n × (n–1)! 是递归公式。

运行结果如下：

```
6!=720
```

修改上述代码，观察递归的过程：

```
def fact(n):
    if n==1:
        return 1
    print('fact({n}) = {n} * fact({n} - 1)'.format(n=n))    # 演示递归过程
    return n * fact(n - 1)
# 主程序
n = int(input("输入一个整数:"))
print('{0}的阶乘是：{1}'.format(n,fact(n)))
```

运行结果如下：

```
输入一个整数:6
fact(6) = 6 * fact(6 - 1)
fact(5) = 5 * fact(5 - 1)
fact(4) = 4 * fact(4 - 1)
fact(3) = 3 * fact(3 - 1)
```

```
fact(2) = 2 * fact(2 - 1)
6 的阶乘是：720
```

递归调用时会产生嵌套调用，即 fact(6)要调用 fact(5)，fact(5)要调用 fact(4)，fact(4)要调用 fact(3)，fact(3)要调用 fact(2)，fact(2)要调用 fact(1)。当调用 fact(1)时，fact(1)返回计算结果 1，这样 fact(2)就可计算出来，fact(2)就会返回计算结果 2，然后 fact(3)也可计算出来，fact(3)就会返回计算结果 6，接着 fact(4)返回 24，fact(5)返回 120，fact(6)返回 720。

递归函数的优点是定义简单，逻辑清晰。理论上，所有的递归函数都可以写成循环的方式，但循环的逻辑不如递归清晰。不过，由于 Python 中递归的实现要用到栈，而栈的大小不是无限的，因此使用递归函数需要注意防止栈溢出。另外，我们一般建议少用递归，因为递归效率不高，而且递归在 Python 中有最大递归层数的限制。

【例 6-23】 编程定义一个函数，传入任意字符串，实现翻转字符串的功能，实现代码如下：

```
# 定义递归函数
def rvs(s):
    if s =="":
        return s
    else:
        return rvs(s[1:])+s[0]
# 输入任意字符串
s=input('请输入字符串：')
print('原字符串为：',s)
print('翻转后字符串为',rvs(s))
```

分析：s 为空串，即 s="" 是边界条件，rvs(s[1:])+s[0] 是递归公式。

运行结果如下：

```
请输入字符串：asdfgh
原字符串为： asdfgh
翻转后字符串为 hgfdsa
```

6.5.2 匿名函数

Python 有 33 个保留字，其中一个是 lambda，该保留字用于定义一种特殊的函数——匿名函数，又称 lambda 函数。

匿名函数是与 def 定义的函数相比较而言的，def 定义的函数是有名字的一段代码，而匿名函数是用 lambda 创建的一个表达式。实际上匿名函数并非没有名字，而是将函数名作为函数结果返回，格式如下：

```
<函数名> = lambda <形式参数列表>: <表达式>
```

其中，lambda 是必需的关键字，表示定义 lambda 表达式。形式参数列表是可选的参数列表，可以定义无参的 lambda 表达式，也可以定义多参的 lambda 表达式，多个参数之间用英文逗号分隔。lambda 匿名函数将表达式的计算结果返回，赋值给一个变量，这个变量就是函数名。

因此也可以把 lambda 函数与正常函数一样理解，等价于下面的形式：

```
def <函数名>(<参数列表>):
    return <表达式>
```

匿名函数与普通函数一样可以在程序的任何位置使用。

匿名函数与普通函数主要有以下区别：

(1) 普通函数在定义时有名称，而匿名函数没有名称。

(2) 普通函数的函数体中包含多条语句，而匿名函数的函数体只能是一个表达式。

(3) 普通函数可以实现比较复杂的功能，而匿名函数可实现的功能比较简单。

(4) 普通函数能被其他程序使用，而匿名函数不能被其他程序使用。

(5) 普通函数用 return 语句返回结果；匿名函数会将表达式的结果自动返回，不需要使用 return 关键字。

定义好的匿名函数不能直接使用，最好使用一个变量保存它，以便后期可以随时使用这个函数。

【例 6-24】 利用匿名函数计算两个数字的和，实现代码如下：

```
# 定义匿名函数，求两个数字的和
sum=lambda x,y:x+y
# 调用匿名函数
print(sum(10,20))
```

分析：将计算两个变量之和的匿名函数赋值给一个变量，通过变量调用匿名函数，使用非常灵活方便。

运行结果如下：

```
30
```

【例 6-25】 编程实现根据不同的匿名函数对两个数进行求值计算，实现代码如下：

```
# 定义函数
def x_y_js(x,y,s):        # 参数 s 是匿名函数
    print('x=',x)
    print('y=',y)
    result=s(x,y)          # 对 x 和 y 两个参数使用匿名函数进行计算
    print('result=',result)
# 传入的匿名函数用于求两个数的和
x_y_js(3,5,lambda x,y:x+y)
# 传入的匿名函数用于求两个数的积
x_y_js(3,5,lambda x,y:x*y)
```

分析：定义函数 x_y_js 时，在函数内并没有定义计算逻辑，而是在函数参数中设置匿名函数作为参数，在函数体内采用匿名函数的计算逻辑。

运行结果如下：

```
x= 3
y= 5
result= 8
x= 3
```

```
y= 5
result= 15
```

【例 6-26】 有二维列表 b = [[1, 7], [1, 5], [2, 4], [1, 1]]，按照每个子元素的第二个数进行排序。

使用 sort()函数中的参数 key 来实现这一功能。传递给 key 参数的是一个函数，它指定可迭代对象中的每一个元素按照该函数进行排序，示例代码如下：

```
b.sort(key=lambda x: x[1])

print(b)
```

传递给 key 参数的是一个匿名函数，该匿名函数中的 x 就是指 b 列表中的每一个元素。b 列表中的每一个元素又是一个列表，x[1] 的意思是取元素(也是一个列表)的第 1 个位置的值(即第 2 个数)，然后按照这个值进行排序。

运行结果如下：

```
 [[1, 1], [2, 4], [1, 5], [1, 7]]
```

从结果可以看出是按照每个元素的第 2 个值 1、4、5、7 排序的。

思考：下列代码的结果是什么？

```
strs = ['abab','card','bar','aaaa','foo']

strs.sort(key=lambda x:len(set(list(x))))

print(strs)
```

提示：列表中的每个元素转换为列表后，再转换为集合(集合的特点是去重)，去重后再求长度，最后按照长度的值排序。

知识扩展

Python 中的"单行写法"

Python 支持"单行写法"，比较常见的有如下几种：

(1) if 语句的单行写法——三元运算符。

if 判断可以用下列代码实现：

```
 x = 1

 result = "Y" if x>0 else "N"   # 格式：条件为真的取值 if 条件 else 条件为假的取值

 print(result)
```

(2) for 语句的单行写法——列表推导式(参见 4.1.1 节)。

(3) 函数的单行写法——lambda 函数(参见 6.5.2 节)。

6.6　实验：实现基于控制台的购物系统

1. 任务描述

本任务要实现模拟超市控制台的购物系统功能。首先在控制台显示购物系统主菜单。显示效果如图 6-1 所示。然后根据主菜单选项，提示用户输入对应的数字，如果用户输入"1"，则显示超市商品信息，如图 6-2 所示。

```
==============================
购物系统主菜单
1.显示商品信息
2.购物并付款
0.退出系统
==============================
请输入功能对应的数字：
```

图 6-1　主菜单

```
==============================
请输入功能对应的数字：1
蒙淳牛纯奶 : 2.5元
科迪牛奶 : 2.5元
佰利纯奶 : 3元
润明纯奶 : 2.8元
特化牛奶 : 4.5元
金迪牛奶 : 6元
醇香有机奶 : 3元
德全牛奶 : 2.5元
==============================
```

图 6-2　商品信息对话框

如果用户输入数字"2"，则提示用户输入购买商品的名称和数量，并且可以多次购买，直到用户输入"q"，完成购买，计算出应付金额(见图 6-3)，并退回到主菜单。

如果用户输入数字"0"，首先提示："亲，真的要退出么？(Yes or No)"，输入 yes(Yes)则显示："谢谢使用！"(见图 6-4)并退出购物系统，输入 no(No)则返回主菜单。

```
==============================
请输入功能对应的数字：2
输入q完成购买并退到主菜单
请输入购物的商品：特化牛奶
请输入购物数量：2
请输入购物的商品：金迪牛奶
请输入购物数量：3
请输入购物的商品：q
需要支付金额：27.0 元
==============================
```

图 6-3　购买商品结果对话框

```
请输入功能对应的数字：0
亲，真的要退出么？(Yes or No):yes
谢谢使用！
```

图 6-4　信息提示对话框

2. 任务实施

根据购物系统要完成的功能，首先设计自定义函数 main()。main()函数的功能是：显示购物系统主菜单，提示用户输入不同选项，根据用户输入的数字，执行不同的自定义函数完成相应功能。如果用户输入数字 1，则执行用来显示商品信息的自定义函数 show_goods()；如果用户输入数字 2，则执行购物功能的自定义函数 gouwu()；如果用户输入数字 0，则再次确认用户是否退出该购物系统。为了使程序界面更友好一些，无论用户输入 Yes 还是 yes，都会退出该系统，无论输入 No 还是 no 都可以重新返回主菜单。

要显示商品信息，应先在自定义函数 all_goods()中定义所有的商品信息，然后通过 show_goods()函数去调用 all_goods()函数。

gouwu()函数的功能是提示用户输入购买商品的名称和购买数量，根据用户输入的商品名称和数量计算出用户应付金额，如果用户输入的商品名称不正确或者输入的数量不是数字，则系统会有错误提示。用户可以多次输入商品名称和数量，直到输入"q"后完成本次交易并返回主菜单界面。

(1) 编写 main()函数，用来显示购物系统主菜单，提示用户输入不同选项，根据用户输入的数字，执行不同的自定义函数完成相应功能。实现代码如下：

```
def main():
```

```
while True:
    print_menu()                         # 打印主菜单界面
    key = input("请输入功能对应的数字：")    # 获取用户输入的序号
    if key == '1':                       # 显示商品信息
        show_goods()
    elif key == '2':                     # 执行购物功能
        gouwu()
    elif key == '0':
        quit_confirm = input('亲，真的要退出么？(Yes or No):').lower()
        if quit_confirm == 'yes':
            print("谢谢使用！")
            break                        # 跳出循环
        elif quit_confirm == 'no':
            continue
        else:
            print('输入有误!')
```

(2) 定义主菜单界面，实现代码如下：

```
def print_menu():
    print('=' * 30)
    print('购物系统主菜单')
    print('1.显示商品信息')
    print('2.购物并付款')
    print('0.退出系统')
    print('=' * 30)
```

(3) 定义 all_goods()函数，用来保存商品信息，定义 show_goods()函数，用来显示在 all_goods()函数中保存的所有商品。实现代码如下：

```
# 定义商品信息
def all_goods():
    goods = {"蒙淳牛纯奶": 2.5, "科迪牛奶": 2.5, "佰利纯奶": 3, "润明纯奶": 2.8, "特化牛奶": 4.5, "金迪牛奶": 6, "醇香有机奶": 3, "德全牛奶": 2.5}
    return goods


# 显示商品信息
def show_goods():
    for x, y in all_goods().items():
        print(x, ":", str(y) + "元")
```

(4) 定义 gouwu()函数，用来提示用户输入购物商品名称和数量，并调用 total()函数，传递购物商品的单价和数量，计算出应付金额。用户可以多次购买，直到输入"q"完成交易，返回主菜单。实现代码如下：

```
# 输入购买商品信息并计算付款金额
def gouwu():
    goods_dict = {}
    print("输入 q 完成购买并退到主菜单")
    while True:
        goods_name = input("请输入购物的商品：")
        if goods_name == 'q':
            break
        if goods_name in [g_name for g_name in all_goods().keys()]:
            goods_num = input("请输入购物数量：")
            if goods_num.isdigit():
                goods_dict[goods_name] = float(goods_num)
            else:
                print('商品数量不合法')
        else:
            print('请输入正确的商品名称')
    total(goods_dict)
# 计算应付金额
def total(goods_dict):
    count = 0
    for name, num in goods_dict.items():
        total_money = all_goods()[name] * num
        # 总金额
        count += total_money
    print("需要支付金额：", count, "元")
```

(5) 编写主程序，用来调用 main()函数。实现代码如下：

```
if __name__ == '__main__':
    main()
```

本 章 习 题

一、选择题

1. 以下选项中，不属于函数的作用的是(　　)。

A. 提高代码执行速度　　　　　B. 降低编程复杂度

C. 增强代码可读性　　　　　　D. 复用代码

2. 以下关于函数说法，错误的是(　　)。

A. 函数可以看作一段具有名字的子程序

B. 函数通过函数名来调用

C. 函数是一段具有特定功能的、可重用的语句组

D. 要使用函数，必须了解其内部实现原理

3. 使用(   )关键字创建自定义函数。

A. function   B. func   C. def   D. procedure

4. 以下关于 Python 函数的说法，错误的是(   )。

```python
def func(a, b):
    c = a ** 2 + b
    b = a
    return c
a = 10
b = 100
c = func(a, b) + a
```

A. 执行该函数后，变量 b 的值为 100

B. 执行该函数后，变量 a 的值为 10

C. 该函数名称为 func

D. 执行该函数后，变量 c 的值为 200

5. 下列程序的输出结果为(   )。

```python
def f(a, b):
    a = 4
    return a + b
def main():
    a = 5
    b = 6
    print(f(a, b), a + b)
main()
```

A. 10 10   B. 11 10   C. 11 11   D. 10 11

6. 以下代码的输出结果是(   )。

```python
def young(age):
    if  25 <= age <= 30:
        print( "作为一个老师，你很年轻")
    elif age <25:
        print( "作为一个老师，你太年轻了")
    elif age >= 60:
        print( "作为一个老师，你可以退休了")
    else:
        print( "作为一个老师，你很有爱心")
young(42)
```

A. 作为一个老师，你很年轻   B. 作为一个老师，你太年轻了

C. 作为一个老师，你可以退休了   D. 作为一个老师，你很有爱心

7. 在 Python 中，函数(　　)。

A. 不可以嵌套定义　　　　　　B. 不可以嵌套调用

C. 不可以递归调用　　　　　　D. 以上都不对

8. 下面代码实现的功能描述的是(　　)。

```
def fact(n):
    if n==0:
        return 1
    else:
        return n*fact(n-1)


num =eval(input("请输入一个整数："))
print(fact(abs(int(num))))
```

A. 接收用户输入的整数 n，输出 n 的阶乘值

B. 接收用户输入的整数 n，判断 n 是否素数并输出结论

C. 接收用户输入的整数 n，判断 n 是否水仙花数

D. 接收用户输入的整数 n，判断 n 是否完数并输出结论

9. 在 Python 中，关于全局变量和局部变量，以下选项中描述不正确的是(　　)。

A. 一个程序中的变量包含两类：全局变量和局部变量

B. 全局变量不能和局部变量重名

C. 全局变量一般没有缩进

D. 全局变量在程序执行的全过程有效

10. 以下选项中，对于递归程序的描述错误的是(　　)。

A. 如果一个函数在内部调用自身本身，则这个函数就是递归函数

B. 递归函数的优点是定义简单，逻辑清晰

C. 递归函数中必须有终止语句

D. 递归无论调用多少次，都不会导致栈溢出

二、判断题

1. 函数的默认值参数的值是在定义函数时确定的。　　　　　　　　　　　　(　　)

2. 在调用函数时，如果传递列表、字典、集合等可变序列作为实参，并且在函数内部使用下标或可变序列对象自身，是可以影响实参的值的。　　　　　　　　(　　)

3. 函数递归调用时对深度没有限制。　　　　　　　　　　　　　　　　　(　　)

4. 在调用函数时，必须牢记函数形参顺序才能正确传值。　　　　　　　　(　　)

5. 编写函数时，一般建议先对参数进行合法性检查，然后编写正常的功能代码。(　　)

三、编程题

1. 每个人的爱好都不相同，有的人爱好很多，有的人爱好很少。

编程实现：

(1) 在函数 personal_hobbies 中输出用户的爱好，格式如下：

```
姓名：张三
爱好：  ['唱歌', '跳舞', '打豆豆']
========================
```

(2) 在函数 input_info 中接收用户的输入信息(姓名、爱好)，多项爱好用英文逗号分隔，并调用函数 personal_hobbies，使用关键字传递参数。

2. 编程实现：输入多个 0～100 的整数(用英文逗号分隔)，再输入一个指定分数线，然后调用函数 score_number 统计大于指定分数线的人数。

3. 有一些网站在用户注册时会对用户名长度进行限制，比如要求用户名的长度必须在 6(含)～18(含)位之间。用函数实现对注册用户名的合法性检查。

4. 文件扩展名是操作系统用来标记文件类型的一种机制。通常来说，一个扩展名跟在主文件名后面，由一个分隔符(.)分隔。用函数实现，将文件的扩展名获取出来。

5. 编程实现：定义一个递归函数，当输入的 n 为偶数时，求 1/2+1/4+1/6+⋯+1/n。

(1) 编写函数 even_sum(n)，接收一个参数 n，返回 1/2+1/4+1/6+⋯+1/n。

(2) 接收一个偶数，调用函数 even_sum(n)，输出计算结果，保留两位小数。

四、拓展练习

社会平均工作时间是每天 8 小时(不区分工作日和休息日)。一位计算机科学家接受记者采访时说，他每天的工作时间比社会平均工作时间多 3 个小时。如果这位科学家的当下成就值是 1，假设每天工作 1 小时其成就值增加 0.01%，计算并输出两个结果：这位科学家 5 年后的成就值以及达到成就 100 所需的年数。

示例输出：

```
    5 年后的成就值是 7
    12 年后的成就值是 100
scale = 0.0001 #  成就值增量
def calv(base, day):
    val = base * pow(_____)
    return val
print('5 年后的成就值是{}'.format(int(calv(1, 5*365))))
year = 1
while calv(1, _____) < 100:
    year += 1
print('{}年后成就值是 100'.format(year))
```

第 7 章

Python 计算生态与常用标准库

本章导读

从学本书开始，我们已经走进信息时代的大门，能够运用信息时代的最新成果了。那么学了很多的编程知识后我们能做什么？似乎只能是打印字符，编写一些简短的有趣的程序，离我们开发大型的有价值的程序还差很远。大部分编程语言的设计都是用于开发专业功能，而不是用于构建计算生态，构建计算生态需要专业程序员经过漫长学习才能够掌握并开发出有价值的程序。Python 语言却不相同，它不是其他语言的替代，它是一个依赖强大的组件库完成后对应功能的语言。为了便捷实现各项功能，前辈大咖们打造了多种多样的工具库，公开提供给大众使用，所以 Python 是一个真正面向计算生态的语言。

因此我们学习 Python，不需要在开发上下功夫，而是要掌握和利用好 Python 提供的丰富的函数库，就能解决很多行业的实际问题，提高我们在数字化时代的竞争能力。

本章主要包含以下内容：

(1) 模块简介；

(2) 标准库；

(3) 第三方库。

学习目标

(1) 了解包和模块的概念及其导入方式；

(2) 掌握常规标准模块的使用；

(3) 了解第三方模块的下载与安装；

(4) 能够使用标准模块和第三方库完成相应的任务。

7.1 模 块 简 介

库是 Python 中常常提及的概念，但事实上 Python 中的库只是一种对特定功能集合的统一说法，而非严格定义。Python 库的具体表现形式为模块(Module)和包(Package)。

7.1.1 模块与计算生态

在 Python 中，模块和计算生态紧密相关。模块是包含并组织好的代码片段，而计算生态则是由这些模块、库和框架共同构建的一个庞大且丰富的环境。模块作为计算生态的基本构成单元，提供了特定的功能或解决方案，通过不同模块的组合与调用，可以高效地解决复杂问题，推动 Python 在多个领域的发展和应用。因此，模块是构建 Python 计算生态不可或缺的基石。

1. 模块

模块可以理解为某个东西的一部分，比如，积木就是模块化最好的例子。每个积木就是一个模块，使用不同的模块可以搭建不同的物体。Python 中的模块就是程序，就是我们平常写的代码，包含了我们定义的函数、类和变量，每个模块都是单独的一个 .py 文件。模块可以被别的程序引入，以使用该模块中的函数功能。

每个模块可能是标准库、第三方库、用户编写的其他程序或对程序运行有帮助的资源等。我们调用模块提供的功能，解决我们的实际问题，这种像搭积木一样的编程方式，称为"模块编程"。模块编程思想是 Python 语言最大的价值。

由于 Python 具有非常简单灵活的编程方式，很多采用 C、C++ 等语言编写的专业库可以经过简单的接口封装供 Python 语言程序调用，这样的黏性功能使得 Python 语言成为各类编程语言之间的接口，这也是称 Python 语言为"胶水语言"的缘由。所以 Python 语言的函数库并非都采用 Python 语言编写。

2. 计算生态

生态就是指一切生物的生存状态，以及它们之间和它与环境之间环环相扣的关系。随着研究的深入，"生态"一词涉及的范畴越来越广，已从狭义生态发展到广义生态。现在人们已用"生态"来定义更美好的事物，如健康的、美的、和谐的事物等，均冠以"生态"来修饰，例如生态文明，生态社会，生态经济，生态农业，生态水利，生态医学，生态养殖等。

近 20 年的开源运动在信息技术领域产生了大量的可重用资源，专业人士在各领域贡献了大量的最优秀的研究和开发成果，并通过开源库形式发布出来，为信息技术领域超越其他技术领域的发展速度提供了有力支撑。很多开源项目的大量第三方库通过自然选择，使社区变得强大，库与库之间还可以关联使用，相互依存，让开源项目更有生命力，形成了"计算生态"。

Python 语言从诞生之初就致力于开源开放，Python 第三方库的官方网上发布的项目总数达几十万之多，形成了庞大的计算生态。这些函数库覆盖了信息技术领域所有的技术方向，应用领域几乎涵盖了社会生活的各个方面，比如机器学习、数据分析、网络爬虫、数据可视化、游戏开发和虚拟现实等。Python 建立了全球最大的编程计算生态，相比传统封闭的软件开发和组织体系，计算生态已经对信息技术发展和行业应用模式起到了十分重要的支撑作用。

Python 语言的计算生态包含标准库和第三方库两部分，在计算生态的思想指导下，编写程序的起点不再是探究每个具体算法的逻辑功能和设计，而是尽可能利用第三方库进行代码复用，以探究和运用库的系统方法。

3. 使用模块的优点

(1) 从文件级别组织程序，更方便管理。随着程序的发展，功能越来越多，为了方便管理，我们通常将程序分成一个个的文件，每个文件就是一个模块，这样做使程序的结构更清晰，方便管理。这时我们不仅仅可以把这些文件当作脚本去执行，还可以把它们当作模块来导入到其他的模块中，实现了功能的重复利用。

(2) 拿来主义，提升开发效率。同样的原理，我们也可以下载别人写好的模块然后导入到自己的项目中使用。如果想做爬虫，有专门的爬虫模块；想做科学计算，有专门做计算和数据分析的模块。这种拿来主义，可以极大地提升我们的开发效率。

4. Python 模块的分类

Python 中的模块分为以下几类：

(1) 内置模块：在解释器的内部可以直接使用。

(2) 标准库模块：安装 Python 时已安装且可直接使用。

(3) 第三方模块(通常为开源)：需要自己安装。

(4) 自定义模块：用户自己编写的模块，也可以作为其他人的第三方模块。

大多数情况下，内置模块和标准库模块没有做区分的必要。但是 Python 在查找模块时，却有很大的区别。

说明：强大的标准库是 Python 发展的基石，丰富的第三方库是 Python 不断发展的保证，随着 Python 的发展，一些稳定的第三方库也被加入了标准库中。

5. 包

在实际开发中，一个大型系统有成千上万的模块是很正常的事，只简单地利用 Python 模块来解决问题显然是不够的，模块都放在一起显然不好管理，并且还会有命名冲突的问题，因此 Python 使用包来分门别类地存放模块。包就是一个目录，该目录下有若干模块或子包。Python 语言本身是无法区分这个目录是普通的文件存放目录，还是作为 Python 包的存在。为了标志某个目录就是 Python 的包，可以在该目录下放一个 __init__.py 文件，如果 Python 解释器发现某个目录下有名为 __init__.py 的文件，也不用管该文件的内容是什么，就会将该目录看作为包。

7.1.2　模块的导入方式

Python 之所以应用越来越广泛，在一定程度上是因为其为程序员提供了大量的模块。如果需要用到某个模块中的函数，该如何调用呢？

当 Python 编程中要用到某个模块中的函数时，首先需要引入模块，再调用模块中的函数。Python 中提供了三种导入模块的方法。

1. import 模块名

直接使用 import 命令导入模块，在调用模块中的函数时，需要加上模块的名字，因为每个模块都有一个独立的命名空间。示例如下：

```
import math              # 导入数学函数库 math
x = math.gcd(16,8)       # 函数 gcd()用来计算最大公约数
print(x)                 # 输出结果为 8
```

如果该模块在某个包里，导入方法如下：

```
import 包名.模块名
```

使用包中具体成员时要使用绝对路径。

我们自己编写一个 Python 文件，也可以在另一文件中作为模块被导入使用。

【例 7-1】 创建 Python 文件，命名为 exam7_1.py，在其中编写计算摄氏温度和华氏温度转换的函数。

```
# exam7_1，将此程序保存为 exam7_1.py 文件，这是定义的模块的名字，也是文件名
def ctof(celd):          # 定义一个摄氏温度转换为华氏温度的函数
    degreeFahrenheit = celd*1.8 + 32
    return degreeFahrenheit
def ftoc(dfah):          # 定义一个华氏温度转换为摄氏温度的函数
    celdegree = (dfah - 32)/1.8
    return celdegree
```

下面再写一个文件导入刚才的模块。

【例 7-2】 将模块 exam7_1 导入模块 exam7_2 中。

```
# exam7_2，将此程序保存为 exam7_2.py 文件
import exam7_1
# 调用 exam7_1 模块中的函数，需要加上模块名
print("38 摄氏度等于%.2f 华氏度"%exam7_1.ctof(38))
print("88 华氏度等于%.2f 摄氏度"%exam7_1.ftoc(88))
```

运行结果如下：

```
38 摄氏度等于 100.40 华氏度
88 华氏度等于 31.11 摄氏度
```

注意：这里要将 exam7_1 和 exam7_2 两个模块(文件)放在同一个文件夹中。使用 import 导入模块时，用逗号分隔多个模块名称就可以同时导入多个模块。

2. from 模块名 import 函数名

在上面的导入方式中，每次调用模块中的函数都要加上模块名称，这样既费事又容易出错，所以第二种方式应运而生。这种导入方式会直接将函数名给出，调用的时候不需要再加模块名。示例如下：

```
from math import gcd
print(gcd(3,9))   # 输出结果为 3
```

【例 7-3】 修改例 7-2，使用 from import 导入函数。

```
# exam7_3，将此程序保存为 exam7_3.py 文件
from   exam7_1   import  ctof, ftoc
# 直接调用 exam7_1 模块中的函数，不需要加模块名
print("38 摄氏度等于%.2f 华氏度"% ctof(38))
print("88 华氏度等于%.2f 摄氏度"% ftoc(88))
```

此例的运行结果和例 7-2 一样。

使用这种方式需要注意的是，调用函数时只需给出函数名，不能给出模块名。当需要导入多个模块时，不同的模块中含有相同的函数名，那么后一次的引用会覆盖前一次的引用。

【例 7-4】当引入不同模块中的函数具有相同函数名时，后一次的引用会覆盖前一次。本例将创建三个 .py 程序文件，分别是 examA.py 文件，examB.py 文件和 main.py 文件。

```
# examA.py    定义一个模块 examA，包含一个函数 func()
```

```
def func(x):                    # 定义函数 func()
    result = x*x*x
    return result


# examB.py    定义一个模块 examB，也包含一个函数 func()
def func(x):                    # 定义函数 func()
    result = x+x+x
    return result


# main.py 在 main 程序中导入这两个模块
from  examA  import   func
from  examB  import   func
print(func(6))                  # 得到结果是 18
```

注意：上述代码要写到三个文件中，在 main.py 文件运行时，既导入了 examA 的函数 func，又导入了 examB 的函数 func，得到的结果是 examB 模块中 func 函数的功能。

这种方式还可以使用通配符(*)来导入模块中的所有函数到当前的命名空间：

```
from 模块名  import*
```

但是，建议大家最好不要使用这种形式，这样做会使得命名空间的优势荡然无存，一不小心还会陷入名字混乱的局面。

3. import 模块名 as 新名字

使用 import 导入模块时，可以使用 as 关键字指定一个别名作为模块对象的变量，示例如下：

```
import math as m               # 导入数学函数库 math,别名为 m
x = m.gcd(16,8)                # 函数 gcd()用来计算最大公约数
print(x)                       # 输出结果为 8
```

第二种方法也可以用别名的形式：

```
from math import gcd as g  # 给 gcd 定义别名为 g
print(g(3,9))
```

【例 7-5】 改写例 7-2，使用 as 为导入的模块指定一个别名。

```
# exam7_2
import exam7_1 as m
# 使用别名 m 调用 exam7_1 模块中的函数，简洁不易出错
print("38 摄氏度等于%.2f 华氏度"%m.ctof(38))
print("88 华氏度等于%.2f 摄氏度"%m.ftoc(88))
```

导入模块时要注意：

(1) 模块只能有效导入一次，虽然可以在程序中多次导入同一个模块，但模块中的代码仅仅在该模块被首次导入时执行，后面的 import 语句只是简单地创建一个到模块名字空间的引用而已。

(2) import 语句可以在程序的任何位置使用。

(3) 可以导入多个模块，导入顺序是标准库模块、第三方模块、自定义模块。

7.1.3 __name__ 属性

在实际开发中，开发人员在编写完一个模块后，为了测试想要的效果，一般都会在模块文件中添加测试代码。例如在 exam7_1.py 模块中添加测试代码如下：

```
# exam7_1，这是定义的模块的名字，也是文件名
def ctof(celd):          # 定义一个摄氏温度转换为华氏温度的函数
    degreeFahrenheit = celd*1.8 + 32
    return degreeFahrenheit
def ftoc(dfah):          # 定义一个华氏温度转换为摄氏温度的函数
    celdegree = (dfah - 32)/1.8
    return celdegree
# 测试代码
print("测试：0 摄氏度 = %.2f 华氏度"%ctof(0))
print("测试：0 华氏度 = %.2f 摄氏度"%ftoc(0))
```

单独运行这个模块是没有问题的，可以得到如下运行结果：

```
测试：0 摄氏度 = 32.00 华氏度
测试：0 摄氏度 = -17.78 摄氏度
```

但是如果这个模块在另一个文件导入后再调用，会得到什么结果呢？将例 7-2 重新运行一次，注意这次导入的 exam7_1 模块中已经加了测试代码。

```
# exam7_2
import exam7_1
#调用 exam7_1 模块中的函数，需要加上模块名
print("38 摄氏度等于%.2f 华氏度"%exam7_1.ctof(38))
print("88 华氏度等于%.2f 摄氏度"%exam7_1.ftoc(88))
```

程序运行结果如下：

```
测试：0 摄氏度 = 32.00 华氏度
测试：0 摄氏度 = -17.78 摄氏度
38 摄氏度等于 100.40 华氏度
88 华氏度等于 31.11 摄氏度
```

可以看到，模块 exam7_1 中的测试代码也被运行了，这并不合理，测试代码只应该在单独执行模块时运行，不应该在被其他文件引用时执行。

如何解决这个问题呢？Python 在执行一个文件时有个属性 __name__，__name__ 属性用来区分 .py 文件是程序文件还是模块文件：

(1) 当文件是程序文件的时候，该属性值被设置为 __main__，每个模块都有一个 __name__ 属性，当其值为 "__main__" 时，表明该模块自身在运行。

(2) 当文件是模块文件的时候(也就是被导入时)，该属性被设置为自身模块名。

对于 Python 来说，因为是隐式自动设置，__name__ 属性就有了特殊妙用：直接在模块文件中通过 if __name__ == "__main__" 来判断，然后写属于执行程序的代码。如果直接

用 Python 执行这个文件，说明这个文件是程序文件，于是会执行属于 if 代码块的代码；如果是被导入，则是模块文件，if 代码块中的代码不会被执行。

一般程序的起始位置都是从 __name__ =="__main__" 开始。修改例 7-1 中的 exam7_1 模块中的测试代码，增加条件判断，代码如下：

```
# exam7_1，这是定义的模块的名字，也是文件名
def ctof(celd):                     # 定义一个摄氏温度转换为华氏温度的函数
    degreeFahrenheit = celd*1.8 + 32
    return degreeFahrenheit
def ftoc(dfah):                     # 定义一个华氏温度转换为摄氏温度的函数
    celdegree = (dfah - 32)/1.8
    return celdegree
# 测试代码
if __name__ =='__main__':           # 增加了条件判断
    print("测试：0 摄氏度 = %.2f 华氏度" % ctof(0))
    print("测试：0 华氏度 = %.2f 摄氏度" % ftoc(0))
```

此时再次运行例 7-2，输出结果就正确了。

7.2　标　准　库

当我们安装 Python 时，会自带很多的内容，如编辑工具、库和模块等，我们把这些自带的称为标准。Python 中的标准库，是指不需要另行下载，可以直接导入使用的库。接下来我们介绍几种常用的标准库。

7.2.1　turtle 库

turtle(海龟)库是 Python 重要的标准库之一，它能够进行基本的图形绘制。它提供了绘制线、圆以及其他形状的函数。我们想象一只海龟，在画布上游走，它游走的轨迹就形成了绘制的图形。初始状态下我们看到的并不是一个小海龟，而是一个小三角形。turtle 库的使用主要分为以下三个方面：创建画布，设置画笔和绘制图形。

1. 创建画布

画布(canvas)就是我们使用 turtle 库进行绘图的区域，可以设置该区域的大小和初始位置。画布是一个图形窗口，我们可以使用 setup()函数创建窗口，如果没有调用 setup()函数则使用默认窗口。

setup()函数的语法格式如下：

```
turtle.setup(width, height, startx=None, starty=None)
```

其中：

- width：窗口宽度，取整数时单位是像素，取小数时表示占据电脑屏幕的比例。
- height：窗口高度，取整数时单位是像素，取小数时表示占据电脑屏幕的比例。

- startx：窗口在计算机屏幕上的横坐标。
- starty：窗口在计算机屏幕上的纵坐标。
- startx 和 starty：startx、starty 的取值可以为整数或 None；当取值为整数时，分别表示图形窗口左侧、顶部与屏幕左侧、顶部的距离(单位为像素)；当取值为 None 时，窗口位于屏幕中心。

示例如下：

```
import turtle as t       # 导入 turtle 库，起别名为 t
t.setup(600,400)         # 通过 t 引用函数 setup()函数
```

在完成绘图后应该调用 done()函数声明绘图结束，但绘图窗口并未关闭，需要我们手动关闭图像窗口。

说明：turtle 库的导入方式有如下三种：

```
import turtle           # 第一种
turtle.circle(400)
from turtle import *    # 第二种
circle(200)
import turtle as t      # 第三种
t.circle(300)
```

采用第一种方式导入 turtle 库，则调用 turtle 库中函数时，采用 turtle.<函数名>()的形式。

采用第二种方式导入 turtle 库，调用 turtle 库中函数时直接使用函数名即可，不需再加前缀。

第三种方式和第一种类似，只不过给 turtle 库起个别名，使用时通过别名作为前缀调用函数。相对于比较复杂的库名用别名代替更加便捷。

2. 设置画笔

画笔在画布上，默认有一个坐标原点为画布中心的坐标系，坐标原点上有一只面朝 x 轴正方向的小乌龟。这里描述小乌龟时使用了两个词语：坐标原点(位置)，面朝 x 轴正方向(方向)，使用 turtle 库绘图，就是使用位置和方向描述小乌龟(画笔)的状态。画笔(pen)的设置包括画笔属性，如尺寸、颜色的设置和画笔状态的设置。turtle 库提供了若干函数对画笔进行设置，下面对这些函数进行简要说明。

1) 画笔属性的设置

使用下列函数可以对画笔的尺寸、移动速度和颜色进行设置。

```
turtle.pensize(<width>)    # 设置画笔尺寸，参数 width 设置画笔绘制出的线条的宽度
turtle.speed(x)            # 设置画笔移动速度，x 的取值从 0 到 10，越大速度越快
turtle.color(color)        # 设置画笔和填充颜色
turtle.pencolor(color)     # 仅用于控制画笔颜色
turtle.pensize(size)       # 设置画笔的粗细
```

示例代码如下：

```
import turtle                    # 导入 turtle 库

turtle.title('冰墩墩(阿尔法编程)')   # 设置窗口的标题
```

turtle.speed(10)	# 设置画笔移动速度
# turtle.color("blue")	# color 函数用于控制画笔和填充颜色
turtle.pencolor("blue")	# pencolor 函数仅用于控制画笔颜色
turtle.pensize(3)	# 设置画笔的粗细
# 画一个环	
turtle.circle(60)	# 画一个圆
turtle.done()	# 结束绘图

运行结果如图 7-1 所示。

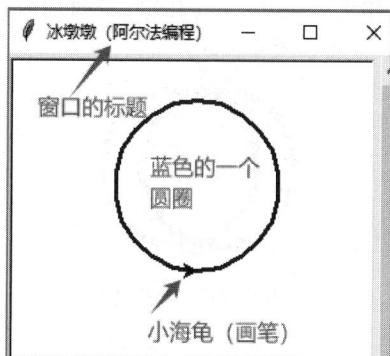

图 7-1　画笔属性设置

2) 画笔状态的设置

在绘图时，画笔有提起和放下两种状态，默认画笔是放下状态。在放下状态，小海龟移动才会留下痕迹，当需要在画布的其他位置绘图时，需要提起画笔，在需要绘制的位置放下画笔才可以画图。使用下列函数可以对画笔的状态进行设置。

turtle.penup()	# 提起画笔
turtle.pendown()	# 放下画笔

说明：turtle 模块中为 penup()和 pendown()函数定义了别名。penup()函数的别名为 pu()，pendown()函数的别名为 pd()。

示例代码如下：

import turtle	# 导入 turtle 库
turtle.title('冰墩墩(阿尔法编程)')	# 设置窗口的标题
turtle.speed(10)	# 设置画笔移动速度
turtle.pensize(3)	# 设置画笔的粗细
# 画第一个圈	
turtle.penup()	# 提笔
turtle.goto(-5, -170)	# 移动
turtle.pendown()	# 落笔
turtle.pencolor("blue")	
turtle.circle(30)	# 开始画
# 画第二个圈	

```
turtle.penup()                          # 提笔
turtle.goto(10, -170)                   # 移动
turtle.pendown()                        # 落笔
turtle.pencolor("black")
turtle.circle(30)                       # 作画

turtle.done()                           # 结束绘图
```

从代码中可以看出，绘制每一个圆圈的时候先提笔，使用 goto()函数移动到合适的位置后再落笔，然后开始绘画。如果在调用 goto()函数之前没有提笔，那么 goto()函数会在经过的路径留下痕迹。程序运行结果如图 7-2 所示。

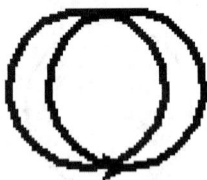

图 7-2   画笔状态设置

3. 绘制图形

对于小海龟来说，有"前进""后退""旋转"等爬行行为，对坐标系的探索也通过"前进方向""后退方向""左侧方向"和"右侧方向"等小海龟自身角度方位调整来完成。在画笔状态为 DOWN(落下)时，通过移动画笔可以在画布上绘制图形，也就是小海龟落在画布上爬动时在画布上留下痕迹，路径即为所绘图形。刚开始绘制时，小海龟位于画布正中央，此处坐标为(0, 0)，前进方向为水平右方。turtle 坐标体系如图 7-3 所示。

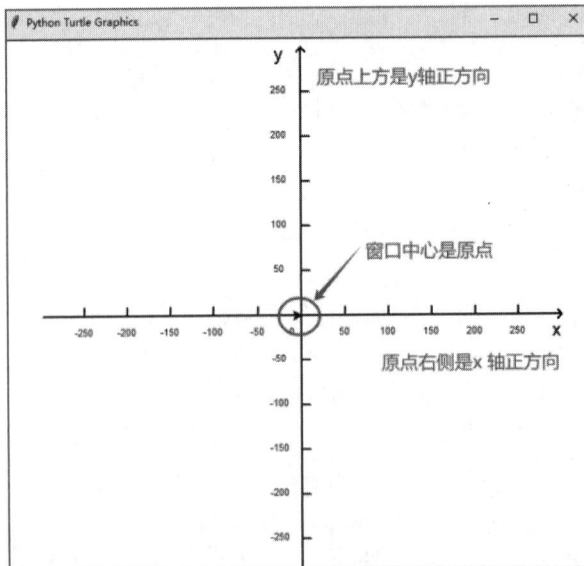

图 7-3   turtle 坐标体系

turtle 模块中提供了若干函数用来控制画笔的移动，角度的设置以及绘制图形。下面分别讲解这些函数。

1）移动和角度的控制的函数

移动控制的函数如下。

turtle.forward(distance)	# 向前移动，distance 是移动的距离，单位：像素
turtle.backward(distance)	# 向后移动，distance 是移动的距离，单位：像素
turtle.goto(x,y=None)	# 移动到横坐标 x 和纵坐标 y 指定的位置

以海龟为中心，顺时针方向一周为 0 到 360 度，逆时针方向一周为 0 到 −360 度。角度控制的函数如下。

turtle.right(degree)	# 向海龟当前朝向的右侧转动 degree 指定的角度，顺时针
turtle.left(degree)	# 向海龟当前朝向的左侧转动 degree 指定的角度，逆时针
turtle.seth(angle)	# 转动到绝对坐标下的 angle 指定的角度

角度、方向和坐标系的关系如图 7-4 所示。

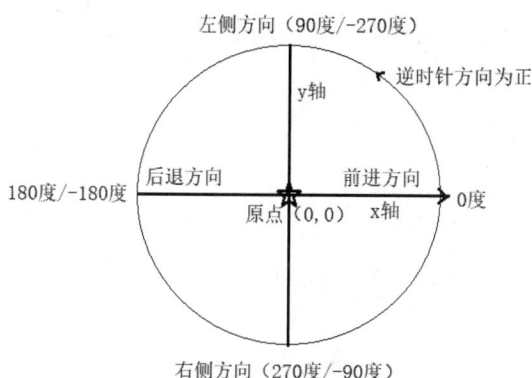

图 7-4　角度、方向和坐标系的关系

2）图形绘制

海龟在行进中，方向是相对的，角度是绝对的。设置角度的函数改变的是海龟行进的方向而不是真正行进。在画笔落下状态时，行进(绘制图形)是通过 turtle.forward()、turtle.backward()、turtle.goto()和 turtle.circle()函数实现的。

假设在坐标系中第一至第四象限四个点的坐标分别是(100, 100)、(−100, 100)、(−100, −100)、(100, −100)，如果让小海龟从原点出发，将这四个点连起来再回到原点，代码如下：

```python
import turtle as t       # 导入 turtle 库
t.title('海龟运动方向')     # 设置窗口的标题
t.setup(600,400)         # 设置窗口大小
t.pensize(3)             # 设置画笔的粗细
t.goto(100,100)          # 从(0,0)行进到(100，100)处
t.goto(100,-100)         # 从(100,100)行进到(100，-100)处
t.goto(-100,-100)        # 从(100，-100)行进到(-100，-100)处
t.goto(-100,100)         # 从(-100，-100)行进到(-100，100)处
t.goto(0,0)              # 回到原点
t.done()                 # 结束绘图
```

由于画笔默认状态是落下，所以 goto()函数在移动时都会有痕迹，行进示例如图 7-5 所示。

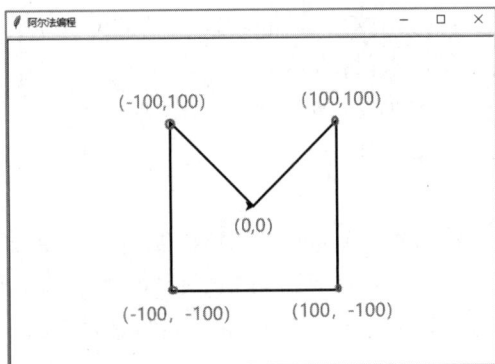

图 7-5　行进示例

修改上述代码，使用设置角度和向前移动的方法实现，代码如下：

```
import turtle as t          # 导入 turtle 库
t.title('海龟运动方向')       # 设置窗口的标题
t.setup(600,400)
t.pensize(3)               # 设置画笔的粗细
# 开始绘制
t.goto(100,100)            # 行进到(100，100)处
t.right(90)                # 右转 90 度
t.forward(200)             # 移动 200 像素(画一条 200 像素长的直线)
t.right(90)                # 右转 90 度
t.forward(200)             # 移动 200 像素
t.right(90)                # 右转 90 度
t.forward(200)             # 移动 200 像素
t.goto(0,0)                # 再行进到原点处
# 结束绘制
t.done()
```

【例 7-6】 绘制一个五边形。

计算好旋转的角度，使用循环绘制五边形，代码如下：

```
import turtle
turtle.title('五边形')       # 设置窗口的标题
turtle.setup(400,400)       # 设置窗口的大小
turtle.penup()             # 提笔
turtle.goto(-100,100)      # 移动到左上角，否则从原点开始画
turtle.pendown()           # 落笔
for x in range(5):         # 通过循环旋转和绘制 5 条边
    turtle.forward(100)
    turtle.right(72)
turtle.done()
```

运行结果如图 7-6 所示。

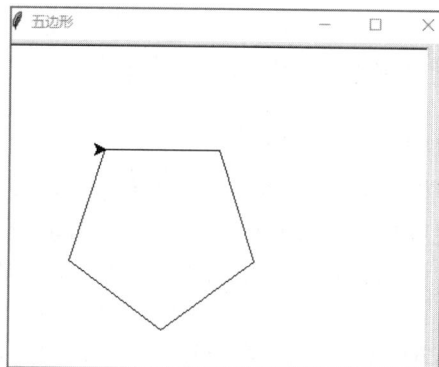

图 7-6　五边形

【例 7-7】　绘制一个红色的五角星。

绘制五角星并用红色填充，使用函数 turtle.begin_fill()和 turtle.end_fill()实现填充，代码如下：

```
import turtle
turtle.title('红色五角星')      # 设置窗口的标题
turtle.setup(300,300)          # 设置窗口的大小
turtle.color("red")            # color 函数同时设置画笔的颜色和填充的颜色
turtle.begin_fill()            # 填充颜色开始
turtle.forward(100)
turtle.right(144)
turtle.forward(100)
turtle.right(144)
turtle.forward(100)
turtle.right(144)
turtle.forward(100)
turtle.right(144)
turtle.end_fill()              # 填充结束
turtle.done()
```

运行结果如图 7-7 所示。

图 7-7　红色五角星

turtle 库提供了 circle()函数，可以根据半径绘制某个角度的弧形。turtle.circle()函数格式如下：

```
turtle.circle(radius, extent=None, steps=None)
```

其中：

- 参数 radius 用于设置半径。
- 参数 extent 用于设置弧的角度，省略时绘制整个圆形。
- 参数 step 用于设置步长，省略该参数，步长将自动计算；若给出步长，则画出一个多边形。边的个数取决于步长的值，可以理解为圆是一个正多边形。

说明：

当 radius 为正时，画笔以原点为起点向上绘制弧线，即圆心在小海龟(当前位置)的左侧；radius 为负时，画笔以原点为起点向下绘制弧线，即圆心在小海龟(当前位置)的右侧。

当 extent 为正时，顺着小海龟当前方向绘制弧线；extent 为负时，逆着小海龟当前方向绘制弧线。

【例 7-8】 绘制一个奥运五环。

绘制 5 个圈并用不同的颜色区分，5 个圈有重叠部分，所以重点要计算好圆心的位置。代码如下：

```python
# 五环
import turtle                              # 导入 turtle 库
turtle.title('奥运五环(阿尔法编程)')         # 设置窗口的标题
turtle.speed(10)   # 速度
turtle.penup()
turtle.goto(-5, -170)
turtle.pendown()
turtle.pencolor("blue")
turtle.circle(6)                           # 第一个圈，蓝色的
turtle.penup()
turtle.goto(10, -170)
turtle.pendown()
turtle.pencolor("black")
turtle.circle(6)                           # 第二个圈，黑色的
turtle.penup()
turtle.goto(25, -170)
turtle.pendown()
turtle.pencolor("brown")
turtle.circle(6)                           # 第三个圈，棕色的
turtle.penup()
turtle.goto(2, -175)
turtle.pendown()
turtle.pencolor("lightgoldenrod")
```

```
turtle.circle(6)                                    # 第四个圈，金黄色的
turtle.penup()
turtle.goto(16, -175)
turtle.pendown()
turtle.pencolor("green")
turtle.circle(6)                                    # 第五个圈，黑色的
turtle.penup()

turtle.pencolor("black")
turtle.goto(-16, -160)
turtle.write("BEIJING 2022", font=('Arial', 10, 'bold italic'))   # 在图里写字
# turtle.hideturtle()
turtle.done()
```

运行结果如图 7-8 所示。

图 7-8　奥运五环

由于篇幅有限，turtle 模块提供的函数不能一一讲解，读者要掌握模块中函数调用的方法，更多的函数请自行查阅相关资源深入学习。

7.2.2　random 库

对于随机数的使用，在 Python 中是比较常见的，使用 random 库的主要目的是生成随机数。这个库提供了不同类型的随机数函数，其中最基本的函数是 random.random()，它生成一个[0.0, 1.0)之间的随机小数，所有其他随机函数都是基于这个函数扩展而来。

Python 内置的 random 库提供了各式各样生成随机数的函数，不仅可以生成整数随机数、浮点型随机数，也可以生成符合正态分布、指数分布等要求的随机数。常用的随机函数如表 7-1 所示。

表 7-1　random 随机函数

函　　数	描　　述
randint(a,b)	生成一个[a,b]区间的整数，如 random.randint(10,100)
randrange(m,n,[,k])	生成一个[m,n)之间以 k 为步长的随机整数，如 random.randrange(10,100,10)
getrandbits(k)	生成一个 k 比特长的随机整数(转换为十进制的数值范围就是 2 的 k 次方)。例如： random.getrandbits(8)　# 范围为 0～255，即 2 的 8 次方
choice(seq)	从序列 seq 中随机选择一个元素，如 random.choice([1,2,3,4,5,6,7,8,9])

续表

函 数	描 述
Uniform(a,b)	用于生成一个指定范围内的随机浮点数 n，若 a<b，则 a<=n<=b；若 a>b，则 b<=n<=a

shuffle(seq)	将序列 seq 中的元素随机排列并返回，例如：
	>>> seq=[1,2,3,4,5,6,7,8,9]
	>>>random.shuffle(seq)
	>>> seq
	结果为[7, 3, 8, 4, 6, 1, 9, 5, 2]

sample(sequence,k)	从指定序列中获取长度为 k 的片段，随机排列后返回新的序列，该函数可以基于不可变序列进行操作

random 模块中常用函数用法示例如下：

```
import random
elements = ["美丽中国", "春天", "五月的鲜花", "大国工匠", "美食", "表里山河"]


# 在 elements 列表中，选取一个随机的元素返回，可以用于字符串、列表、元组等
print(random.choice(elements))    # 显示结果随机取 elements 的任意一个值


# 从 elements 中随机获取 2 个元素，作为一个片段返回
print(random.sample(elements, 2))


# 随机打乱重排元素列表
random.shuffle(elements)
print(elements)


# 从 1~5 中选择一个整数(这个不是左闭右开)
print(random.randint(1, 5))
```

由于此程序运行时的随机性，因此这里只给出其中一次运行的输出结果如下：

```
美食
['表里山河', '五月的鲜花']
['美丽中国', '五月的鲜花', '美食', '大国工匠', '表里山河', '春天']
5
```

【例 7-9】 以整数 17 为随机数种子，获取用户输入整数 N 为长度，产生 3 个长度为 N 位的密码，密码的每一位是一个数字，每个密码单独一行输出。实现代码如下：

```
import random
def genpwd(length):
    return random.randint(10**(length-1),10**length-1)
length = eval(input("请输入密码长度："))
```

```
random.seed(17)
for i in range(3):
    print(genpwd(length))
```

本例中使用了 random 模块中的 randint 函数，其功能是生成某一范围内的随机整数。

```
请输入密码长度：6
647339
534286
945876
```

7.2.3　time 库

Python 中处理时间的模块有三个：datetime, time 以及 calendar。datetime 模块主要是用来表示时间日期的，就是我们常说的年月日时分秒；calendar 模块主要是用来表示年月日是星期几之类的信息；time 模块主要侧重点在时分秒。粗略地从功能来看，可以认为三者是一个互补的关系，各自专注一块，读者可依据不同的使用目的选用不同的模块。由于篇幅有限，这里重点学习 time 模块，以此抛砖引玉，读者可自学其余两个模块。

处理时间是程序最常用的功能之一，time 库是 Python 提供的处理时间标准库，该库本质上是一个模块，它包含的所有内容都定义在 time.py 文件中。time 库的功能主要分为 3 个方面：时间处理、时间格式化和计时。

1. 时间处理

常用的时间处理函数主要包括 time.time()、time.gmtime()、time.localtime()和 time.ctime() 4 个函数。

1) time()函数

获取当前时间戳，即计算机内部的时间值，返回一个浮点数表示从世界标准时间的 1970 年 1 月 1 日 00:00:00 开始到现在的总秒数。

```
import time
print(time.time())
```

运行结果：

```
1712893193.3677242
```

很多时候我们要将时间表示成毫秒数，比方说 1000.000 毫秒，那么有一个问题必须解决，这个 1000.000 毫秒的起点是什么时间，也就是我们的时间基准点是什么时间？好比说身高 1.8 米，那这个身高是相对于你站立的地面说的。而在 Python 中，这个时间基准点就是 1970 年 1 月 1 日 0 点那个时间整点。

2) ctime()函数

获取当前时间并以易读的方式表示，返回字符串：

```
import time
print(time.ctime())
```

运行结果：

```
Fri Apr 12 11:40:40 2024
```

3）gmtime()函数和 localtime()函数

两个函数都可以获取当前时间，并表示为结构化的时间格式。

gmtime()函数示例代码如下：

```
import time
print(time.gmtime())
```

运行结果：

```
 time.struct_time(tm_year=2024, tm_mon=4, tm_mday=12, tm_hour=3, tm_min=41, tm_sec=11, tm_wday=4,
tm_yday=103, tm_isdst=0)
```

localtime()函数示例代码如下：

```
import time
print(time.localtime())
```

运行结果：

```
time.struct_time(tm_year=2024, tm_mon=4, tm_mday=12, tm_hour=11, tm_min=48, tm_sec=19, tm_wday=4,
tm_yday=103, tm_isdst=0)
```

localtime()函数和 gmtime()函数都可将时间戳转换为以元组表示的时间对象(struct_time)，localtime()得到的是当地时间，gmtime()得到的是世界统一时间(Coordinated Universal Time，UTC)。

以上元组中都包含 9 个元素，各元素的具体含义和取值如表 7-2 所示。

表 7-2　struct_time 元组中元素的含义和取值

元　素	含　义	取　值
tm_year	年	4 位数字
tm_mon	月	1～12
tm_mday	日	1～31
tm_hour	时	0～23
tm_min	分	0～59
tm_sec	秒	0～61(60 或 61 是闰秒)
tm_wday	一周的第几日	0～6(0 为周一，依此类推)
tm_yday	一年的第几日	1～366
tm_isdst	夏令时	1：是夏令时 0：非夏令时 -1：不确定

2. 时间格式化

无论是采用浮点数形式还是元组形式表示时间，其实都不符合人们的认知习惯，为了便于人们理解时间戳，Python 提供了用于输出格式化时间字符串的函数，常用的函数有 time.strftime()和 time.strptime()。

1）strftime()函数

语法格式如下：

```
strftime(tpl,ts)
```

其中：tpl 是格式化模板字符串，用于定义输出效果，ts 是计算机内部时间类型变量。

示例代码如下：

```
import time
t=time.gmtime()    # 获取当前时间
print(time.strftime("%Y-%m-%d %H:%M:%S",t))
print(time.strftime("%Y 年%m 月%d 日 %H 点%M 分%S 秒",t))
```

运行结果：

```
2024-04-12 04:18:41
2024 年 04 月 12 日 04 点 18 分 41 秒
```

2）strptime()

用于将格式化的时间字符串转换成 struct_time，该函数是 strftime()函数的反向操作。

语法格式如下：

```
strptime(str,tpl)
```

其中：str 是字符串形式的时间值，tpl 是格式化模板字符串，用来定义输入效果。

```
import time
timestr="2024-04-29 17:49:32"
print(time.strptime(timestr,"%Y-%m-%d %H:%M:%S"))
```

运行结果：

```
time.struct_time(tm_year=2024, tm_mon=4, tm_mday=29, tm_hour=17, tm_min=49, tm_sec=32, tm_wday=0,
tm_yday=120, tm_isdst=-1)
```

3．计时

计时常用的函数是 time.sleep()。该函数可以让调用该函数的程序进入睡眠状态，即让其暂时挂起，等待一定时间后再继续执行。sleep()函数接收一个以 s 为单位的浮点数作为参数，使用该参数控制程序挂起的时长，示例代码如下：

```
import time
print("开始时间: %s" % time.ctime())
time.sleep( 5 )
print( "结束时间: %s" % time.ctime())
```

程序运行结果如下：

```
开始时间 : Fri Apr 12 21:14:28 2024
结束时间 : Fri Apr 12 21:14:33 2024
```

从结果可以看出，第二个输出语句的时间比第一个输出语句晚了 5 秒，说明两个 print 语句之间间隔了 5 秒。sleep()函数的用法可以参考例 5-2。

【例 7-10】 编程计算执行一段代码所需要的时间。

```
import time                          # 导入 time 模块
start_time = time.time()             # 调用 time 模块中的 time()函数，获取开始时间
sum = 0                              # 开始执行下面这段代码
for x in range(1,1000):
```

```
        sum = sum + x*x
    print(sum)

    end_time = time.time()              # 调用 time 模块中的 time()函数，获取结束时间
    total_time = end_time - start_time  # 计算所用时间
    print("Time: ", total_time)
    # 输出结果( Time:    , 1.1205673217773438e-05)
```

这段程序中，从 1 到 1000 把每个数自身的幂次累加，程序本身没有意义，就是为了延长执行时间。在执行前通过 time()函数得到开始时间，执行完成后再获取当前时间，两数相减从而得到这段代码的执行时间。由于计算机运算速度很快，如果取一位小数的话，我们看到的就是 0.0 秒。读者可以自行把这段代码换成别的代码，比如播放一首歌，再测试其花费的时间。

7.3 第 三 方 库

Python 第三方程序包括库(library)、模块(module)、类(class)和程序包(package)等多种命名，统一将这些可重用代码统称为"库"。

7.3.1 第三方库的安装方法

Python 的功能之所以强大就是因为有数量庞大的第三方模块支持。对于标准模块，Python 可以直接 import 导入使用，而对于第三方模块，在 import 导入之前，需要先下载安装。一般都会安装到 Python 安装路径下的 lib\site-packages 文件夹，如 C:\python\lib\site-packages。

在 Python 中，安装第三方模块是通过包管理工具 pip 完成的。需要注意的是：在安装 Python 时，确保勾选了 pip 和 Add Python.exe to Path，才会有 pip 这个工具。在命令提示符窗口下尝试运行 pip，如果 Windows 提示未找到命令，可以重新运行安装程序添加 pip。

一般来说，第三方库都会在 Python 官方的 pypi.python.org 网站注册。要安装一个第三方库，必须先知道该库的名称，可以在官网或者 pypi 上搜索。需要注意，库名是第三方库常用的名字，pip 安装用的名字和库名不一定完全相同，建议采用小写字符。

7.3.2 jieba 库

中文分词，通俗来说，就是将一句(段)话按一定的规则(算法)拆分成词语、成语和单个文字。中文分词是很多应用技术的前置技术，如搜索引擎、机器翻译、词性标注和相似度分析等，都是先对文本信息分词处理，再用分词结果来搜索、翻译和对比等。

例如：我们输入语句"我爱北京天安门"，经分词系统处理后，该语句被分成"我""爱""北京""天安门"这 4 个词汇。

在 Python 中，最好用的中文分词库是 jieba 库。用"结巴"给一个中文分词库命名，非常生动形象，同时还带有一种程序员式的幽默感。

1. 下载安装 jieba 库

jieba 库是第三方库，需要通过 pip 指令安装。

思考：pip install 和 python-m pip install 有什么区别？

方法一：直接安装。

在命令提示符下输入命令，如图 7-9 所示。

:\>pip install jieba

图 7-9　输入下载命令界面

安装完成后，可以在 Python 提示符下输入下列语句测试是否安装成功。测试代码如下：

```
import jieba
jieba.lcut("Python 是近年来最流行的编程语言之一")
```

运行结果如下：

```
['Python', '是', '近年来', '最', '流行', '的', '编程语言', '之一']
```

小提示：打开电脑的命令提示符，输入 pip list，便可以看到所有安装的库以及版本，也可以打开 Python 安装目录下的 lib\site-packages 文件夹查看。

方法二：半自动安装。

第一步，在官网 https://pypi.org/project/jieba/ 中下载 jieba 库的安装包，如图 7-10 所示。

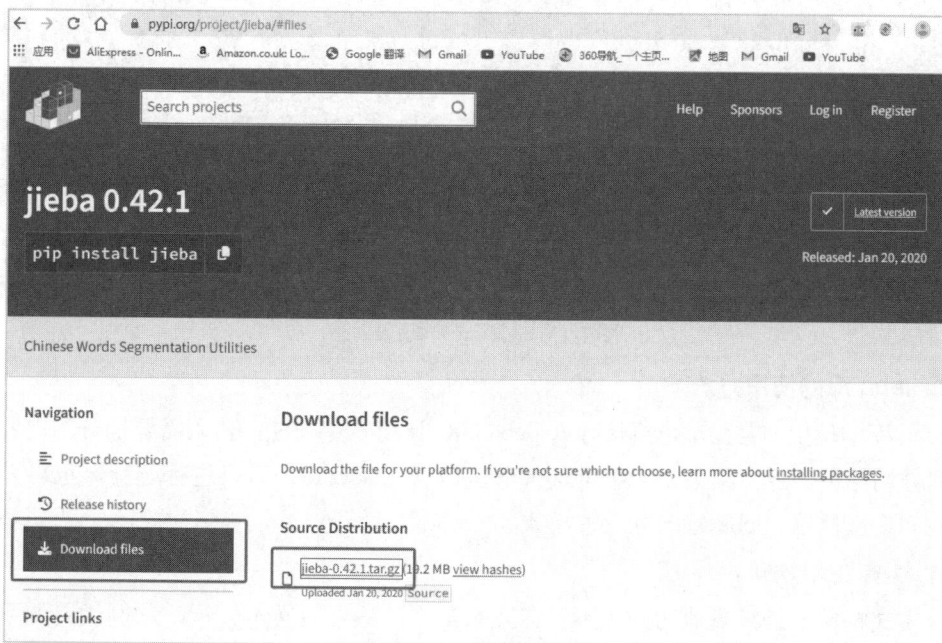

图 7-10　官网下载界面

第二步，jieba 库压缩包下载成功后，解压至 Anaconda 安装目录下的 pkgs 文件夹下，在压缩文件里找到 setup.py 这个文件，并记下它的路径，如图 7-11 所示。

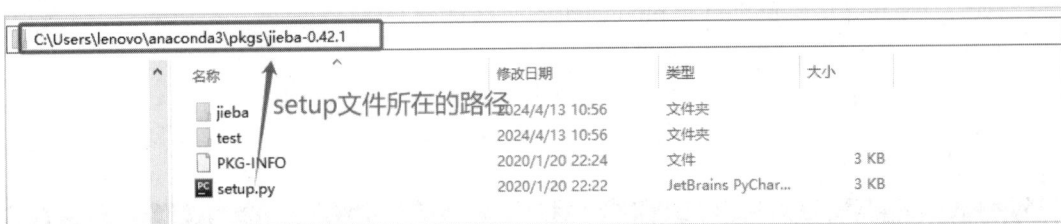

图 7-11   setup.py 文件所在路径

打开 Anaconda Prompt，切换到 setup.py 所在的路径下，开始输入指令 Python setup.py install，按 Enter 键开始安装，如图 7-12 所示。

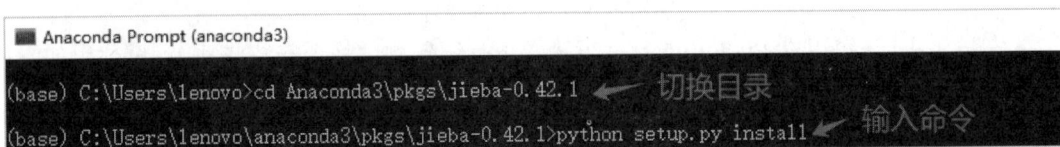

图 7-12   切换路径

安装成功后切换到 Python 提示符下，输入指令，可以测试是否安装成功，如图 7-13 所示。

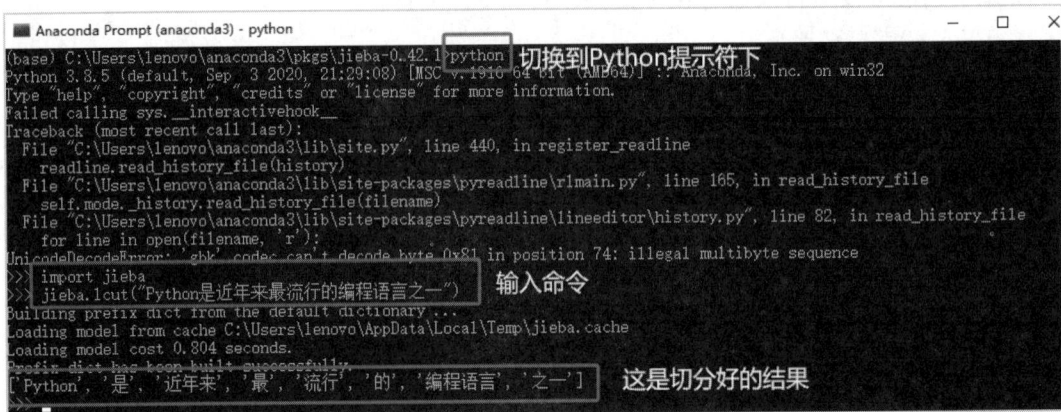

图 7-13   测试安装是否成功

2. jieba 库的使用方法

jieba 库的使用非常简单，直接导入 jieba 库，调用 cut()方法，传入需要切分的内容，即可返回分词结果。返回结果是一个可迭代的生成器 generator，可以进行遍历，也可以转换成 list 打印出结果。jieba 分词有三种模式。

1) 精确模式(默认)

该模式将句子最精确地切开，不存在冗余数据，适合做文本分析，示例代码如下：

```
import jieba
test_content = '迅雷不及掩耳盗铃儿响叮当仁不让世界充满爱之势'
```

```
cut_res = jieba.cut(test_content, cut_all=False)    # cut_all=False 表示精准模式
print('[精确模式]: ', list(cut_res))
cut_res = jieba.cut(test_content, cut_all=False, HMM=False)
print('[精确模式]: ', list(cut_res))
```

运行结果如下：

```
[精确模式]:    ['迅雷不及', '掩耳盗铃', '儿响', '叮', '当仁不让', '世界', '充满', '爱之势']
[精确模式]:    ['迅雷不及', '掩耳盗铃', '儿', '响', '叮', '当仁不让', '世界', '充满', '爱', '之', '势']
```

精确模式是最常用的分词模式，分词结果不存在冗余数据。HMM 参数默认为 True，根据 HMM 模型(隐马尔可夫模型)自动识别新词。如上面的例子中，HMM 为 True，结果中将"儿响""爱之势"识别成了新词，HMM 为 False，这些字只能单独成词，分成单个文字。

2) 全模式

把句子中所有可能是词的词语都切分出来，速度非常快，但是存在冗余数据。

```
import jieba
test_content = '迅雷不及掩耳盗铃儿响叮当仁不让世界充满爱之势'
cut_res = jieba.cut(test_content, cut_all=True)    # cut_all=True 表示全模式
print('[全模式]: ', list(cut_res))
```

运行结果如下：

```
[全模式]:    ['迅雷', '迅雷不及', '迅雷不及掩耳', '不及', '掩耳', '掩耳盗铃', '儿', '响叮当', '叮当', '当仁不让',
'不让', '世界', '充满', '爱', '之', '势']
```

全模式从待分词内容的第一个字开始遍历，将每一个字作为词语的第一个字，返回所有可能的词语。全模式会重复利用词语和字，因此也可能出现多种含义。cut_all 参数默认为 False，即默认不是全模式，将 cut_all 设置为 True，则采用全模式分词。

3) 搜索引擎模式

在精确模式的基础上，对长词再次切分，适合用于搜索引擎分词。

```
import jieba
test_content = '迅雷不及掩耳盗铃儿响叮当仁不让世界充满爱之势'
cut_res = jieba.cut_for_search(test_content)    # 函数是 cut_for_search()
print('[搜索引擎模式]: \n', list(cut_res))
```

运行结果如下：

```
[搜索引擎模式]:
 ['迅雷', '不及', '迅雷不及', '掩耳', '掩耳盗铃', '儿响', '叮', '不让', '当仁不让', '世界', '充满', '爱之势']
```

搜索引擎模式在精确模式的基础上，对精确模式中的长词，会再按照全模式进一步分词，用于搜索时可以匹配到更多的结果。

3. 自定义分词词库

使用 jieba 分词时，分词结果需要与 jieba 的词典库进行匹配，才能返回到分词结果中。因此有些词需要用户自定义才能识别到。可以利用 jieba 库的 add_word()函数向词库中增加

新词。新词添加后，就认为是一个整体，不会再对该词进行划分，示例代码如下：

```
import jieba
jieba.add_word("北京天安门")
test_content = "我爱北京天安门"
cut_res = jieba.cut(test_content)
print('分词结果：', list(cut_res))
cut_res = jieba.lcut(test_content)          # lcut()函数将分词结果以列表形式返回
print('直接就是列表形式：',cut_res)
```

运行结果如下：

```
分词结果：  ['我', '爱', '北京天安门']
直接就是列表形式：  ['我', '爱', '北京天安门']
```

从结果可以看出，将"北京天安门"作为新词添加后，进行分词时就不会再对该词进行划分。

7.3.3　wordcloud 库

wordcloud 是优秀的词云展示第三方库。它以词语为基本单位，将关键词语组成类似云朵的彩色云图，更加直观和艺术地展示文本，用户只要短短一瞥就可以接收到关键信息。

下载方法与jieba库的下载方法一样，在字符方式下输入命令pip install wordcloud下载。

1. 基本使用

第一步，wordcloud 库把词云当作一个 WordCloud 类的对象，利用 WordCloud 类的构造方法，WordCloud()创建词云对象。

第二步，利用 WordCloud 对象的 generate()方法加载词云文本。

第三步，利用 WordCloud 对象的 to_file()方法生成词云。

示例代码如下：

```
import wordcloud
c = wordcloud.WordCloud()                       # 1. 生成对象，配置对象参数
c.generate("Life is short，you need Python")      # 2. 加载词云文本
c.to_file(r"d:\newfile.png")                     # 3. 输出词云文件
```

wordcloud 库的常规方法是 wordcloud.WordCloud(<参数>)，得到的是一个 WordCloud 对象，以该对象为基础配置参数，使用 generate(文本)方法加载文本，并使用 to_file(文件名)方法输出文件。

generate()方法需要接收一个字符串作为参数。需要注意的是，若 generate()方法中的字符串为中文，在创建 WordCloud 对象时必须指定字体路径。

to_file()方法用于以图片形式输出词云，该方法接收一个表示图片文件名的字符串作为参数，图片可以为.png 或.jpg 格式。

WordCloud()函数的参数及说明如表 7-3 所示。

表 7-3　WordCloud()函数的参数及说明

参　数	说　明
width	指定词云对象生成图片的宽度，默认为 400 像素
height	指定词云对象生成图片的高度，默认为 200 像素
min_font_size	指定词云中字体的最小字号，默认为 4 号
max_font_size	指定词云中字体的最大字号，默认根据高度自动调节
font_step	指定词云中字体字号的步进间隔，默认为 1
font_path	指定字体文件的路径，默认为当前路径
max_words	指定词云显示的最大单词数量，默认为 200
stop_words	指定词云的排除词列表，即不显示的单词列表
background_color	指定词云图片的背景颜色，默认为黑色
mask	指定词云形状，默认为长方形，需要引用 imread()函数

下面简单演示 wordcloud 库的基本用法，代码如下：

```
import wordcloud as wd
txt = "新质生产力,人工智能,大数据,大数据,新质生产力,新质生产力,大数据,人工智能,春天,美好的故事 大美中国, "
path = "c:\\Windows\\Fonts\\simhei.ttf"
w = wd.WordCloud(font_path=path,background_color = "white")
w.generate(txt)
w.to_file(r"d:\test.png")
```

程序运行后，在 D 盘的根目录下打开 test.png 文件，如图 7-14 所示。

图 7-14　test.png

2. wordcloud 将文本转换为词云

转换步骤如下：

- 文本要有分隔，以空格或逗号分隔单词。
- 统计单词出现次数，然后过滤掉大量的文本信息，留下关键字。
- 根据统计分配字号，次数越多的词字号越大。
- 根据颜色、环境和尺寸进行布局。

如果文本没有分割，可以使用 jieba 库先进行分词，示例如下：

```
import jieba
```

```
import wordcloud
path = "c:\\Windows\\Fonts\\simhei.ttf"
txt = "程序设计语言是计算机能够理解和识别用户操作意图的一种交互体系，它按照特定规则组织计
算机指令，使计算机能够自动进行各种运算处理"
c = wordcloud.WordCloud(width=800,height=500,font_path=path)        # 配置参数
c.generate(" ".join(jieba.lcut(txt)))                              # jieba 分词后作为词云文本
c.to_file(r"d:\newfile.png")                                       # 图片文件保存到 D 盘
```

程序运行后，在 D 盘的根目录下打开 newfile.png 文件，如图 7-15 所示。

图 7-15　newfile.png

7.4　使用 Python 实现工作自动化

利用 Python 编程语言编写脚本或程序，自动执行原本需要人工手动完成的重复性任务，如数据处理、文件操作和系统管理等，以提高工作效率和减少人为错误，实现工作自动化。

7.4.1　Anaconda 简介

随着第三方库的广泛使用，有些常用的第三方库就被提前下载后，集成在一个统一的平台，用户直接导入使用这些库就可以了。Anaconda 就是 Python 的一个集成管理工具，它把 Python 做相关行业所需要的包，比如做数据计算与分析所需要的包，都集成在了一起。安装了 Anaconda，就相当于把 Python 和一些进行数据分析常用的库(如 Numpy、Pandas、Scrip、Matplotlib 等)自动安装好了。也就是说，安装了 Anaconda 就等于默认安装了 Python、IPython、Jupyter Notebook 和集成开发环境 Spyder 等，也就不需要再单独安装 Python 了。即 Anaconda 不仅可以基本代替原本的 Python 使用，还可以直接使用集成在这个平台的若干第三方库。

本节介绍的内容需要用到第三方库，如果使用 Anaconda，可以省略安装第三方库。下面详细介绍 Anaconda 的安装与使用。

1. 下载 Anaconda

Python 是跨平台的开发工具，可以在多种操作系统(如 Windows、MacOS、Linux)上进

行安装，编写好的程序也可以在不同系统上运行。我们以 Windows 系统中安装 Anaconda 为例进行讲解。

下面提供两种 Anaconda 安装包的下载方式。

1) 直接从官方网站下载

读者可以直接从官方网站下载合适的安装包。打开浏览器，在地址栏中输入 Anaconda 官方网址。在打开的页面中，选择 Windows->Python 3.8 下的 64-Bit Graphical Installer(457 MB)进行下载(这里要根据自己的计算机来选择是下载 32 位还是下载 64 位)。

2) 从清华大学开源软件镜像站下载

读者也可以从清华大学开源软件镜像站下载 Anaconda 安装包。此种下载方式的优点是下载速度快，故推荐读者使用这种方式。

同样，选择 Windows 平台 64 位 Anaconda 安装文件进行下载。

由于篇幅有限，在此不再详细介绍下载方法，有兴趣的读者可以自行学习。

2. 安装 Anaconda

下载的 Anaconda 安装文件的文件名是 Anaconda3-2020.11-Windows-x86_64.exe，也可能是 Anaconda3-5.3.1-Windows-x86_64.exe，根据所下载的不同版本，这个文件名会有一点区别。

Anaconda 的安装过程比较简单，双击下载好的安装文件，根据 Anaconda 的安装向导很方便就可以完成安装。安装完成后，单击屏幕左下角的"开始"按钮展开程序列表，在程序列表中找到 Anaconda3 文件夹，如图 7-16 所示。

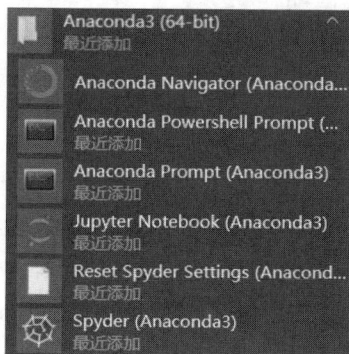

图 7-16　Anaconda3 程序文件夹

在 Anaconda3 程序文件夹中，单击"Jupyter Notebook"会弹出启动窗口，同时在浏览器中打开 Jupyter Notebook 主界面，如图 7-17 所示。

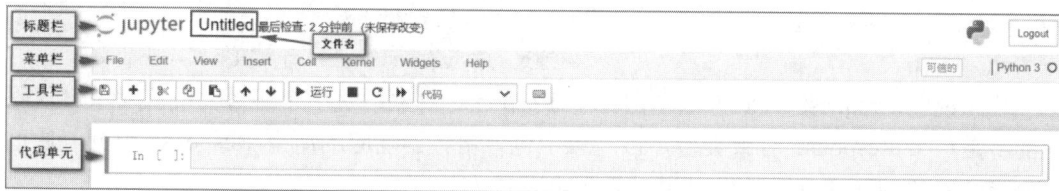

图 7-17　Jupyter Notebook 主界面

在代码单元格中可以输入 Python 代码，详细的使用请读者自行查阅相关资源。

7.4.2　用 Python 进行网络爬虫

通过编写 Python 程序，可以自动访问网站并抓取所需数据，如文本、图片等，用于数据分析、信息聚合等目的。

1. 爬虫

网络爬虫，其实叫作网络数据采集更容易理解。就是通过编程向网络服务器请求数据(HTML 表单)，然后解析 HTML，提取出自己想要的数据。

网络爬虫归纳为四大步：

- 根据 url 获取 HTML 数据。
- 解析 HTML，获取目标信息。
- 存储数据。
- 重复第一步。

这涉及数据库、网络服务器、HTTP 协议、HTML、数据科学、网络安全和图像处理等非常多的内容。但对于初学者而言，并不需要掌握这么多。

2. HTML

HTML 是超文本标记语言(Hyper Text Markup Language)，是一种用于创建网页的标记语言，里面嵌入了文本、图像等数据，可以被浏览器读取，并渲染成我们看到的网页样子。所以我们才先爬取 HTML，再解析数据，因为数据藏在 HTML 里。

3. Python 网络爬虫的基本原理

在编写 python 爬虫程序时，只需要做以下两件事：

第一，发送 GET 请求，即向服务器发送网址，获取 HTML(网页)；

第二，解析 HTML，获取我们需要的数据。

这两件事，Python 都有相应的库帮我们去做，我们只需要知道如何使用它们就可以了。

4. requests 库

requests 是 Python 实现的最简单易用的 HTTP 库，建议爬虫使用 requests 库。默认安装好 python 后，是没有安装 requests 模块的，需要单独通过 pip 安装。如果我们使用 Anaconda 集成工具就无需单独安装，直接使用 import 导入就可以使用库中提供的各种方法了。如爬取百度的网页内容，示例代码如下：

```
import requests
r = requests.get('http://www.baidu.com')      # 通过 get()方法请求百度服务器
r.encoding = 'utf-8'                           # 设置编码方式为 utf-8
print(r.text)                                  # 通过 r 对象的 text 方法，得到服务器响应的文本
```

代码说明：requests.get()方法返回一个 Response 对象，是一个服务器响应对象。代码中的 r 是一个 Response 对象类型，该对象中包含服务器响应的所有 Response 数据，通过 Response 对象的 text 方法，可得到服务器响应的文本。

代码运行结果如图 7-18 所示。

```
<!DOCTYPE html>
<!--STATUS OK--><html><head><meta http-equiv=content-type content=text/html;charset=utf-8><meta http-equiv=X-UA-Compatible content
=IE=Edge><meta content=always name=referrer><link rel=stylesheet type=text/css href=http://s1.bdstatic.com/r/www/cache/bdorz/baidu.
min.css><title>百度一下，你就知道</title></head> <body link=#0000cc> <div id=wrapper> <div id=head> <div class=head_wrapper> <div c
lass=s_form> <div class=s_form_wrapper> <div id=lg> <img hidefocus=true src=//www.baidu.com/img/bd_logo1.png width=270 height=129>
</div> <form id=form name=f action=//www.baidu.com/s class=fm> <input type=hidden name=bdorz_come value=1> <input type=hidden name=
ie value=utf-8> <input type=hidden name=f value=8> <input type=hidden name=rsv_bp value=1> <input type=hidden name=rsv_idx value=1>
<input type=hidden name=tn value=baidu><span class="bg s_ipt_wr"><input id=kw name=wd class=s_ipt value maxlength=255 autocomplete=
off autofocus></span><span class="bg s_btn_wr"><input type=submit id=su value=百度一下 class="bg s_btn"></span> </form> </div> </di
v> <div id=u1> <a href=http://news.baidu.com name=tj_trnews class=mnav>新闻</a> <a href=http://www.hao123.com name=tj_trhao123 clas
s=mnav>hao123</a> <a href=http://map.baidu.com name=tj_trmap class=mnav>地图</a> <a href=http://v.baidu.com name=tj_trvideo class=m
nav>视频</a> <a href=http://tieba.baidu.com name=tj_trtieba class=mnav>贴吧</a> <noscript> <a href=http://www.baidu.com/bdorz/logi
n.gif?login&amp;tpl=mn&amp;u=http%3A%2F%2Fwww.baidu.com%2f%3fbdorz_come%3d1 name=tj_login class=lb>登录</a> </noscript> <script>doc
ument.write('<a href="http://www.baidu.com/bdorz/login.gif?login&tpl=mn&u='+ encodeURIComponent(window.location.href+ (window.locat
ion.search === "" ? "?" : "&")+ "bdorz_come=1")+ '" name="tj_login" class="lb">登录</a>');</script> <a href=//www.baidu.com/more/ n
ame=tj_briicon class=bri style="display: block;">更多产品</a> </div> </div> </div> <div id=ftCon> <div id=ftConw> <p id=lh> <a href
=http://home.baidu.com>关于百度</a> <a href=http://ir.baidu.com/About Baidu</a> </p> <p id=cp>&copy;2017 Baidu <a href=ht
tp://www.baidu.com/duty/>使用百度前必读</a>  <a href=http://jianyi.baidu.com/ class=cp-feedback>意见反馈</a> 京ICP证03017
3号  <img src=//www.baidu.com/img/gs.gif> </p> </div> </div> </div> </body> </html>
```

图 7-18　百度服务器响应的文本

图 7-18 所示的数据就是用 HTML 语言编写的百度的网页代码，图中框起来的内容用 <title> 标签包住的内容就是该网页的标题。接下来就可以在这个 HTML 网页中查找我们需要的数据了。

5. BeautifulSoup 库

BeautifulSoup 是一个用于从 HTML 或 XML 文件中提取数据的库，它能够借助网页的结构和属性等特性来解析网页，可以方便地从网页中提取数据。

【例 7-11】　用 Python 库爬取百度首页标题。

```python
import requests                              # 导入 requests 库，用来请求网页
from bs4 import BeautifulSoup                # 导入该库用来分析 html 的结构


def fetch_web_content(url):
    response = requests.get(url)             # 通过 get()方法请求服务器(网址给出)
    response.encoding = 'utf-8'              # 设置编码方式为 utf-8
    if response.status_code == 200:          # HTTP 状态码，200 表示网络请求成功
        # 创建 BeautifulSoup 对象，使用'html.parser'解析器
        soup = BeautifulSoup(response.text,'html.parser')
        # 提取页面标题
        title = soup.find('title').text      # 使用 find 方法查找<title>标签，并获取其文本内容
        return title
    else:
        return '无法获取网页内容'
# 使用示例
url = 'http://www.baidu.com'                 # 给定一个网址
web_title = fetch_web_content(url)           # 给定的网址作为参数调用函数得到网页的标题
print("网页标题：",web_title)                # 网页标题：百度一下，你就知道
```

7.4.3　批量文件的重命名

在日常工作中，需要将一批文件用统一格式重命名，以便程序统一处理，这种需求可

以使用 OS 模块提供的方法实现批量文件重命名。实现代码如下：

```python
import os
def batch_rename(path, prefix=", suffix="):          # 定义函数
    # enumerate 将 path 路径下的可遍历的对象组合成一个索引序列
    # 同时列出下标和数据，一般用在 for 循环中
    for i, filename in enumerate(os.listdir(path)):
        # 保留源文件的后缀
        # new_name = f"{prefix}{i:03d}{suffix}{os.path.splitext(filename)[1]}"
        new_name = f"{prefix}{i:03d}{suffix}"  # 构造新的文件名，去掉源文件的后缀
        print(new_name)
        old_file = os.path.join(path, filename)        # 连接路径和文件名
        new_file = os.path.join(path, new_name)
        os.rename(old_file, new_file)                  # 文件重命名


# 使用示例：
batch_rename('d:\\test_path', 'file_','.docx')
```

程序说明：

- 定义一个函数，参数分别是路径、新文件名的前缀和新文件名的后缀。
- 使用 os.listdir(path) 函数将 path 指定的路径下的文件全部列出。
- enumerate(os.listdir(path)) 函数将列出的文件组合成一个索引序列，得到的结果是索引编号和文件名，将它们分别赋值给变量 i 和 filename。
- 循环体中对于每一个文件构造新的文件名，新文件名 new_name 的格式是前缀连接上三位整数再连接上后缀；如果仍然保留旧文件名的后缀，可以通过 os.path.splitext(filename) 方法实现，该方法以元组的形式返回文件名和扩展名，如果只取扩展名使用索引 [1] 就可得到。
- os.path.join() 方法将新旧文件名前连接上路径，形成完整的文件标识。
- 使用 os.rename() 方法用新文件名替换旧的文件名。

知识扩展

如何看待 Python 语言

软件开发、数据分析和人工智能等应用具有本质的区别。因此在数据分析和数据科学等项目中，不能将 Python 当作 C 语言或者 Java 语言来用。以判断闰年为例，不要试图用 Python 来翻译 Java 或 C 代码。

如果用软件开发的思维方法，要掌握判断闰年的算法。闰年的判断条件：能被 4 整除、但不能被 100 整除或者可以被 400 整除。所以要写出程序，必须得知道闰年的判断条件，示例代码如下：

```python
# 判断闰年
year = int(input("请输入一个年份："))                    # 将键盘输入转为整型
if (year % 4) == 0 and (year % 100) != 0 or (year % 400) == 0:   # 闰年的条件
```

```
        print("{0}是闰年".format(year))
    else:
        print("{0}不是闰年".format(year))
```

Python 语言是一门比较流行的全场景编程语言，而且 Python 语言本身也简单易学，所以选择 Python 作为入门编程语言来学习是完全没有问题的，初学者也会比较容易建立起学习的成就感，这也会推动初学者持续深入地学习。

但与 C、Java 等编程语言不同，Python 语言在行业领域的应用非常广泛，从这个角度来看，我们要使用 Python 生态的思维来编程。同样地，判断闰年，我们更多的是要学习哪个模块提供了哪个函数可以实现这种功能，直接调用 calendar.isleap(year) 即可实现，不必将时间花在复杂的算法上。代码如下：

```
import calendar                              # 导入 calendar 库
year = int(input("输入年份: "))
if calendar.isleap(year):                    # 直接调用 isleap()函数即可
    print(f"{year}是闰年! ")
else:
    print(f"{year}不是闰年! ")
```

7.5　实验：实现随机生成验证码功能

1. 任务描述

现在很多系统的注册登录业务都加入了验证码技术，以区分用户是人还是计算机，有效地防止了刷票、论坛灌水、恶意注册等行为。目前验证码的种类层出不穷，其生成方式也越来越复杂，常见的验证码是由大写字母、小写字母、数字组成的六位验证码。本任务要完成随机生成六位验证码的功能。

2. 任务实施

本任务的六位验证码由 6 个字符组成，每个字符都是随机字符。要实现随机字符的功能，需要用到随机数模块 random。

(1) 导入 random 模块。

```
import random
```

(2) 定义一个函数 sjm()用来产生一个 6 位的随机验证码。先定义一个空列表 code_list，用于存放 6 个符号组成的验证码。利用 random.randint()分别生成一个 3 种类型的整数，再利用 chr()函数将它们转换成数字或者大、小写字母，添加到列表中，然后使用 join()函数将它们拼接成一个字符串，循环 2 次，每次产生 3 个字符，最后把拼接好的字符串返回出来。函数实现代码如下：

```
def sjm():
    code_list=[]
    for i in range(2):
```

```
            # 随机生成 0~9 的数字
            n = random.randint(0, 9)
            # 随机生成 65~90 的数字，正好对应大写字母的 ASCII 码
            a=random.randint(65,90)
            # 随机生成 97~122 的数字，正好对应小写字母的 ASCII 码
            b=random.randint(97,122)
            # 将 ASCII 码值转换成相应的字符
            random_upper=chr(a)
            random_lower=chr(b)
            # 将随机产生的字符追加到列表里
            code_list.append(str(n))
            code_list.append(random_upper)
            code_list.append(random_lower)
            # 将产生的随机字符拼接在一起
            yzm=' '.join(code_list)
    return yzm
```

(3) 调用函数 sjm()，打印输出验证码，实现代码如下：

```
print('随机产生的验证码为：',sjm())
```

运行结果如下：

```
随机产生的验证码为： 2 Q m 4 N i
```

由于是随机产生，每次得到的结果都不相同。

本 章 习 题

一、选择题

1. 关于 turtle 库，描述错误的是(　　)。

A. turtle 库最早成功应用于 LOGO 编程语言

B. turtle 库是一个直观有趣的图形绘制函数库

C. turtle 绘图体系以水平右侧为绝对方位的 0 度

D. turtle 坐标系的原点默认在屏幕左上角

2. 下列选项不能正确引用 turtle 库进而需使用 setup()函数的是(　　)。

A. from turtle import*　　　　　　B. import turtle

C. import turtle as t　　　　　　　D. import setup from turtle

3. 以下语句的执行结果是(　　)。

```
import random
print(type(random.random()))
```

A. <class 'int'>　　　　　　　　B. <class 'str'>

C. None　　　　　　　　　　　　D. <class 'float'>

4. 下面语句的执行结果，不可能的选项是(　　)。

```
import random
print(random.uniform(1, 3))
```

A. 2.764076933688729　　　　B. 3.993002365820678

C. 2.5670577649215085　　　　D. 1.807117374321477

5. 以下关于随机运算函数库的描述，错误的是(　　)。

A. random(a,b)产生一个 a 到 b 之间的随机小数

B. random.seed()函数初始化随机数种子，默认值是当前系统时间

C. random 库的随机数是计算机按一定算法产生的，并非完全随机

D. Python 内置的 random 库主要用于产生各种伪随机数序列

6. time 库的 time.time()函数的作用是(　　)。

A. 以数字形式返回当前系统时间

B. 以字符串形式返回当前系统时间

C. 以 struct_time 形式返回当前系统时间

D. 根据 format 格式定义返回当前系统时间

7. time 库的 time.mktime(t)函数的作用是(　　)。

A. 将当前程序挂起 secs 秒，挂起即暂停执行

B. 将 struct_time 对象变量 t 转换为时间戳

C. 返回一个代表时间的精确浮点数，两次或多次调用，其差值用来计时

D. 根据 format 格式定义，解析字符串 t，返回 struct_time 类型时间变量

8. 导入模块的方式错误的是(　　)。

A. import mo　　　　　　　　　B. from mo import *

C. import mo as m　　　　　　　D. import m from mo

9. 以下不属于网络爬虫领域的 Python 第三方库的是(　　)。

A. Scrapy　　　　B. SnowNLP　　　C. Requests　　　D. PySpider

10. 在 Python 语言中，用来安装第三方库的工具的是(　　)。

A. PyQt5　　　　B. Pygame　　　C. Pip　　　　D. pyinstaller

二、判断题

1. 尽管可以使用 import 语句一次导入任意多个标准库或扩展库,但是仍建议每次只导入一个标准库或扩展库。　(　　)

2. 执行语句 from math import sin 之后，可以直接使用 sin()函数，例如 sin(3)。(　　)

3. 使用 random 模块的函数 randint(1, 100)获取随机数时，有可能会得到 100。(　　)

4. 假设已导入 random 标准库，那么表达式 max([random.randint(1, 10) for i in range(10)])的值一定是 10。　(　　)

5. 在没有导入标准库 math 的情况下，语句 x=3 and math. sqrt(16)也可以正常执行，并且执行后 x 的值为 3。　(　　)

三、编程题

1. 请用程序实现：使用 turtle 库，绘制半径分别为 10，40，80，160 的同切圆。

2. 请用程序实现：以整数 17 为随机数种子，获取用户输入整数 N 为长度，产生 3 个长度为 N 位的密码，密码的每 1 位是一个数字。每个密码单独一行输出。

注意：产生密码采用 random.randint() 函数。

3. 请利用 math 库运行下面语句，获得计算结果。

(1)　math.sin(2*math.pi)

(2)　math.floor(-2.5)

(3)　math.ceil(3.5+math.floor(-2.5))

(4)　round(math.fabs(-2.5))

(5)　math.sqrt(math.pow(2, 4))

(6)　math.log(math.e)

(7)　math.gcd(12, 9)

(8)　math.fmod(36, 5)

4. 请用程序实现：利用 datetime 库输出 5 种不同格式的日期。

5. 请用程序实现：使用 jieba.cut() 对"中华人民共和国是一个伟大的国家"进行分词，输出结果，并将该迭代器转换为列表类型。

四、拓展练习

1. 在下方的程序中，使用代码替换横线。不修改其他代码，实现使用 turtle 库的 turtle.right() 函数和 turtle.fd() 函数绘制一个菱形。菱形边长为 200 像素，4 个内角度数为 2 个 60 度和 2 个 120 度，效果如图 7-19 所示。

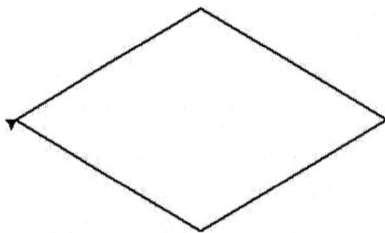

图 7-19　菱形

```
import turtle
turtle.right(-30)
___(1)___
turtle.right(60)
turtle.fd(200)
___(2)___
turtle.fd(200)
turtle.right(60)
turtle.fd(200)
turtle.right(120)
```

2. 在下方的程序中，使用代码替换横线。不修改其他代码，实现使用 turtle 库的 turtle.fd() 函数和 turtle.seth() 函数绘制一个边长为 200 的正菱形，菱形的 4 个内角均为 90 度。效果如

图 7-20 所示，箭头与下图严格一致。

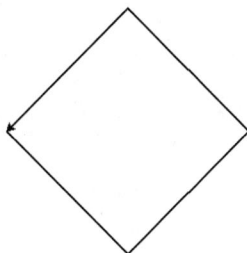

图 7-20　正菱形

```
import turtle
turtle.pensize(2)
d = ____(1)____
for i in range(4):
    turtle.seth(d)
    d   += ____(2)____
    turtle.fd(____(3)____)
```

3. 在下方的程序中,使用代码替换横线。不修改其他代码,实现使用 turtle 库的 turtle.fd() 函数和 turtle.seth()函数绘制一个每个方向为 100 像素长度的十字形，效果如图 7-21 所示。

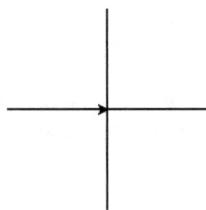

图 7-21　十字形

```
import turtle
for i in range(4):
    turtle.fd(100)
    ___(1)___(-100)
    ___(2)___((i+1)*90)
```

4. 在下方的程序中,使用代码替换横线。不修改其他代码,实现使用 turtle 库的 turtle.fd() 函数和 turtle.seth()函数绘制一个边长为 200 像素的等边三角形。效果如图 7-22 所示。

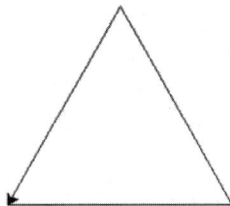

图 7-22　等边三角形

```
import turtle as ___(1)___
```

```
for i in range(___(2)___):
    ___(3)___(i*120)
    t.fd(200)
```

5. 在下方的程序中，使用代码替换横线。不修改其他代码，实现使用 turtle 库的 turtle.fd() 函数和 turtle.seth() 函数绘制一个边长为 100 像素的正八边形，效果如图 7-23 所示。

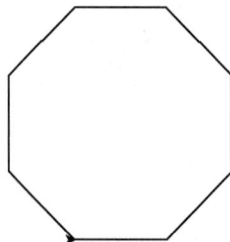

图 7-19   正八边形

```
import turtle
turtle.pensize(2)
d = 0
for i in range(1, _____(1)_____):
    _____(2)_____
    d += _____(3)_____
    turtle.seth(d)
```

6. 在下方的程序中，使用代码替换横线。不修改其他代码，实现利用 random 库和 turtle 库，在屏幕上绘制 5 个圆圈。圆圈的半径和圆心的坐标由 randint() 函数产生，圆心的 X 和 Y 坐标范围为[-100, 100]；半径的大小范围为[20, 50]；圆圈的颜色随机在 color 列表里选择。效果如图 7-24 所示。

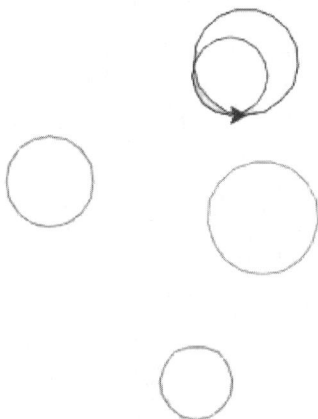

图 7-24   5 个圆圈

```
_____
import random as r
color = ['red','orange','blue','green','purple']
r.seed(1)
```

```
for i in range(5):
    rad = r._____
    x0 = r._____
    y0 = r.randint(-100,100)
    t.color(r.choice(color))
    t.penup()
    t._____
    t.pendown()
    t._____(rad)
t.done()
```

7. 使用 turtle 绘图模块绘制如图 7-25 所示的五边形。

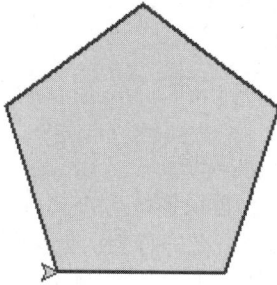

图 7-25　五边形

8. 在下方的程序中,使用代码替换横线。不修改其他代码,实现使用 turtle 库的 turtle.fd() 函数和 turtle.seth()函数绘制一个边长为 40 像素的正 12 边形。效果如图 7-26 所示。

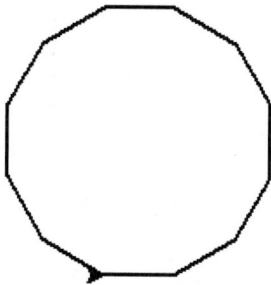

图 7-26　正 12 边形

```
import turtle
turtle.pensize(2)
d=0
for i in range(1, _____(1)_____):
    _____(2)_____
    d += _____(3)_____
    turtle.seth(d)
```

9. 在下方的程序中,使用代码替换横线。不修改其他代码,实现使用 turtle 库的 turtle.fd()

函数和 turtle.seth()函数绘制一个边长为 200 像素的正方形及一个紧挨四个顶点的圆，效果如图 7-27 所示。

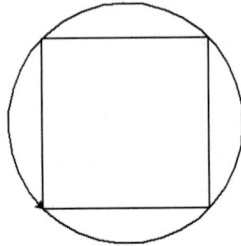

图 7-27　正方形和圆的效果图

```
import turtle
turtle.pensize(2)
for i in range(_____(1)_____):
    turtle.fd(200)
    turtle.left(90)
turtle.left(_____(2)_____)
turtle.circle(_____(3)_____*pow(2,0.5))
```

10. 在下方的程序中，使用代码替换横线。不修改其他代码，实现根据列表中保存的数据采用 turtle 库画直方图，显示输出在屏幕上，效果如图 7-28 所示。

输出：

```
Ls = [69, 292, 33, 131, 61, 254]
```

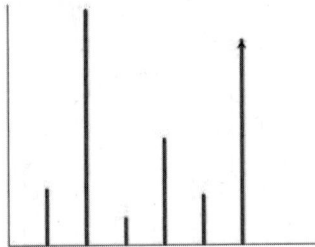

图 7-28　直方图

```
_____
ls = [69, 292, 33, 131, 61, 254]
X_len = 400
Y_len = 300
x0 = -200
y0 = -100


t.penup()
t.goto(x0, y0)
t.pendown()
```

```
    t.fd(X_len)
    t.fd(-X_len)
    t.seth(_____)
    t.fd(Y_len)

    t.pencolor('red')
    t.pensize(5)
    for i in range(len(ls)):
        t._____
        t.goto(x0 + (i+1)*50, _____)
        t.seth(90)
        t.pendown()
        t.fd(_____)
t.done()
```

11. 在已定义好的字典 pdict 中有一些人名及其电话号码。请用户输入一个人的姓名，在字典中查找该该用户的信息。如果查找到该用户信息，随机生成一个四位数字的验证码，并将名字、电话号码和验证码输出在屏幕上，注意用空格分隔。如果查找不到该用户信息，则显示"用户不存在"。

示例输入 1：

> Bob

示例输出：

> Bob 234567891 1926

示例输入 2：

> bob

示例输出：

> 用户不存在

12. 请填写空白，使得程序实现随机选择一个手机品牌。

```
import _____
brandlist = ['华为','苹果','诺基亚','OPPO','小米']
random.seed(0)
i= _____
name=brandlist[i]
print(name)
```

13. 从键盘输入一段文本，保存在一个字符变量 s 中，分别用 Python 内置函数及 jieba 库中已有函数计算字符串 s 的中文字符个数及中文词语个数。注意：中文字符包含中文标点符号。

示例输入：

> 俄罗斯举办世界杯

示例输出：

中文字符数为 8，中文词语数为 3。

```
import jieba
s = input("请输入一个字符串")
n = _____
m = _____
print("中文字符数为{}，中文词语数为{}。".format(n, m))
```

14. 从键盘输入一段中文文本，不含标点符号和空格，命名为变量 s，采用 jieba 库对其进行分词，输出该文本中词语的平均长度，保留 1 位小数。

示例输入：

吃葡萄不吐葡萄皮

示例输出：

1.6

```
import _____
txt = input("请输入一段中文文本:")

_____
print("{:.1f}".format(len(txt)/len(ls)))
```

第 8 章

文 件 操 作

本章导读

编程宏观上分为数据输入、数据处理、数据输出三部分。在数据处理阶段，研究的是如何为程序提供数据、如何在内存保存数据。当数据量很大时，通过 input()函数从键盘输入数据，或者定义组合数据类型变量来存放数据，工作量很大。当运行结果输出到屏幕上时，程序运行结束。那么如何将数据长久保存呢？在程序运行时随时读写、使用文件是很好的解决方法。本章主要包含以下内容：

(1) 文件介绍；
(2) 文件的访问；
(3) 文件/目录操作；
(4) 程序的异常处理。

学习目标

(1) 理解文件的概念；
(2) 掌握文件的打开、关闭方法；
(3) 能熟练地读写文件；
(4) 能熟练管理文件与目录；
(5) 掌握异常处理的方法。

8.1 文 件 介 绍

文件是数据存储和交换的常用方式。程序需要读写数据以完成任务，文件提供了持久化存储的便利，支持数据的保存、加载和共享，是程序与外界交互的重要手段。

1. 文件概述

文件在计算机中的使用非常广泛，它是记录在存储介质上的一组相关信息的结合。存储介质种类多样，常见的有纸质存储介质(纸张以及打印出来的照片等)、电子存储媒介(计算机磁盘、光盘、U 盘或其他电子媒体介质等)。

一个文件是一个整体，可以存放到磁盘中，在运用时从磁盘读到内存中。文件作为一个整体，有自己的名字、一定的长度、被修改的最后日期等许多特有的附带信息。操作系统是以文件为单位对数据进行管理的。

2. 文件的存储类型

根据数据的逻辑存储结构，文件可分为文本文件和二进制文件。如果一个文件中只包含文本字符，且在常见的操作系统下可以使用文件编辑器(如记事本)进行操作，那么这种文件称为文本文件。除文本文件外，其余类型的文件均属于二进制文件。二进制文件必须使用相关的软件才能获取文件信息，如视频文件需要暴风影音等软件才能播放，word 文件需要 word 软件才能编辑。二进制文件比文本文件的处理效率更高。

目前计算机中比较常见的文件包括文本文档、图片、可执行程序以及各类 Office 文件等。文件的名称主要由两个部分组成，分别为文件名和文件的扩展名，中间使用"."进行分割，格式为"文件名.扩展名"。例如 test.py，文件名是 test，扩展名是 py。

说明：这两种文件类型是基于数据逻辑存储结构划分的。在物理层面，计算机中的所有数据都是以二进制数存储的。

3. 文件的路径

路径，是指当某个项目或程序需要读取本地文件系统中的文件时所指定的文件的地址。对程序或项目来说，文件的路径可分为两类，分别为绝对路径和相对路径。

1) 绝对路径

绝对路径指文件在磁盘上的完整路径，如 C:\Windows\abc.jpg，由驱动器字母、完整路径和文件名组成。以 Windows 为例，假设 D 盘根目录中有一个名为 pathfile 的目录，该目录中包含一个名为"openjpg.py"的 Python 程序和一个名为"abc.jpg"的图片，当需要使用"openjpg.py"文件读取"abc.jpg"时，绝对路径应写为"D:\pathfile\abc.jpg"。绝对路径的缺点是：如果将整个 pathfile 文件夹移动到其他盘符或部署到其他服务器，并不一定包含 D 盘这个盘符，这时使用绝对路径"D:\pathfile\abc.jpg"会导致无法找到这个文件。

2) 相对路径

相对路径就是指由这个文件所在的路径引起的与其他文件(或文件夹)的路径关系。例如上述文件"openjpg.py"和"abc.jpg"在同一级目录，所以使用"openjpg.py"读取"abc.jpg"文件时可以直接写文件名。相对路径使用符号"/"表示，具体使用方式如下：

(1) 在斜杠"/"前面加一个点，即(./)表示当前文件所在的目录。

(2) 在斜杠"/"前面加两个点，即(../)表示父级目录或上一级目录。

相对路径的优点在于将项目文件夹部署到任何位置都能够访问到对应项目下的文件。

8.2　文件的访问

文件的打开、关闭与读写是文件的基础操作，任何更复杂的文件操作都离不开这些操作。下面逐一介绍这些操作。

8.2.1　文件的打开与关闭

无论是文本文件还是二进制文件，其操作流程基本是一致的。首先打开文件并创建文件对象，然后通过该文件对象对文件内容进行读取、写入、删除和修改等操作，最后关闭并保存文件内容。

1. 文件的打开

操作系统中的文件默认处于存储状态，首先需要将其打开。所谓打开文件，实际上是建立文件的各种有关信息，并使文件指针指向该文件，使得当前程序有权操作这个文件。当要打开的文件不存在时，可以创建文件。文件打开后处于占用状态，此时另一进程不能操作该文件。

Python 提供了内置函数 open()来打开文件，函数的语法格式如下：

```
文件对象= open(文件名[,打开方式] [,缓冲区])
```

其中：

- 文件名指定了被打开的文件的名称，如果只有一个文件名参数，则以只读方式打开。
- 打开方式设置文件的打开模式(只读、写入、追加等)。所有可取值详见表 8-1。这个参数可省略，默认的文件访问模式为只读(r)。
- 缓冲区设置访问文件的缓冲方式，取值为 0 或 1。如果 buffering 的值被设为 0，则不会有寄存；如果 buffering 的值取 1，则访问文件时会寄存行；如果将 buffering 的值设为大于 1 的整数，则表明这就是寄存区的缓冲大小；如果 buffering 取负值，则寄存区的缓冲大小为系统默认。

假设有一个名为 somefile.txt 的文本文件，存放在 c:\text 下，打开文件示例代码如下：

```
file1 = open("c:\\text\\somefile.txt","r")
```

文件的打开模式如表 8-1 所示。

表 8-1 文件的打开模式

模式	名 称	描 述
r/rb	只读模式	以只读的形式打开文本文件/二进制文件。若文件不存在或无法找到，则文件打开失败
w/wb	只写模式	以只写的形式打开文本文件/二进制文件。若文件已存在，则重写文件，否则创建新文件
a/ab	追加模式	以只写的形式打开文本文件/二进制文件，只允许在该文件末尾追加数据。若文件不存在，则创建新文件
r+/rb+	读取(更新)模式	以读/写的形式打开文本文件/二进制文件。若文件不存在，则文件打开失败
w+/wb+	写入(更新)模式	以读/写的形式打开文本文件/二进制文件。若文件已存在，则重写文件
a+/ab+	追加(更新)模式	以读/写的形式打开文本/二进制文件，只允许在文件末尾添加数据。若文件不存在，则创建新文件

2. 文件的关闭

文件操作完成后需要关闭文件。因为文件对象会占用操作系统资源，并且操作系统同一时间能打开的文件数量也是有限的。使用 close()方法关闭已经打开的文件，示例如下(假设文件对象是 file1)：

```
file1.close()
```

Python 可通过 close()方法关闭文件，也可以使用 with 语句实现文件的自动关闭。

3. with 语句

前面使用过 open()函数操作文件，但是使用 open()函数打开文件后还需要关闭文件。其实还可以更方便地打开文件，即采用上下文管理工具 with open()···as，with 的语句块执行完将自动关闭打开的文件。语法如下：

```
with open(文件名,模式) as 文件对象:
    pass  # 这里是一些操作语句
```

8.2.2　文件的读写

读写文件就是请求操作系统打开一个文件对象，然后通过操作系统提供的接口从这个文件对象中读取数据(读文件)，或者把数据写入这个文件对象(写文件)。Python 提供了一系列读写文件的方法，下面分别介绍这些方法。

1. 读取文件

读取文件就是将目标文件中的数据内容读取出来，读取文件的内容有多种方法。

• read([size])：size 表示要读的字节数。如果没有指定 size，则读取文件中的所有内容作为一个字符串。

• readline()：读取文件中的一行内容作为一个字符串。

• readlines()：读取文件中所有行，并返回一个列表，每行的内容作为一个列表的元素。

在 D 盘有文件 exam.txt，内容如图 8-1 所示。

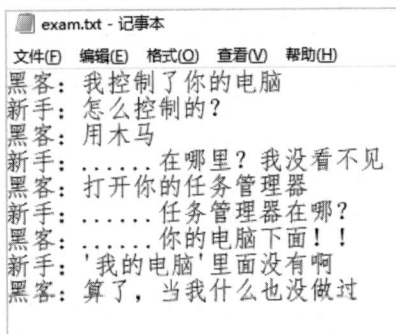

图 8-1　exam.txt 文件内容

下面使用三种方法分别读取文件内容。

(1) 使用 read()方法读取文件内容，代码如下：

```
filename = "d:\\exam.txt"
f = open(filename,"r",encoding='utf-8')        # 以只读模式打开文件
print("第一次读的内容:",f.read(2))              # 从当前位置读取 2 个字符
print("第二次读的内容:",f.read(11))             # 从当前位置读取 11 个字符
# print(f.read())                              # 从当前位置读取后面的所有内容
f.close()
```

运行结果如下：

```
第一次读的内容: 黑客
```

第二次读的内容：我控制了你的电脑

从读取内容可以看出，关于读几个字符，英文和汉字没有区别。

(2) 使用 readline()方法读取文件内容，代码如下：

```
with open('d:\\exam.txt', mode='r', encoding='utf-8') as f:
    print(f.readline())                 # 读第一行
    print(f.readline())                 # 读第二行
```

运行结果如下：

黑客：我控制了你的电脑

新手：怎么控制的？

要将所有行全部读出，可以使用循环方法实现，代码如下：

```
with open('d:\\exam.txt', mode='r', encoding='utf-8') as f:
    for line in f:
        print(line)
```

(3) 使用 readlines()方法读取文件内容，代码如下：

```
with open('d:\\exam.txt', mode='r', encoding='utf-8') as f:
    print(f.readlines())
```

运行结果如下：

['黑客：我控制了你的电脑 \n', '新手：怎么控制的？   \n', '黑客：用木马 \n', '新手：......在哪里？我没看见 \n', '黑客：打开你的任务管理器   \n', '新手：......任务管理器在哪？   \n', '黑客：......你的电脑下面！！\n', "新手：'我的电脑'里面没有啊 \n", '黑客：算了，当我什么也没做过 ']

从结果可以看出，readlines()方法将所读取的内容都放进一个 list 列表中，连空格和"\n"都保留了下来，我们可以用一个循环去遍历它，将每一行内容取出。

```
with open('d:\\exam.txt', mode='r', encoding='utf-8') as f:
    for line in f.readlines():
        print(line)
```

说明：

read()方法缺省参数时和 readline()方法一样，都会一次性读取文件的全部内容。如果文件较大，则内存会溢出。为防止内存溢出，可以反复调用 read(size)方法，每次最多读取 size 字节的内容。例如，read(1024)每次读取 1024 字节的数据内容。如果文件很小，则使用 read()方法一次性读取最方便。如果不能确定文件大小，则反复调用 read(size)比较保险。

2. 写文件

Python 文件对象提供了两种输出文件内容的方法：write()方法和 writelines()方法。

• write(data)：将指定的字符串写入文件，若数据写入成功，则 write()方法会返回本次写入文件的数据的字节数。

• writelines(lines)：把一个字符串列表写入文件。

(1) 使用 write()方法将指定的字符串写入文件，代码如下：

```
# 以写模式打开 newtest.txt 文件
with open('d:\\exam1.txt', mode='w', encoding='utf-8') as f:
```

```
f.write("Nature's first green is gold")
f.write("\n")
f.write("Her hardest hue to hold.")
f.write("\n")
f.write("Her early leaf's a flower;")
f.write("\n")
```

程序说明：

- 以写或者追加模式打开文件，如果文件不存在，则创建该文件。
- 当以写模式打开已经存在的文件时，会清空文件的原有数据，重新写入新数据。
- write()方法不能自动在字符串末尾添加换行符，需要自己添加"\n"，每调用一次 write()方法，写入的数据会追加到末尾。

上述代码运行后，在 D 盘找到 newtest.txt 文件，打开会看到如下内容：

```
Nature's first green is gold

Her hardest hue to hold.

Her early leaf's a flower;
```

如果要在原有文件的基础上添加内容，则应以添加模式打开文件，实现代码如下：

```
# 以添加模式打开 newtest.txt 文件
with open('d:\\newtest.txt', mode='a', encoding='utf-8') as f:
    f.write("这是追加的内容")
    f.write("\n")
```

(2) 使用 writelines()方法写文件，代码如下：

```
filename = input("请输入文件名：")          # 输入'd:\\newtest1.txt'
with open(filename, mode='w', encoding='utf-8') as f:
    list = ["C 语言","Python 语言","Java 语言","SQLServer","JSP 程序设计"]
    print("%s 文件打开成功"%filename)
    # f.write(list)                          # 会报错，write()方法只能写字符串，不能是 list
    f.writelines(list)
```

运行代码后打开文件，可以看到如下内容，说明把列表数据成功写入文件中了。

```
C 语言 Python 语言 Java 语言 SQLServerJSP 程序设计
```

从上述结果看到，写入的内容都连接到了一起，没有分隔。如果每写入一行就换行，则可以使用列表推导式重新构造列表内容，将"\n"加进去，这样写入文件后就会有一个换行。代码如下：

```
# 写入的内容每行加上换行
filename = input("请输入文件名：")          # 输入'd:\\newtest1.txt'
with open(filename, mode='w', encoding='utf-8') as f:
    list = ["C 语言","Python 语言","Java 语言","SQLServer","JSP 程序设计"]
    list = [item+'\n' for item in list]      # 使用列表推导式，给 list 的每个成员加上换行符
    f.writelines(list)
```

再打开文件查看内容，可以看到每一行都换行了。

C 语言

Python 语言

Java 语言

SQLServer

JSP 程序设计

【例 8-1】 将图 8-1 的 exam.txt 文件的内容按照以下规则保存：将黑客的对话单独保存成 heike.txt 文件，将新手的对话单独保存成 xinshou.txt 文件。实现代码如下：

```python
heike = []                              # 定义空列表，用来存放黑客说的内容
xinshou = []                            # 定义空列表，用来存放新手说的内容
with open('d:\\exam.txt', mode='r', encoding='utf-8') as f:
    for line in f:
        (role,line_spoken) = line.split(': ',1)   # 以': '为分隔符，分隔成两个子串
        if role == '黑客':
            heike.append(line_spoken)             # 将黑客说的话添加到列表
        if role == '新手':
            xinshou.append(line_spoken)           # 将新手说的话添加到列表
    with open("d:\\heike.txt", mode='w', encoding='utf-8') as f1:
        f1.writelines(heike)                      # 将列表内容写到文件对象 f1 (即文件 heike.txt)中
    with open("d:\\xinshou.txt", mode='w', encoding='utf-8') as f2:
        f2.writelines(xinshou)                    # 将列表内容写到文件对象 f2 (即文件 xinshou.txt)中
```

运行程序，打开相应的文件，可以看到如图 8-2 所示的内容。

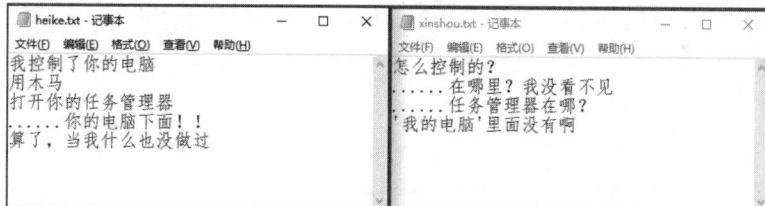

图 8-2 heike.txt 和 xinshou.txt 文件的内容

【例 8-2】 编写程序，打开任意文本文件，在指定位置产生一个相同文件的副本，即实现文件的复制功能。

第一种方法的实现代码如下：

```python
# 方法一：
def copy_file(oldfile,newfile):         # 定义函数
    with open(oldfile, mode='r', encoding='utf-8') as f1:
        with open(newfile, mode='w', encoding='utf-8') as f2:
            while True:
                filecontent=f1.read(50)
                if   filecontent=="":   # 读到文件结尾时
                    break
                f2.write(filecontent)
```

```
        return
# 主程序

oldfile = input("请输入原文件名：") .strip()
newfile = input("请输入复制后的文件名：") .strip()
# copy_file("d:\\test.txt","d:\\testbak.txt")        # 固定文件名
copy_file(oldfile,newfile)                           # 从键盘接收任意文件名
```

程序运行后，打开 D 盘，可以看到赋值后的文件，其内容和源文件一致。

第二种方法是导入 shutil 模块。该模块提供了针对文件和目录的高级操作，主要是复制、移动。对于单个文件的操作，可以参考 OS 模块。

```
# 方法二
import shutil                                         # 导入 shutil 库
shutil.copyfile("d:\\test.txt","d:\\testbak3.txt")
```

【例 8-3】 用 Windows 的"记事本"创建一个文本文件，其中每行包含一段英文。试读出文件的全部内容，并判断：

(1) 该文本文件共有多少行？

(2) 文件中以大写字母 P 开头的有多少行？

(3) 一行中包含字符最多的是哪一行，字符数是多少？

问题 1 的实现代码如下：

```
# 该文本文件共有多少行？
with open('d:\\exam.txt', mode='r', encoding='utf-8') as f:
    list1 = f.readlines()                            # 返回的结果是列表
    print(len(list1))                                # 输出列表的长度就是文件的行数
```

问题 2 的实现代码如下：

```
# 文件中以大写字母 P 开头的有多少行
with open('d:\\exam.txt', mode='r', encoding='utf-8') as f:
    filecontent = f.readlines()
    count = 0                                        # 用于存放统计结果
    for s in filecontent:
        if s.startswith('P')==True:                  # 调用 startswith()函数，条件是以 P 打头
            print(s)                                 # 输出 P 打头的这行
            count+=1                                  # 计数
print("以大写字母 P 开头的有",count,"行")
```

问题 3 的实现代码如下：

```
# 一行中包含字符最多的是哪一行，字符数是多少？
n = 1                                                # 表示行号
maxnum = 0                                           # 存放字符最多行的字符数，初始值为 0
with open('d:\\test.txt', mode='r', encoding='utf-8') as f:
    filecontent = f.readlines()                      # 读入文件内容，得到列表
```

```
        for s in filecontent:                    # 循环取列表中的每一个元素，即文件中的每行
            k = len(s)                           # 得到每一行的长度
            if k>maxnum:
                maxnum=k                         # 总保持 maxnum 中放的是最大的值
                pos=n                            # 用 pos 记录下第几行最长
            n+=1                                 # 下一行
print("一行中包含字符最多的是第",pos,"行")
print(f"第{pos}行中字符最多，字符个数是{maxnum}")
```

【例 8-4】 二进制文件的读写。读一张图片文件。

实现代码如下：

```
with open("D:\\t.bmp","rb") as f:
    # 循环读取一张图片，一次性读取 1024 字节
    while True:
        strb = f.read(1024)                      # 返回二进制的字符串
        if strb == b"":                          # 加 b 前缀
            break
        print(strb)
```

输出结果是一堆二进制代码(下列结果只截取了一部分结果)：

```
b'\x89PNG\r\n\x1a\n\x00\x00\x00\rIHDR\x00\x00\x01\x98\x00\x00\x01\xd3\x08\x06\x00\x00\x00\x1a\xa4\x0e\xfa\x00\x00\x00\x01sRGB\x00\xae\xce\x1c\xe9\x00\x00\x00\x04gAMA\x00\x00\xb1\x8f\x0b\xfca\x05\x00\x00\x00\tpHYs\x00\x00\x0e\xc3\x00\x00\x0e\xc3\x01\xc7o\xa8d\x00\x00\xff\xa5IDATx^\xe4\xbdu|\x1d\xd7\xd5\
```

因为 rb 模式主要用于网络传输，所以图片文件在互联网上是通过二进制文件进行传输的，这样就不会产生乱码。

修改上述代码，复制一张图片文件：

```
with open("D:\\t.bmp","rb") as f1:
    with open("D:\\t1.bmp","wb") as f2:          # 同时操作多个文件
        while True:
            strb = f1.read(1024)
            if strb == b"":                      # 加 b 前缀，字符串是 bytes 类型
                break
            f2.write(strb)
```

运行程序后，打开文件夹会看到创建了 t1.bmp 文件，如图 8-3 所示。

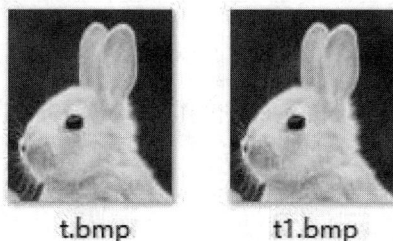

t.bmp　　　　　　t1.bmp

图 8-3　例 8-4 的复制结果

8.2.3   文件的定位读写

在默认情况下，文件的读写都是从文件的开始位置执行的，而且在文件的一次打开与关闭之间进行的读写操作是连续的，程序总是从上次读写的位置继续向后进行读写操作。每个文件对象都有一个称为"文件读写位置"的属性，该属性记录当前读写的位置。但是实际开发中，经常需要从文件的某个特定位置开始读写。Python 提供了 tell()和 seek()两种定位方式，用来获取与修改文件的读写位置，实现文件的定位读写。下面分别介绍这两种方法的使用。

1. tell()方法

tell()：获取当前在文件中所读取数据的位置。

在 D 盘根目录下有名为 exam1.txt 的文件，文件的内容第一句是 "Nature's first green is gold"。下面以操作该文件为例编程。示例代码如下：

```python
with open('d:\\exam1.txt') as f:
    print(f.tell())              # 获取文件的读写位置，结果为 0
    print(f.read(6))             # 利用 read()方法移动文件的读写位置，读了 6 字节
    print(f.tell())              # 再次获取文件的读写位置，结果为 6
```

第一条 print 语句输出文件的起始位置，默认是 0；第二条 print 语句通过 read()语句读了 6 个字符，相当于移动了 6 字节；第三条 print 语句得到的当前位置是 6。

思考：如果换成如图 8-1 所示的中文文件 exam.txt，结果是什么？

在 Python 中，使用 utf-8 编码，一个中文字符占 3 字节。

2. seek()方法

seek()：定位到文件的指定读写位置。

语法如下：

```
seek(offset [,from])
```

其中：

- offset 变量表示要移动的字节数。
- from 变量指定开始移动字节的参考位置。该参数值有三种：

from 为 0(默认值)，表示从文件的起始位置开始偏移。

from 为 1，表示从文件当前的位置开始偏移。

from 为 2，表示从文件的末尾开始偏移。

示例代码如下：

```python
with open('d:\\test2.txt', mode='w+') as f:
    f.write("hello,this is china!")   # 写入指定字符串
    pos = f.tell()                    # 获取当前的读写位置
    print(pos)
    f.seek(0,0)                       # 返回到文本文件内容的起始位置
    print(f.read())
    f.seek(6,0)                       # 从文件开始位置偏移 6 字节
```

```
    print(f.tell())
    print(f.read(5))
    print(f.tell())
    f.seek(3,1)                          # 从文件当前位置偏移 3 字节
    print(f.read(6))
```

代码运行结果如下：

```
20
hello,this is china!
6
this
11

------------------------------------------------------------------------

UnsupportedOperation                      Traceback (most recent call last)
<ipython-input-15-9fe9137fef74> in <module>
      9       print(f.read(5))
     10       print(f.tell())
---> 11       f.seek(3,1)                          # 从文件当前位置偏移 3 字节
     12       print(f.read(3))


UnsupportedOperation: can't do nonzero cur-relative seeks
```

为什么在运行到 f.seek(3,1)这句时出错呢？因为 seek 中 from 参数的取值有如下要求：

如果取 0，则 open 函数以 r、w 或带 b 的二进制模式打开文件，也就是以任何模式打开文件都能正常运行。

如果取 1 和 2，则 open 函数只能以二进制模式打开文件才能正常运行，否则会报出错误。

修改上述代码，以二进制模式打开文件，就可以正常运行了。

```
with open('d:\\test2.txt', mode='rb+') as f:     # 打开模式 mode='rb+'
    print(f.tell())
    print(f.read(5))
    print(f.tell())
    f.seek(9,1)                          # 从文件的当前位置偏移 9 个字符
    print(f.read(5))                     # 结果是 china
```

8.3　OS 模块和 fileinput 模块

Python 中的 OS 模块和 fileinput 模块都可用于文件的处理。OS 模块提供了与操作系统交互的功能，包括对文件路径的操作、进程管理、环境变量访问等，文件处理只是其众多功能中的一个。而 fileinput 模块则专注于文件的读取和迭代，它允许用户逐行读取一个或

多个文件的内容，支持同时处理多个文件并自动处理文件的打开和关闭，简化了文件读取的复杂性。

8.3.1　OS 模块

计算机系统中有成千上万个文件，为了便于对文件进行存取和管理，可以创建文件目录来存放需要存储的文件。在 Python 中，如果要执行文件/目录管理操作，如创建、重命名、删除、改变路径和查看目录内容等，则需要导入 OS 模块。OS 模块是 Python 标准库中用于访问操作系统功能的模块，该模块提供了若干操作文件和目录的方法，具体的方法见表 8-2。

表 8-2　OS 模块的方法

方 法 名	说 明
rename()	将当前文件名重新命名
remove()	删除目标文件
listdir()	查看目录内容
mkdir()	创建目录
rmdir()	删除目录
getcwd()	获取当前工作目录
chdir()	修改工作目录
path.isdir()	判断是否为目录

下面讲解其中一些常用方法的使用。

1. 重命名文件

重命名文件就是将文件的当前文件名改为新文件名，一般使用 OS 模块中的 rename() 方法实现，语法格式如下：

```
os.rename("当前文件名", "新文件名")
```

使用 rename() 方法将文件 "old.txt" 改名为 "new.txt"，示例代码如下：

```
import os                    # 导入 OS 模块
os.rename("old.txt","new.txt")    # 重命名文件，默认文件都在当前路径下
```

2. 删除文件

删除文件就是将目标文件进行删除，一般使用 remove() 方法，语法格式如下：

```
os.remove("目标文件")
```

使用 rename() 方法将 new.txt 文本文件删除，示例代码如下：

```
import os
os.remove("new.txt")              #  删除 new.txt 文件
```

3. 创建和删除目录

目录相当于一个容器，可以将多个文件或其他目录存储在一起。多个文件通过存储在

同一目录中，可以达到有组织地存储文件的目的。Python 提供了 mkdir()和 rmdir()方法来实现目录的创建和删除，语法格式如下：

```
os.mkdir("new_dir")              # 创建目录
os.rmdir("rm_name")              # 删除目录
```

在 D 盘下创建一个新的目录，示例代码如下：

```
import os
os.mkdir("Pythontest")           # 在当前路径下创建目录 Pythontest
os.getcwd()                      # 显示当前工作目录
```

注意：getcwd()方法只能用来显示当前工作目录。

使用 rmdir()删除目录 Pythontest，示例代码如下：

```
import os
os.rmdir("Pythontest")                           # 删除名为 Pythontest 的目录
```

4. 查看目录

当我们想要了解目录下的具体内容时，可以使用 listdir()方法来查看目录下的所有内容，并以列表的形式返回，也可以自定义获取想了解的目录，语法格式如下：

```
os.listdir("name_dir")
```

如果要查看当前目录下的内容，示例代码如下：

```
import os
os.listdir(".")                                  # 查看当前目录下的内容，"."表示当前目录
```

代码运行结果如下：

```
['DLLs', 'Doc',  'include', 'Lib', 'libs', 'LICENSE.txt', 'NEWS.txt', 'python.exe', 'python3.dll', 'python36.dll',
'pythonw.exe',  'Scripts',  'tcl',  'Tools',  'vcruntime140.dll']
```

注意：不同目录显示的内容各不相同，实际结果以个人目录结构为准。

5. os.path 子模块

os.path 模块主要用于文件的属性获取，在编程中经常用到。下面介绍几种常用的方法：

os.path.isdir(path)：如果 path 是一个存在的目录，则返回 True，否则返回 False。

os.path.isfile(path)：如果 path 是一个存在的文件，则返回 True，否则返回 False。

os.path.exists(path)：如果 path 存在，则返回 True；如果 path 不存在，则返回 False。

os.path.abspath(path)：返回 path 规范化的绝对路径。

os.path.split(path)：将 path 分割成目录和文件名二元组返回。

【例 8-5】 备份文件。

程序分析：

第一步，输入备份的目录名称、备份的文件名称；第二步，判断目录是否存在，如果不存在，则创建该目录；第三步，将路径和文件名拼接成完整的文件名，以便后续读写该文件；第四步，读取文件内容，再将其写入另一个文件中，完成文件的备份。

实现代码如下：

```
import os
# 备份
```

```python
def file_backups(file_name, path):
    # 备份的文件名
    file_back = file_name.split('\\')[-1]              # 只取文件名，不要前面的路径
    # 判断用户输入的内容是文件还是文件夹
    if os.path.isdir(file_name) is not True:           # 如果是文件
        with open(file_name, mode='r', encoding='utf-8') as file_data:
            # 创建新文件，以只读的方式打开
            new_path = path + '/' + file_back          # 拼接得到一个用'/'分隔的文件名
            with open(new_path, 'w', encoding='utf-8') as file_back:
                # 逐行复制源文件内容到新文件中
                for line_content in file_data.readlines():
                    file_back.write(line_content)


# 判断是目录还是文件，用'\\'拼接一个完整文件名
def judge(back_path, file_path):
    if os.path.isdir(file_path) is True:
        # 遍历当前目录下的文件
        file_li = os.listdir(file_path)                # 得到一个列表
        for i in file_li:
            # 拼接文件名称
            new_file = file_path + '\\' + i            # 得到一个用'\\'连接路径和文件名的完整名称
            file_backups(new_file, back_path)
    else:
        # 是文件
        if os.path.exists((file_path)):
            file_backups(file_path, back_path)
        else:
            print("备份的文件不存在!")
            exit()


# 备份目录
def backups_catalog():
    # 指定备份的目录
    back_path = input("请输入备份的目录：\n")
    file_path = input("请输入备份的文件:\n")
    # 指定目录不存在
    if os.path.exists(back_path) is False:
        os.mkdir(back_path)                            # 目录不存在，创建目录
        judge(back_path, file_path) #
```

```
            print('备份成功!')
        # 指定目录存在
        else:
            judge(back_path, file_path)
            print('备份成功!')


if __name__ == '__main__':
    backups_catalog()
```

程序运行结果如下：

请输入备份的目录：
d:\python1
请输入备份的文件：
d:\exam.txt
备份成功!

读者可以重新运行，备份一个不存在的文件，结果会提示文件不存在。

8.3.2 fileinput 模块

在前面的内容中，我们学习了使用 open()、read()和 readline()组合来读取单个文件中的数据。但在某些应用中，需要读取多个文件，在这种需求下，前面的方法就不适用了。Python 提供了 fileinput 模块，通过该模块中的 input()函数，能同时打开指定的多个文件，还可以逐个读取这些文件中的内容。

input()函数的语法格式如下：

```
fileinput.input(files="filename1, filename2, …", inplace=False, backup=", bufsize=0, mode='r', openhook=None)
```

此函数返回一个 FileInput 对象，可以理解为是将多个指定文件合并之后的文件对象。其中，各个参数的含义如下所述。

- files：多个文件的路径列表。
- inplace：用于指定是否将标准输出的结果写回到文件，此参数的默认值为 False。
- backup：用于指定备份文件的扩展名。
- bufsize：用于指定缓冲区的大小，默认为 0。
- mode：打开文件的格式，默认为 r (只读格式)。
- openhook：控制文件的打开方式，如编码格式等。

注意，和 open()函数不同，fileinput.input()默认使用 mode='r' 的模式读取文件。如果文件是二进制的，则可以使用 mode='rb' 模式。fileinput 有且仅有这两种读取模式。这意味着使用该函数读取的所有文件，除非以二进制方式进行读取，否则该文件的编码格式都必须和当前操作系统默认的编码格式相同，不然 Python 解释器可能会提示 UnicodeDecodeError 错误。

和 open()函数返回单个的文件对象不同，fileinput 对象无须调用类似 read()、readline() 和 readlines()的函数，而是直接通过 for 循环按次序读取多个文件中的数据。

假设在 D 盘的 demo 目录下有 test1.txt 和 test2.txt 两个文件，其中 test1.txt 文件的内容是 "hello word！你好！"，test2.txt 文件的内容是 "hello，Python"。使用 fileinput.input() 批量打开多个文件的代码如下：

```
import fileinput

# 使用 for 循环遍历 fileinput 对象
# for line in fileinput.input(files=(['d:\\demo\\test1.txt', 'd:\\demo\\test2.txt'])):
for line in fileinput.input(files=(['d:\\demo\\test1.txt', 'd:\\demo\\test2.txt']),\
                openhook=fileinput.hook_encoded("utf-8")):        # 接上一行
    print(fileinput.filename(),end = ': ')                        # 输出被读的文件名
    print(line)                                                   # 输出读取到的内容
# 关闭文件流
fileinput.close()
```

运行代码结果如下：

```
d:\demo\test1.txt：hello word！你好！
d:\demo\test2.txt：hello，python
```

从结果可以看出，两个文件依次打开并读入文件的内容。fileinput 是对 open 函数的再次封装。在仅需读取数据的场景中，fileinput 显然比 open 做得更专业、更人性化，而在其他复杂场景中，fileinput 就无能为力了。

上述代码中用到了 input() 和 filename() 函数，除此以外，fileinput 还提供了若干函数，它们可用于对文件进行格式化输出、查找、替换等操作，还能获取每一行的行号等，非常方便。

8.4 程序的异常处理

实际项目在运行时可能会发生异常，异常的发生将导致程序不能正常运行。Python 提供了丰富的异常处理功能，可以在异常发生时既保证程序不会意外中断，同时还可以提供必要的提示及错误处理。

8.4.1 异常的类型

异常分为内置异常和自定义异常，下面分别介绍。

1. 内置异常

Python 的异常处理能力很强大，它有很多内置异常，可向用户准确反馈出错信息。在 Python 中，异常也是对象，可对它进行操作。BaseException 是所有内置异常的基类，但用户定义的类并不直接继承 BaseException，所有的异常类都是从 Exception 继承的，且都在 Exceptions 模块定义。表 8-3 列出了一些常见的内置异常及其说明。

表 8-3　常见的内置异常及其说明

异常名称	说　　明
ZeroDivisionError	除零
NameError	找不到名字(变量)时引发
IndexError	在使用序列中不存在的索引时引发
IOError	试图打开不存在的文件时引发
SyntaxError	在代码为错误时引发
TypeError	在内建操作或者函数应用于错误类型的对象时引发
ValueError	在内建操作或者函数应用于正确类型的对象，但是该对象使用不合适的值时引发

2. 自定义异常

虽然 Python 已经提供了丰富的异常类型，但在实际开发中常常要根据业务需要构建有当前开发系统特性的一些异常类，详细介绍参见 5.4.5 节。

8.4.2　异常处理机制

Python 的异常处理机制通过 try…except 块捕获并处理错误，确保程序在遇到异常时不会完全崩溃，而是可以优雅地处理错误或跳过出错部分继续执行。

Python 提供了异常处理机制，我们可以通过异常捕获针对突发事件进行集中处理，从而保证程序的稳定运行。异常处理主要有 try…except、try…except…except、try…except…else、try…except…finally 这 4 种结构。

1. try…except…else 结构

本节介绍 try…except…else 结构，其他格式在第 5 章已经学习过。语法格式如下：

```
try:
    语句块 1
except 内建异常类名:
    语句块 2
…
else:
    语句块 3
```

try 语句块中的代码片段可能出现异常，第一个 except 子句中的语句块处理第一种可能出现的异常，依次类推，中间可以继续添加异常处理语句块。如果此时没有异常，就会执行 else 子句后的语句块。try…except…else 结构可以使异常处理的逻辑更加严谨，示例代码如下：

```
try:
    num1=int(input("请输入第一个整数："))
    num2=int(input("请输入第二个整数："))
```

```
        num=num1/num2
    except ValueError:              # 对象类型错误异常
        print("输入类型错误")
    except ZeroDivisionError:       # 分母为 0 异常
        print("分母不能为 0")
    else:
        print("运算结果：%.2f" %num)
```

代码运行结果如下：

```
请输入第一个整数：a
输入类型错误
```

再次运行程序，结果如下：

```
请输入第一个整数：5
请输入第二个整数：2
运算结果：2.50
```

通过结果可以看到，将运算结果放在 else 后面的语句块中，当发现异常时就进行异常处理，没有异常时就输出运行结果。

2. 捕获未知异常

在程序开发时，要提前知道所有可能出现的错误是有一定的难度的，如果希望程序无论出现任何错误，都不会因为 Python 解释器抛出异常而被终止，可以对程序进行未知的异常捕获。语法结构如下：

```
try:
    语句块 1
except Exception as 变量名:
    语句块 2
```

这里使用 Exception 异常类，后面增加一个 as，再跟上一个变量名。这里的变量是在 except 下方可以输出的异常对象。示例代码如下：

```
try:
    num1=int(input("请输入第一个整数："))
    num2=int(input("请输入第二个整数："))
    num=num1/num2
    print(num)
except Exception as result:
    print("未知错误%s"%result)
```

结果如下：

```
请输入第一个整数：a
未知错误 invalid literal for int() with base 10:'a'
```

再次运行程序，结果如下：

```
请输入第一个整数：3
请输入第二个整数：0
```

未知错误 division by zero

通过结果可以看到，在捕获异常时，不需要针对所有的异常类型逐一进行处理，这样在开发时不仅可以大大简化工作，也可以保证程序的安全运行。

【例 8-6】 编写程序，接收用户输入，并且要求用户必须输入整数，不接收其他类型的输入。

程序分析：

如果用户输入的内容可以转换为整数，则退出循环，否则就提示"有异常"，并提示再次输入。

实现代码如下：

```
while True:
    x = input("请输入：")
    try:
        x = int(x)
        print("你输入的数是：",x)
        break
    except Exception as e:
        print(f"发生{e}异常")
```

程序运行结果如下：

请输入：k

发生 invalid literal for int() with base 10: 'k'异常

请输入：89

你输入的数是： 89

【例 8-7】 编写程序，接收一个文本文件的名字，预期该文件中只包含一个整数，要求输出该数字加 10 之后的结果。如果文件不存在，则提示文件不存在；如果文件存在，但内容格式不正确，则提示文件内容格式不正确。

程序分析：

打开文件时，如果文件不存在，则会抛出异常。读取的内容如果不能转换为整数，则也会抛出异常。使用 finally 保证文件总能被关闭。

实现代码如下：

```
filename = input('请输入一个文件名：')
try:
    fp = open(filename)              # 尝试打开文件
    try:                            # 尝试读取数据并计算和输出
        print(int(fp.read())+10)    # read()方法表示从文本文件读取所有内容
    except:                         # 读取文件或计算失败时执行的代码
        print('文件内容格式不正确')
    finally:                        # 确保文件能够关闭
        fp.close()
```

```
except:                          # 打开文件失败时执行的代码
    print('文件不存在')
```

8.4.3　使用 raise 主动抛出异常

在前面的示例中碰到的异常都是系统抛出异常并捕获处理。Python 还提供了主动抛出异常的方法，即使用关键字 raise。一旦遇到 raise，其后的代码将不会被执行。

语法格式如下：

```
raise [exception [(args)]]
```

其中，用[]括起来的为可选参数，其作用是指定抛出的异常名称以及异常信息的相关描述。如果可选参数全部省略，则 raise 会把当前错误原样抛出；如果仅省略(args)，则在抛出异常时不附带任何异常描述信息。

示例代码如下：

```
try:
    s = None                     # 定义变量 s 是一个空对象(None)
    if s is None:
        print('s 是空对象')
        raise NameError          # 抛出异常，执行 except 后的语句
    print(len(s))                # 通过 raise 抛出异常后，这句就不会执行
except Exception:
    print('空对象没有长度')
```

代码运行结果如下：

```
s 是空对象
空对象没有长度
```

修改上述代码如下：

```
try:
    s ="asd"                     # 这句被修改为 s 的值为 asd，不是一个空对象了
    if s is None:
        print('s 是空对象')
        raise NameError
    print(f"'{s}'的长度为：",len(s))   # 条件不成立，没有执行 raise 语句，这句就会被执行
except Exception:
    print('空对象没有长度')
```

代码运行结果如下：

```
asd 的长度为：　3
```

【例 8-8】 自定义一个检测头像格式的异常类，若上传非指定的文件格式则会提示错误。假设某网站只允许上传 JPG、PNG、BMP 和 JPEG 格式的图片文件，对于其他格式的文件，则提示文件格式错误。实现代码如下：

```
class FileTypeError(Exception):                              # 自定义异常类
    def __init__(self, err="仅支持 jpg/png/bmp/ jpeg 格式"):
        super().__init__(err)


file_name = input("请输入上传图片的名称(包含格式)：")
try:
    if file_name.split(".")[1] in ["jpg", "png", "bmp", "jpeg"]:   # 判断文件类型是否这 4 种
        print("上传成功")
    else:
        raise FileTypeError                                  # 否则抛出自定义异常
except Exception as error:                                   # 捕获自定义异常对象
    print(error)
```

知识扩展

标准输入/输出

计算机的硬件系统由运算器、控制器、存储器、输入设备和输出设备五大部件组成。其中，运算器和控制器不是两个独立的部件，它们被集成到一块微处理器芯片上，称为 CPU 芯片(中央处理器)。中央处理器 CPU 和主存储器构成计算机的主体，称为主机。主机以外的大部分硬件设备都称为外围设备或外部设备，简称外设。它包括输入/输出设备、外存储器(辅助存储器)等。在计算机外设中，打印机不是标准输出设备，显示器是微型计算机中标准的输出设备；标准的输入设备是键盘。

Python 的 sys 模块中定义了 3 个标准文件，分别为 stdin(标准输入文件)、stdout(标准输出文件)和 stderr(标准错误文件)。标准输入文件对应输入设备，如键盘。标准输出文件和标准错误文件对应输出设备，如显示器。

在 Python 编程中导入 sys 模块便可对标准文件进行操作，示例代码如下：

```
import sys              # 导入 sys 包
file = sys.stdout       # 将系统标准输出文件赋值给文件对象 file
file.write("hello")     # 通过 file 对象调用 write()方法
```

执行 file.write("hello")语句后，字符串 hello 被写入标准输出文件，默认就是输出到屏幕上。

我们常用的 print()函数也是一个写操作，本质上就是调用了 sys.stdout.write(obj+"\n")，所以 print()函数默认会把数据输出到屏幕上，并且自动换行。

print 和 stdout 的区别如下：

(1) 数据类型支持：stdout 仅能输出字符串，print 函数可直接输出整数、列表、字典等多种数据类型。

(2) 换行机制：stdout 输出不自动换行，需手动加 \n；print 函数输出后自动换行。

（3）输出位置灵活性：print 函数默认用 sys.stdout.write 输出到控制台，传入 file 参数可轻松重定向到文件；sys.stdout 默认输出到控制台，重定向复杂，需手动保存和恢复标准输出，重定向期间只能用 sys.stdout.write 方法。

8.5　实验：实现保存进货交易记录功能

1. 任务描述

每个超市都需要进货，而这些进货记录整理起来很不方便，本任务要求实现保存超市进货记录交易的功能，将超市的进货信息保存在本地的 csv 文件中。什么是 csv 文件呢？csv 全称 "Comma-Separated Values"，是一种逗号分隔值格式的文件，是用来存储数据的纯文本格式文件。csv 文件用记事本和 excel 都能打开，用记事本打开显示逗号，用 excel 打开没有逗号，逗号都用来分列了。任务具体要求如下。

当用户输入商品编号时，后台根据商品编号查询到相应商品的信息，并打印商品信息。接着用户输入需要进货的商品数量，程序将原有的库存数量与输入的数量相加作为商品最新的库存数量，并将商品进货的记录保存至本地的 csv(或者 txt)文件中。在 csv 文件中，每条记录包含商品编号、商品名称、购买数量、单价、总价和联系人等数据，每条记录的数据之间用英文逗号或空格分隔，每条记录之间由换行符分隔。文件命名格式为 "进货记录" 加上当天日期加上 ".csv" 后缀，如进货记录 "20220626.csv"。保存文件时，需要判断本地是否存在当天的数据，如果存在则追加，不存在则新建。

2. 任务实施

1) 任务分析

（1）为了方便保存商品的相关信息，可以将商品信息以二维列表的形式保存，具体如下：

```
[['10001','百事可乐',3.5,100,'张三'],
['10002','可口可乐', 3.0,100,'李四'],
['10003','百事雪碧', 4.0,100,'张三']]。
```

商品进货过程中需要打印商品的相关信息，也就是要显示列表的信息；商品每次进货后要修改库存数量，即修改列表中的库存数量。

（2）管理员进货是通过在控制台键盘输入商品编号和购买数量的方式进行的。如果商品编号正确，且购买数量也正常，则商品进货成功。将此商品的进货信息保存到 csv 文件中，同时要将库存数量增加。

（3）查询商品信息时，可以通过 input 方法从控制台获取商品编号，之后根据这个编号到库存中查询此商品的信息。如果查到了商品的信息，从控制台获取进货的数量之后，将此商品的所有信息进行更新。

（4）将商品的销售信息写入 csv 文件之前，需先拼凑好 csv 文件名，再判断本地是否已存在此文件。如果这个文件已存在，那么就向文件末尾追加销售信息；如果获取失败，即异常，说明之前并没有生成当日的销售信息，则需要新建此文件。

（5）将进货信息写入 csv 文件中时，csv 格式的文件以纯文本形式存储表格数据，当此类文件用 Excel 格式打开的时候，展现信息如图 8-4 所示。

	A	B	C	D	E	F
1	商品编号	商品名称	购买数量	单价	总价	联系人
2	10001	百事可乐	200	3.5	700	张三
3	10001	百事可乐	100	3.5	350	张三
4						
5						

图 8-4　写入的进货信息 csv 格式文件

2) 实施步骤

(1) 显示超市现有库存商品的信息。进货前先查看陈列的商品以及商品的库存情况，从程序的思维来讲，就是先定义一个列表，列表中保存超市现有商品信息，再将它们显示出来。实现代码如下：

```
# 商品已有库存，用列表 ls1 表示
ls1=[['10001','百事可乐', 3.5,100, '张三'],['10002','可口可乐', 3.0,100, '李四'],['10003','百事雪碧', 4.0,100, '张三']]
# 超市现有商品展示：遍历列表元素
for i in range(0,len(ls1)):
    print("进货记录编号： ", ls1[i][0])
    print("商品名称： ", ls1[i][1])
    print("单价： ", ls1[i][2])
    print("库存数量： ", ls1[i][3])
    print("联系人： ", ls1[i][4])
    print()
```

运行结果如下：

```
进货记录编号： 10001
商品名称：百事可乐
单价： 3.5
库存数量： 100
联系人：张三

进货记录编号： 10002
商品名称：可口可乐
单价： 3.0
库存数量： 100
联系人：李四

进货记录编号： 10003
商品名称：百事雪碧
单价： 4.0
库存数量： 100
联系人：张三
```

(2) 将商品的销售信息写入到 csv 文件之前，需先拼凑好 csv 文件名。这一步需要获取当前的日期，文件命名为"进货记录"+今天的日期+".csv"。实现代码为

```
import datetime
today = datetime.date.today()              # 获取当前时间，形如 2024-04-19
today_tem = str(today)                      # 转换成字符串
term = today_tem.split("-")                 # 将时间中的年月日取出形成列表
today_str = "".join(term)                   # 将列表中的每个元素拼接在一起形成字符串
file_name = "进货记录" + today_str + ".csv"   # 拼接一个文件名
print("文件名为: ",file_name)                # 文件名为: 进货记录 20240419.csv
```

(3) 按编号查询库存，并修改库存。通过 input 方法从控制台获取商品编号，然后根据这个编号到库存中查询此商品的信息，如果查到了商品的信息，从控制台获取进货的数量后，应将此商品的所有信息进行显示。如果输入"-1"则退出系统。如果需要继续进货，同样使用 input 函数输入另一种要进货的商品的名称和数量，如此反复，在程序中使用循环实现这个过程。如果输入"-1"则退出系统。实现代码为

```
# 步骤三：按编号查询库存，并修改库存
ls1=[['10001','百事可乐',3.5,100,'张三'],['10002','可口可乐',3.0,100,'李四'],['10003','百事雪碧',4.0,100,'张三']]
while True:
    bianhao=input("请输入进货记录编号(输入-1 退出):")
    if bianhao == "-1":
        break
    else:
        for ls in ls1:              # 遍历列表，判断要进货的商品是否已经存在
            if bianhao==ls[0]:      # 每一个子列表的第 0 位是进货记录编号，找到则输出详细信息
                print("当前商品库存信息： ")
                print("进货记录编号： ", ls[0])
                print("商品名称： ", ls[1])
                print("单价： ", ls[2])
                print("库存数量： ", ls[3])
                print("联系人： ", ls[4])
                shuliang=int(input("请输入进货数量:"))   # 输入进货数量
                # 修改库存并增加总价
                lsjs=[ls[0],ls[1],ls[2],ls[3]+shuliang,shuliang*ls[2],ls[4]]
                print("修改后的库存：",lsjs)
                print()
                break
            else:
                continue
        else:
            print("商品编号不存在")    # 如果 for 循环不是正常结束就说明原库存中没有该商品
```

程序运行结果如下：

```
请输入进货记录编号(输入-1 退出):10002
当前商品库存信息：
进货记录编号： 10002
商品名称：可口可乐
单价： 3.0
库存数量： 100
联系人：李四
请输入进货数量:100
修改后的库存： ['10002', '可口可乐', 3.0, 200, 300.0, '李四']

请输入进货记录编号(输入-1 退出):10001
当前商品库存信息：
进货记录编号： 10001
商品名称：百事可乐
单价： 3.5
库存数量： 100
联系人：张三
请输入进货数量:300
修改后的库存： ['10001', '百事可乐', 3.5, 400, 1050.0, '张三']

请输入进货记录编号(输入-1 退出):23
商品编号不存在
请输入进货记录编号(输入-1 退出):-1
```

(4) 将进货记录写入文件。使用 try 语句尝试打开文件，如果文件存在，则打开此文件。先将文件指针移到文件尾部，再添加进货信息，然后再用进货数量加上原库存替换掉原来的库存数量。如果打开文件失败，说明之前并没有生成当日的进货信息，则需要新建此文件。实现代码如下：

```
# 接下来将数据写入文件
try:
    with open(file_name,"r+") as file:      # 以读写方式打开文件，文件不存在则打开失败
        file.seek(0,2)
        ls[3]=ls[3]+shuliang                # 修改数量的值
        zj = ls[3] * ls[2]                  # 计算总价
        lsjs = [ls[0], ls[1],   str(ls[3]),str(ls[2]), str(zj), ls[4]]   # 列表中的数据都转换为字符串
        file.write(",".join(lsjs) + "\n")   # 将列表中的数据用逗号拼接并写入文件中
        break                               # 操作完退出循环
    except IOError:                         # 如果文件不存在则创建文件
        with open(file_name, "w") as fo:
            # 标题列表
```

```
        ls2 = ["商品编号", "商品名称", "库存数量","单价", "总价", "联系人"]
        fo.write(",".join(ls2)+"\n")      # 将标题写入文件
        ls[3] = ls[3] + shuliang
        zj=ls[3]*ls[2]
        lsjs=[ls[0],ls[1],str(ls[3]),str(ls[2]),str(zj),ls[4]]
        fo.write(",".join(lsjs)+"\n")
    break # 操作完退出循环
```

(5) 整个程序完整代码如下：

```
import datetime
import os
# 商品已有库存，用列表 ls1 表示
ls1=[['10001','百事可乐',3.5,100,'张三'],['10002','可口可乐',3.0,100,'李四'],['10003','百事雪碧',4.0,100,'张三']]
# 超市现有商品展示：遍历列表元素
for i in range(0,len(ls1)):
    print("进货记录编号：", ls1[i][0])
    print("商品名称：", ls1[i][1])
    print("单价：", ls1[i][2])
    print("库存数量：", ls1[i][3])
    print("联系人：", ls1[i][4])
    print()


#   生成文件名
today = datetime.date.today()
today_tem = str(today)
tem = today_tem.split("-")
today_str = "".join(tem)
file_name = "进货记录" + today_str + ".csv"


# 按编号查询库存，并修改库存，并写入文件
while True:
    bianhao=input("请输入进货记录编号(输入-1 退出):")
    if bianhao == "-1":
        break
    else:
        for ls in ls1:               # 遍历列表，判断要进货的商品是否已经存在
            if bianhao==ls[0]: # 每一个子列表的第 0 位是进货记录编号，找到则输出详细信息
                print("当前商品库存信息：")
                print("进货记录编号：", ls[0])
                print("商品名称：", ls[1])
                print("单价：", ls[2])
```

```python
        print("库存数量： ", ls[3])
        print("联系人： ", ls[4])
        shuliang=int(input("请输入进货数量:"))   # 输入进货数量
        # 修改库存列表并增加总价
        lsjs=[ls[0],ls[1],ls[2],ls[3]+shuliang,shuliang*ls[2],ls[4]]
        # 接下来将库存数据写入文件
        try:
            with open(file_name,"r+") as file:     # 以读写方式打开文件，不存在则失败
                file.seek(0,2)
                ls[3]=ls[3]+shuliang                # 修改数量的值
                zj = ls[3] * ls[2]                  # 计算总价
                # 列表中的数据都转换为字符串
                lsjs = [ls[0], ls[1],    str(ls[3]),str(ls[2]), str(zj), ls[4]]
                file.write(",".join(lsjs) + "\n")   # 将列表中的数据用逗号拼接写入文件中
            break                                   # 操作完退出循环
        except IOError:                             # 如果文件不存在则创建文件
            with open(file_name, "w") as fo:
                # 标题列表
                ls2 = ["商品编号", "商品名称", "库存数量","单价", "总价", "联系人"]
                fo.write(",".join(ls2)+"\n")        # 将标题写入文件
                ls[3] = ls[3] + shuliang            # 更新数量
                zj=ls[3]*ls[2]                      # 计算总价
                lsjs=[ls[0],ls[1],str(ls[3]),str(ls[2]),str(zj),ls[4]]
                fo.write(",".join(lsjs)+"\n")       # 写入文件
            break                                   # 操作完退出循环
        break
    else:
        continue                                    # 判断下一条库存
else:
    print("商品编号不存在")   # 如果 for 循环不是正常结束就说明原库存中没有该商品
```

程序运行结果如下：

进货记录编号： 10001
商品名称：百事可乐
单价： 3.5
库存数量： 100
联系人：张三

进货记录编号： 10002
商品名称：可口可乐
单价： 3.0

库存数量： 100

联系人：李四

进货记录编号： 10003

商品名称：百事雪碧

单价： 4.0

库存数量： 100

联系人：张三

请输入进货记录编号(输入-1 退出):10002

当前商品库存信息：

进货记录编号： 10002

商品名称：可口可乐

单价： 3.0

库存数量： 100

联系人：李四

请输入进货数量:200

请输入进货记录编号(输入-1 退出):10003

当前商品库存信息：

进货记录编号： 10003

商品名称：百事雪碧

单价： 4.0

库存数量： 100

联系人：张三

请输入进货数量:300

请输入进货记录编号(输入-1 退出):-1

在当前文件下找到生成的文件"进货记录 20240420.csv"，打开文件内容如图 8-5 所示。

	A	B	C	D	E	F
1	商品编号	商品名称	库存数量	单价	总价	联系人
2	10002	可口可乐	300	3	900	李四
3	10003	百事雪碧	400	4	1600	张三
4						
5						

进货记录20240420

图 8-5 生成的文件"进货记录 20240420.csv"

本 章 习 题

一、选择题

1. 以下选项中，不是 Python 对文件的打开模式的是(   )。

A. 'r'   B. '+'   C. 'w'   D. 'c'

2. 以下不是 Python 文件读写方法的是(   )。

A. read   B. readline   C. writeline   D. write

3. 以下不是 Python 文件操作方法的是(   )。

A. load   B. seek   C. read   D. write

4. 以下对 Python 文件处理的描述中，错误的是(   )。

A. Python 通过解释器内置的 open()函数打开一个文件

B. Python 能够以文本和二进制两种方式处理文件

C. 当文件以文本方式打开时，读写按照字节流方式

D. 文件使用结束后可以用 close()方法关闭，释放文件的使用授权

5. 以下代码执行后，book.txt 文件的内容是(   )。

```
fo = open("book.txt","w")
ls = ['book','23','201009','20']
fo.write(str(ls))
fo.close()
```

A. book,23,201009,20   B. ['book','23','201009','20']

C. [book,23,201009,20]   D. book2320100920

6. 以下关于 CSV 文件的描述中，错误的是(   )。

A. CSV 文件可以保存一维数据或二维数据

B. CSV 文件的每一行是一维数据，可以使用 Python 的列表类型表示

C. CSV 格式是一种通用的文件格式，主要用于不同程序之间的数据交换

D. CSV 文件只能采用 Unicode 编码表示字符

7. 在 Python 语言中，使用 open()打开一个 Windows 操作系统 D 盘下文件，路径名错误的是(   )。

A. D:\PythonTest\a.txt   B. D:\\PythonTest\\a.txt

C. D:/PythonTest/a.txt   D. D:// PythonTest//a.txt

8. 在 Python 语言中，将二维数据写入 CSV 文件，最可能使用的函数是(   )。

A. exists()   B. split()   C. strip()   D. join()

9. 关于 Python 的 os 库，以下选项描述正确的是(   )。

A. os 库是一个第三方库，需要安装后使用

B. os 库提供了几十个函数，功能比较有限

C. os 库仅适用于 Windows 平台

D. os 库提供了路径操作、进程管理等若干类功能

10. 关于 os 库，以下选项中可以启动进程执行程序的是(   )。

A. os.run()   B. os.process()   C. os.start()   D. os.system()

二、判断题

1. 使用内置函数 open()且以 "w" 模式打开的文件，文件指针默认指向文件尾。(   )

2. 使用 print()函数无法将信息写入文件。   (   )

3. 二进制文件不能使用记事本程序打开。   （   ）

4. 扩展库 os 中的方法 remove() 可以删除带有只读属性的文件。   （   ）

5. 假设已成功导入 os 和 sys 标准库，那么表达式 os.path.dirname(sys.executable) 的值为 Python 安装目录。   （   ）

三、编程题

1. 已知文本文件 data.txt 中存放了若干数字，每个数字之间以空格分隔。请编程读取文件中所有的数字，并以从大到小的顺序输出到控制台，输出方式为每个数字之间用空格分隔。

2. 已知文本文件 data.txt 中存放有若干英文字符，每个字符之间以空格分隔，请将该文件中每个英文字母加密后写到一个新文件 secret.txt 中。加密规则是：将 A 变成 B，B 变成 C，…，Y 变成 Z，Z 变成 A，a 变成 b，b 变成 c，…，y 变成 z，z 变成 a，其他字符不变。

3. 打开源文件 filechar.txt，并且读取文件中的内容。统计该文件中英文字母、数字、空格、回车换行及其他字符的个数，并将统计结果输出到 resultchar.txt 文件中。

4. 大学排名没有绝对的公正与权威，文件(alumni.txt, soft.txt)中为按照不同评价体系给出的国内大学前 100 名的排行，对比两个排行榜单前 m 的学校的上榜情况，分析不同排行榜排名的差异。

根据输入，输出以下内容：

(1) 第一行输入 1，第二行输入 m，输出在 alumni.txt 和 soft.txt 榜单中均在前 m 的大学，按照学校名称升序排列。

(2) 第一行输入 2，第二行输入 m，输出在 alumni.txt 或者 soft.txt 榜单中前 m 的所有大学，按照学校名称升序排列。

(3) 第一行输入 3，第二行输入 m，输出出现在榜单 alumni.txt 中前 m 但未出现在榜单 soft.txt 前 m 的大学，按照学校名称升序排列。

(4) 第一行输入 4，第二行输入 m，输出没有同时出现在榜单 alumni.txt 前 m 和榜单 soft.txt 前 m 的大学，按照学校名称升序排列。

(5) 第一行输入其他数据，则直接输出 Wrong Option(注意字母大小写)。

5. data 文件夹中每个文件名对应股票代码的股票交易数据，使用这些文件进行运算并输出结果。本题中涨跌幅计算公式设定为：(最新记录收盘价 − 最早记录收盘价)/最早记录收盘价 × 100。

交易数据文件中各字段如下：

Date: 日期

High: 最高价

Low: 最低价

Open: 开盘价

Close: 收盘价

Volume: 成交量

根据用户输入，利用集合运算和这些文件数据完成以下任务：

(1) 输入涨幅与成交量时，参考示例格式输出：

- 涨幅和成交量均在前 10 名的股票：

- 涨幅或成交量在前 10 名的股票：

- 涨幅前 10 名，但成交量未进前 10 名的股票：

- 涨幅和成交量不同时在前 10 名的股票：

(2) 输入涨幅与最高价时，参考示例格式输出：

- 涨幅和最高价均在前 10 名的股票：

- 涨幅或最高价在前 10 名的股票：

- 涨幅前 10 名，但最高价未进前 10 名的股票：

- 涨幅和最高价不同时在前 10 名的股票：

(3) 输入跌幅与最低价时，参考示例格式输出：

- 跌幅和最低价均在前 10 名的股票：

- 跌幅或最低价在前 10 名的股票：

- 跌幅前 10 名，但最低价未进前 10 名的股票：

- 跌幅和最低价不同时在前 10 名的股票：

(4) 输入其他数据时，输出：

输入错误

四、拓展练习

1. 使用字典和列表变量完成最有人气明星的投票数据分析。投票信息由 "vote.txt" 给出，每行只有一个明星姓名的投票才是有效票。有效票数最多的明星当选最有人气的明星。

任务 1：请补充并完善文件 "py1.py"，统计有效票张数。

任务 2：请补充并完善文件 "py2.py"，给出当选最有人气明星的姓名和票数。

vote.txt 文件内容如下：

李伟

张毅

张廷

黄纪行

爱美丽

孙晓丽

杨宁

张廷

张廷

张廷

孙晓丽

杨宁

孙晓丽

杨宁

爱美丽

孙晓丽

杨宁

张廷

张廷

张廷

孙晓丽

杨宁

孙晓丽

爱美丽

孙晓丽 杨宁

杨宁

张廷

张廷

张廷

孙晓丽

杨宁

孙晓丽

孙晓丽

孙晓丽

孙晓丽

孙晓丽 杨宁

py1.py 文件的内容如下：

```python
f = open("vote.txt")
names = f.readlines()
f.close()
n = 0
for name in _____(1)_____:
    num = _____(2)_____
    if _____(3)_____:
        n+= __(4)____
print("有效票{}张".format(n))
```

py2.py 文件的内容如下：

```python
f = open("vote.txt")
names = f.readlines()
f.close()
D = {}
for name in _____(1)_____:
    if len(_____(2)_____)==1:
        D[name[:-1]]=_____(3)_____ + 1
l = list(D.items())
```

```
l.sort(key=lambda s:s[1],_____(4)_____)
name = l[0][0]
score = l[0][1]
print("最具人气明星为:{},票数为：{}".format(name,score))
```

2. 在上面的程序中，使用代码替换…与___，可以任意修改其他代码，实现使用字典和列表型变量完成村主任选举。某村有 40 名具有选举权和被选举权的村民，名单由文件 name.txt 给出，从这 40 名村民中选出一人当村主任，40 人的投票信息由考生文件夹下文件 vote.txt 给出，每行是一张选票的信息，有效票中得票数最多的村民当选。

任务一：请从 vote.txt 中筛选出无效票写入文件 vote1.txt。有效票的含义是：选票中只有一个名字且该名字在 name.txt 文件列表中，不是有效票的票统称为无效票。

任务二：给出当选村主任的名字及其得票数。

name.txt 文件内容如下：

邵冠华
瑞卡特
倪克伟
王仕琛
胡鸿博
韩可心
边禹
封亚凯
杨鑫晨
左承诚
李泽坤
资振鑫
乔威浩
张天伟
史磊
陈建福
刘笑雨
南梓晖
冷兴鑫
李东庭
冯萌
刘婕
倪昊真
王伟红
魏锐颖
向娜
张琳

周峻宇

曾钟鑫

陈嘉俊

戴光奕

郜艾荣

郭群

李光耀

李吉星

李颖铮

刘凯威

潘建宏

潘瑞宁

石梓玥

vote.txt 文件内容如下：

冷兴鑫

李东庭

冯萌

冷兴鑫

冷兴鑫

李东庭

李东庭

李东庭

冯萌 冷兴鑫

王欣欣

李东庭

李东庭

冯萌

李东庭

冯萌

李东庭

李东庭

李东庭

李东庭

冯萌

李东庭

李东庭

李东庭

李东庭

冯萌

李东庭

李东庭

李东庭

冯萌

李东庭

冯萌

李东庭

李东庭

李东庭

李东庭

冯萌

李东庭

李东庭

李东庭

李东庭

3. 程序接收用户输入的一个数字并判断其是否为正整数。如果不是正整数，则显示"请输入正整数"并等待用户重新输入，直至输入正整数的数字为止，并显示输出该正整数。

示例输入：

```
-100

-50

0

50
```

示例输出：

```
请输入正整数
请输入正整数
请输入正整数
50
```

```python
while True:
    try:
        a = eval(input('请输入一个正整数: '))
        if a > 0 and _____(a) == type(_____(a)):
            print(a)
            _____
        else:
            print("请输入正整数")
    except:
        print("请输入正整数")
```

第 9 章

面 向 对 象

>> **本章导读**

软件开发是一门技术，其经历了由结构化开发方法向面向对象开发方法的发展。Python 是真正面向对象的高级动态编程语言，采用了面向对象程序设计的思想，完全支持面向对象的基本功能。本章主要包括以下内容：

(1) 面向对象概述；

(2) 类和对象；

(3) 类的成员；

(4) 面向对象三大特性；

(5) 运算符重载。

学习目标

(1) 理解面向对象的概念；

(2) 掌握类和对象的使用方法；

(3) 熟悉面向对象的继承、封装与多态的使用；

(4) 能使用面向对象的方法编写程序。

9.1 面向对象概述

面向对象编程是符合人类思维习惯的程序设计思想，符合人们客观看待世界的规律。计算机语言经过多年的发展，已经变为普通人可以接受和使用的工具之一。程序员也不再必须是数学家，也可以是普通的大学毕业生。

9.1.1 编程设计三问

(1) 做软件写代码究竟是在做什么？

做软件写代码，无非就是要把现实中的事情通过计算机或者网络来完成，但又不能完全按照现实中的事情来做，所以要把现实中的内容抽象到计算机程序中，要将一些事物的共性找出来加以概括和抽象。程序设计要做的最本质的事情就是"抽象"。

(2) 应该抽象什么？

面向对象软件开发的一个基本方法就是抽象，到底什么是抽象呢？如何抽象？其实计算机世界的每样东西都是从现实世界中抽象出来的。比如文档编辑器，就是现实中的文本；E_mail 就是现实中的信件；BBS 就是现实中的公告栏。它们都是编程人员通过对现实的抽象得到的。抽象是从众多的事物中抽取出共同的、本质性的特征，而舍弃其非本质的特征。例如苹果、香蕉、生梨、葡萄和桃子等，它们共同的特性就是水果。得出水果概念的过程，就是一个抽象的过程。

抽象有两种，一种是对数据的抽象，一种是对业务逻辑的抽象。

(3) 应该怎样描述一个对象？

每个对象都具有描述其特征的属性及附属于它的行为。如一个人有姓名、性别、年龄和身高体重等特征，也有说话、锻炼和学习工作等行为；一张银行卡有卡号、密码和金额等信息，也有充值、查询余额等功能。

在面向对象编程中，把描述事物的特征称为属性(成员变量)，事物所具有的行为、功能称为成员方法(成员函数)。把具有相同属性和行为方法的事务进行归类封装就形成了类，它应该有一个名字(类名)，包含了属性说明和行为说明两部分。通过类创建对象就可以映射现实中一个个事物。

9.1.2　面向对象的思想

面向对象是程序开发领域的重要思想，这种思想模拟了人类认识客观世界的思维方式，将开发中遇到的事物皆看作对象。面向对象思想的最大特点就是更客观地反映了现实世界，使编程分析、设计和实现的方法与认识客观世界的过程相一致。

同一类的事物会被人们进行抽象，作为一种概念存在。比如人们认识一个事物是电脑，就会形成一个电脑的概念，有显示器、有键盘、可以帮助人工作等，这些就是人们抽象出的电脑的属性，当看到有着电脑属性的事物，就会认为是一台电脑。人们抽象出来的概念就是类，而某一台具体的电脑就是对象。就很像我们教小朋友认识动物的时候，指着一只猫说这是一只猫，碰到另一只猫也会说这是一只猫，逐渐在孩子的世界中就形成了猫的概念(类)，当看到具有猫的属性的动物时就明白了这是一只猫(对象)。

面向对象技术从组织结构上模拟客观世界，对实际生活中的对象进行抽象并将其映射到软件中，通过对象之间的相互作用来完成工作。面向对象技术以对象为单位，将对象内部的所有细节封装起来，对象之间只通过接口来联系。该技术具有以下三方面的特点：

(1) 信息隐藏和封装特性。封装，也就是把客观事物封装成抽象的类，并且类可以把自己的数据和方法只让可信的类或者对象操作，对不可信的类或对象进行信息隐藏。

(2) 继承。继承是指可以使用现有类的所有功能，并可在无需重新编写原来的类的情况下对这些功能进行扩展的能力。

(3) 多态性。多态性是指允许将子类类型的指针赋值给父类类型的指针。多态性语言具有灵活、抽象、行为共享、代码共享的优势，很好地解决了应用程序函数同名问题。

封装可以隐藏实现细节，使得代码模块化；继承可以扩展已存在的代码模块(类)；它们都是为了实现一个目的——代码重用。而多态则是为了实现另一个目的——接口重用。

9.2 类 和 对 象

面向对象编程有两个非常重要的概念：类和对象。类和对象的关系就是整体和单一的关系，类是对某一类事物的抽象描述，而对象是类的具体实例。类和对象就好比是"实型"和"2.56"，"实型"是一种数据的类型，而"2.56"是一个真正的"实数"(即对象)；"学生"是一种类，"张伟"是一个对象。

9.2.1 类的定义

具有相同特征和行为的事物的集合统称为类。类一般由三部分组成：

(1) 类名：类的名称，它的首字母必须是大写，如 Product。

(2) 属性：用于描述事物的特征，如人的身份证号、姓名和性别等特征。从程序的角度来看就是数据，用变量来表示。

(3) 方法：用于描述事物的行为，如人具有的说话、吃饭、购物等行为。也就是对数据进行操作的函数。

Python 用 class 语句来创建一个类，class 之后为类的名称并以冒号结尾，语法如下：

```
class 类名:
    类的属性(可以有多个)
    类的方法(可以有多个)
```

说明：

无论是类的属性还是类的方法，对于类来说，它们都不是必需的，可以有也可以没有。Python 类中属性和方法所在的位置是任意的，它们之间并没有固定的前后次序；类的属性与方法的定义构成类体；类名的首字母一般需要大写。一个简单的 Python 类定义示例如下：

```
class Person:
    # 定义成员属性，从程序的角度看就是变量
    name='爱美丽'
    sex='女'
    # 定义成员方法，实际就是函数，通过调用这些函数完成某些工作
    def say(self):
        print('我是一个女生，我喜欢购物')
    def shopping(self):
        print('我正在商场购物')
```

在 Person 类中，定义了两个变量 name 和 sex，两个方法 say()和 shopping()。从代码中可以看出，方法和函数的格式是一样的，主要区别是，方法必须显式地声明一个 self 参数。

通常使用 def 关键字来定义一个方法。与一般函数定义不同，类方法必须包含参数 self，且为第一个参数，self 代表的是类的实例。

类体中，变量和方法不是必须都有的，下列类的定义中只定义了方法，示例代码如下：

```
class Dog:
    # 定义成员方法，实际就是函数，通过调用这些函数完成某些工作
    def run(self):
        print('我正在努力奔跑')
    def eat(self):
        print('有的吃，很满足^-^')
```

在 Dog 类中，只定义了两个方法。也就是在定义类的时候，可以只定义方法或者只定义属性，也可以二者皆有。

9.2.2 创建类的对象

类是抽象的概念，它定义了对象的结构和行为模板；而对象是类的实例，是具体存在的实体。通过对象，我们才可以在解决实际问题中，运用类中定义的数据和方法，实现具体的业务逻辑。

1. 创建实例对象

在 Python 程序中定义好类之后，就可以用来创建一个真正的对象。类的功能是通过对象来实现的，这个对象称为这个类的实例，叫作实例化对象。类的实例化类似于函数调用方式，其语法为

```
对象名=类名()
```

注意：类名后面有一对小括号，这与函数调用是一样的，所以在 Python 中，约定类名用大写字母开头，函数用小写字母开头，这样更容易区分。

2. 访问属性

类中定义的方法和属性必须通过对象名来访问。Python 中使用点 "." 来访问对象的成员，示例代码如下：

```
# 创建 Person 类的对象 p1
p1=Person()
# 通过对象 p1 调用方法 shopping()
p1.shopping()
```

在 Person 类的定义中，不仅定义了 say() 和 shopping() 方法，还定义了属性 name 和 sex，在 Dog 类中只定义了成员方法，但是 Python 支持动态添加和修改属性，如果之后还想给对象添加属性，可以使用如下语法：

```
对象名.新的属性名=值
```

【例 9-1】 给对象动态添加属性。定义 Dog 类，创建两个对象 d1 和 d2，分别为两个对象添加表示名字的属性，并且使用对象名调用成员方法：

```
# 定义类
class Dog:
    # 定义成员方法，实际就是函数，通过调用这些函数完成某些工作
    # 类的方法中必须有一个 self 参数，但是方法被调用时，不用传递这个参数
    def run(self):
```

```
            print('我正在努力奔跑')
        def eat(self):
            print('有的吃，很满足^-^')
    # 创建对象
    d1=Dog()                                    # 创建一个对象，名为 d1
    d1.eat()                                    # 通过 d1 调用 eat 方法
    d1.name='吉娃娃'                             # 添加表示名字的属性
    d2=Dog()                                    # 创建第二个对象，名为 d2
    d2.name='泰迪'                              # 添加表示名字的属性
    d2.run()                                    # 通过 d2 调用 run 方法
    print('我的名字叫{}'.format(d2.name))       # 格式化输出 d2 对象的名字
```

程序运行结果如下：

```
有的吃，很满足^-^
我正在努力奔跑
我的名字叫泰迪
```

9.2.3 构造方法和析构方法

Python 中，构造方法用于初始化新创建的对象；析构方法用于对象被销毁前进行清理工作，如释放资源。两者分别用于对象的初始化和终结处理。

1. 构造方法

构造方法的固定名称为 __init__()，其实是一个初始化方法。它与其他普通方法不同的地方在于，当一个对象被创建后，Python 解释器会自动调用构造方法实现对象的初始化操作。语法如下：

```
    def __init__(self,...):
        代码块
```

这个方法开头和结尾各有 2 个下画线，且中间不能有空格。如果定义类时没有定义 __init__()方法，系统将自动为类添加一个仅包含 self 参数的构造方法(默认构造方法)。

__init__()方法可以包含多个参数，但第一个参数永远是 self，表示创建的实例本身。因此，在 __init__()方法内部，可以把各种属性绑定到 self。由于类可以起到模板的作用，有了 __init__()方法，在创建实例的时候，就不能传入空的参数了，必须传入与 __init__()方法匹配的参数。但 self 不需要传，Python 解释器自己会把实例变量传进去。

【例 9-2】 定义一个带有无参构造方法的商品类。

假设商品类 Goods 包含商品名称 name 和商品价格 price 两个属性，定义一个 Goods 类，包含一个构造方法，构造方法中定义两个实例属性 name 和 price，实例属性定义时以 self 作为前缀。这样当我们声明商品对象时，就会自动调用构造方法，为商品名称和价格赋值：

```
    # 定义类
    class Goods:
```

```
        # 无参的构造方法
        def __init__(self):
            self.name = 'TCL'
            self.price = 1200
        # 普通方法(成员方法)
        def detail(self):
            print("直下式 LED 背光源，176 度广视角，画面清晰，色彩分明！ ")
    # 主程序
    tv1 = Goods()                    # 声明对象
    print("电视的品牌：",tv1.name)     # 通过对象访问 name 的值并输出
    tv1.detail()
```

程序运行结果如下：

```
电视的品牌： TCL
直下式 LED 背光源，176 度广视角，画面清晰，色彩分明！
```

当我们创建了对象 tv1 的时候，系统自动调用了我们创建的 __init__()构造方法。商品名称 name 才被初始化为“TCL”了，所以 print(tv1.name)语句就会输出“TCL”。

如果在声明对象的时候动态为商品名称和价格赋值的话，应该怎么做呢？重新改写例 9-2，在构造方法中增加 name 和 price 两个参数。

【例 9-3】 修改例 9-2，定义一个带参数的构造方法：

```
class Goods:
    # 带参数的构造方法
    def __init__(self,name,price):
        self.name = name
        self.price = price
    # 普通方法(成员方法)
    def detail(self):
        print(self.name ,"直下式 LED 背光源，176 度广视角，画面清晰，色彩分明！ ")
# 主程序
tv1 = Goods('长虹电视',2500)      # 声明对象 tv1，将'长虹电视'和 2500 传给实例属性
print(tv1.name)                  # 输出对象 tv1 的名称
tv1.detail()                     # 通过对象 tv1 调用 detail()方法
tv2 = Goods('TCL 电视',3500)      # 声明对象 tv2，将'TCL 电视'和 3500 传给实例属性
print(tv2.name)                  # 输出对象 tv2 的名称
tv2.detail()                     # 通过对象 tv2 调用 detail()方法
```

程序运行结果如下：

```
长虹电视
长虹电视直下式 LED 背光源，176 度广视角，画面清晰，色彩分明！
TCL 电视
TCL 电视直下式 LED 背光源，176 度广视角，画面清晰，色彩分明！
```

从以上示例可以看到，虽然构造方法中有 self、name、price 三个参数，但实际需要传参的仅有 name 和 price。也就是说，self 不需要手动传递参数。

2．self 参数

在前面定义方法的时候都会有一个 self 参数，这也是方法和函数的一个区别，那么 self 参数起什么作用呢？

一个类可以生成无数个对象，每个对象都有各自的属性和方法，self 代表当前对象本身(学过 C 语言的同学可以把它理解成一个指针，相当于这个对象的门牌号码)，用来引用该对象的属性和方法。这样当一个对象的方法被调用时，Python 就会根据 self 知道要操作哪个对象的方法了。

【例 9-4】 self 参数的使用。

```
class Person:
    def __init__(self,name):
        self.name=name
    def sayhello(self):
        print('大家好！我是:',self.name)
    def ptr(self):
        print(self)
p1 = Person('小明')
p2 = Person('购物达人')
print(p1)        # 输出对象 p1，默认输出一个字符串，其中包含一个十六进制的内存地址
p1.ptr()         # 将该对象转换为指针输出
print(p2)
p2.ptr()
p1.sayhello()
p2.sayhello()
```

程序运行结果如下：

```
<__main__.Person object at 0x00000209BE482EB0>
<__main__.Person object at 0x00000209BE482EB0>
<__main__.Person object at 0x00000209BE482F70>
<__main__.Person object at 0x00000209BE482F70>
大家好！我是: 小明
大家好！我是: 购物达人
```

从运行结果可以很明显地看出，print(p1)和 p1.ptr()这两句的输出结果一样(内存地址一样)，print(p2)和 p2.ptr()这两句的输出结果也一样，说明 self 代表的是类的实例——对象本身。

在 p1.sayhello()和 p2.sayhello()这两句中，p1 和 p2 两个对象分别调用了 sayhello()方法。当 p1 对象调用 sayhello()方法时，就把 p1 传给参数 self，那么 self.name 就相当于 p1.name；当 p2 对象调用 sayhello()方法时，就把 p2 传给参数 self，那么 self.name 就相当于 p2.name。

我们在类中定义属性和方法的时候并不知道以后会被哪个对象引用，就用 self 指代，之后哪个对象调用属性和方法，self 就代表哪个对象本身。

在例 9-4 中，输出 p1 和 p2 对象，得到的是 <__main__.Person object at 0x000002458 E8E8080>，如果重新定义 __str__( )方法，可以定义自己想要的输出内容，把对象转换成字符串输出，结果就会通俗易懂。

修改例 9-4 的代码如下：

```
class Person:
    def __init__(self,name):
        self.name=name
    def sayhello(self):
        print('大家好！我是:',self.name)
    def __str__(self):        # 重新定义__str__( )方法
        msg='我是'+self.name+' 喜欢购物！'
        return msg
p1 = Person('小明')
p2 = Person('购物达人')
print(p1)                    # 输出对象时系统会自动调用__str__( )方法
print(p2)
```

程序运行结果如下：

```
我是小明喜欢购物！
我是购物达人喜欢购物！
```

说明：当使用 print 输出对象的时候，只要本类中定义了 __str__(self)方法，那么在使用 print 时就会自动调用 __str__(self)方法，得到其 return 返回的数据，这是一种输出重载。如果程序中没有定义 __str__(self)方法，系统会使用默认的 __str__(self)方法输出对象。

小知识：在 Python 中方法名如果以两个下画线开头和结尾，如 __xxxx__( )，那么这种方法就有特殊的功能，因此叫做"魔法"方法。这些特殊方法不需要我们调用，系统会在特殊的时候自己调用。我们用过的魔法方法有 __init__( )，__del__( )和 __str__( )等方法。

3. 析构方法

创建对象时，默认调用构造方法；当删除一个对象时，同样会默认调用一个方法，这个方法就是析构方法。析构方法的固定名称为"__del__( )"，当使用 del 删除对象时，会调用它本身的析构方法来释放对象占用的资源。另外，当对象在某个作用域中调用完毕，在跳出其作用域的同时析构方法也会被调用一次。

【例 9-5】 __del__( )方法的使用。

```
class Goods:
    # 构造方法
    def __init__(self,name,price):
        self.name = name
        self.price = price
    # 普通方法(成员方法)
```

```
    def detail(self):
        print(self.name ,"直下式 LED 背光源，176 度广视角，画面清晰，色彩分明！")
    # 析构方法
    def __del__(self):
    print("这件商品下架了！")
# 主程序
tv1 = Goods('长虹电视',2500)
tv1.detail()
del tv1    # 删除对象时，自动调用__del__()方法
print("程序结束")
```

程序运行结果如下：

长虹电视 直下式 LED 背光源，176 度广视角，画面清晰，色彩分明！

这件商品下架了！

程序结束

从结果可以看到，当我们删除对象 tv1 时，自动调用了析构方法，显示析构方法的内容 "这件商品下架了！"，然后再显示出最后一条语句的内容 "程序结束"。

注释掉 del tv1 这条语句，再运行程序，结果如下：

长虹电视 直下式 LED 背光源，176 度广视角，画面清晰，色彩分明！

程序结束

这件商品下架了！

从结果可以看出，当程序结束后，系统也会在后台执行析构方法进行必要的清理工作。

9.3 类 的 成 员

类的成员包括属性和方法，默认情况下它们可以在类的外部被访问和调用，有时候考虑到数据安全问题，也可以将它们设置为私有成员，对它们的访问进行限制。下面对这些相关的成员进行详细讲解。

9.3.1 属性

在类体中，根据变量定义的位置不同以及定义的方式不同，类属性又可细分为以下 3 种类型。

(1) 类体中、所有方法之外：此范围定义的变量，称为类属性或类变量。

(2) 类体中、所有方法内部：以 "self.变量名" 的方式定义的变量，称为实例属性或实例变量。

(3) 类体中、所有方法内部：以 "变量名=变量值" 的方式定义的变量，称为局部变量。

在类的外部访问时，实例属性属于对象，只能通过对象名访问；类属性属于类，可通过类名访问，也可以通过对象名访问。注意，实例属性和类属性尽量不要使用相同的名字。

1. 类属性

类属性指的是在类内部、但在各个类方法外部定义的变量，也称类变量。

【例 9-6】 类变量的使用示例。

```
class News :           # 定义一个新闻类
    # 下面定义了 2 个类变量，新闻标题和作者
    title = "新质生产力"
    author = "张力"
    # 下面定义了一个新闻发布(release)实例方法
    def release(self, content):
        print(content)
n = News()             # 创建一个对象 n
# 类变量可以通过对象访问也可以通过类访问
print(n.title)         # 通过对象访问类变量，得到"新质生产力"这个值
print(News.title)      # 通过类访问类变量，也会得到"新质生产力"这个值
n1 = News()            # 创建另一个对象 n1
print(n1.title)        # 不同的对象访问类变量，还是会得到"新质生产力"这个值
```

上述代码中，title 和 author 就属于类变量。程序中两个对象 n 和 n1 都可以访问类变量，也就是说，所有实例都可以访问到它所属的类属性。而且类属性是直接绑定在类上的，所以，访问类属性也可以不创建实例，直接通过类名访问。

2. 实例属性(实例变量)

实例属性指的是在方法内部，以"self.变量名"的方式定义的变量。其特点是只有调用该方法的对象才有此变量，所以，实例变量只能通过对象名访问，无法通过类名访问。

【例 9-7】 实例变量的使用。

```
class News:
    count = 0          # 类变量，用于统计新闻条数
    def __init__(self):
        self.title = "中国为世界提供了新思路"    # 实例变量
        self.addr = "新华网"
        News.count += 1
    # 下面定义了一个 say 实例方法
    def say(self):
        self.catalog = 13
# 以下是类的使用
n = News()
print(n.title)
print(n.addr)
# 由于 n 对象未调用 say() 方法，因此其没有 catalog 变量，下面这行代码会报错
# print(n.catalog)
```

```
n1 = News()
print(n1.title)
print(n1.addr)
# 只有调用 say()，才会拥有 catalog 实例变量
n1.say()
print(n1.catalog)
print("共有%d 条新闻"%(News.count))
```

程序运行结果如下：

```
中国为世界提供了新思路
新华网
中国为世界提供了新思路
新华网
13
共有 2 条新闻
```

此类中，title、add 以及 catalog 都是实例变量。其中，由于 __init__()函数在创建类对象时会自动调用，而 say()方法需要类对象手动调用，因此，News 类的类对象都会包含 title 和 add 实例变量，而只有调用了 say()方法的类对象，才包含 catalog 实例变量。

由于 Python 是动态语言，类属性和实例属性也是可以动态添加和修改的，如果在例 9-7 代码中再增加下列语句：

```
n1.count = 3          # 通过对象修改类变量的值
n1.addr = '新浪网'     # 通过对象修改实例变量的值
print(n1.count)        # 通过对象调用 count 的值，结果会得到 3
print(News.count)      # 通过类名调用 count 的值，结果还是 2
print(n1.addr)         # 通过对象调用修改过的实例变量的值，输出 '新浪网'
# 对象 n1 修改了实例变量 addr 的值，不会影响到对象 n，下列语句输出的仍然是新华网
print(n.addr)          # 输出结果是新华网
```

显然，通过类对象 n1 无法修改类变量 count 的值，本质上是给 n1 对象新添加了一个和类变量 count 同名的实例变量。而通过某个对象 n1 修改实例变量 addr 的值，也不会影响类的其他实例化对象，比如对象 n。

因为类属性只有一份，如果动态修改或添加类属性，所有实例访问到的类属性都改变了，如下代码所示：

```
News.count = 6         # 修改类属性 count 的值为 6
print(n.count)         # 通过对象调用类属性得到的值为 6
print(n1.count)        # 通过对象调用类属性得到的值为 3
print(News.count)      # 通过类调用类属性得到的值为 6
```

为什么 n1 对象调用 count 的值得到的是 3 呢？因为在前面的代码中有一句：n1.count = 3，执行这句代码相当于 n1 对象动态添加了 count 实例变量。

在类中，实例变量和类变量可以同名，但这种情况下使用类对象将无法调用类变量，

它会首选实例变量，这也是不推荐"类变量使用对象名调用"的原因。

9.3.2　方法

Python 中的方法按定义方式和用途可以分为三类：实例方法、类方法和静态方法。和类属性的分类不同，区分这 3 种方法是非常简单的：采用@classmethod 修饰的方法为类方法；采用@staticmethod 修饰的方法为静态方法；不用任何修饰的方法为实例方法。之前代码中定义的成员方法都是实例方法。这一节重点讲解类方法和静态方法。

1. 类方法

类方法是给类定义的，使用装饰器@classmethod 进行修饰。Python 类方法和实例方法相似，它最少要包含一个参数，只不过类方法中通常将这个参数命名为 cls，Python 会自动将类本身绑定给 cls 参数(注意，绑定的不是类对象)。也就是说，我们在调用类方法时，无需显式为 cls 参数传参。

1) 类方法的定义

类方法的特点：

- 类方法是定义在类内部。
- 类方法使用装饰器@classmethod 修饰。
- 类方法的第一个参数为 cls，代表类本身，而实例方法的第一个参数是 self。
- 类方法可以通过类调用，也可以通过对象调用。
- 类方法可以修改类属性，但实例方法不能修改属性。

语法格式如下：

```
class 类名：
    @classmethod
    def 类方法名(cls)：
        方法体
```

【例 9-8】　类方法的定义与使用。

```
# 定义类方法
class Student:
    schoolname   = "北大"      # 定义类变量
    @classmethod
    def read(cls):            # 类方法
        print("正在读书...")
stu = Student()               # 声明对象
stu.read()                    # 通过对象调用类方法
Student.read()               # 通过类名调用类方法
print(stu.schoolname)        # 输出类变量
```

代码运行结果如下：

```
正在读书...
正在读书...
```

北大

从结果可以看出，使用类名和对象名都可以调用类方法。

2) 修改类属性

类方法中可以使用 cls 访问和修改类属性的值，示例代码如下：

```python
class Student:
    schoolname   = "北大"                      # 定义类变量
    @classmethod
    def read(cls):                            # 定义类方法
        cls.schoolname = "清华"               # 修改类属性
        print(f"正在 {cls.schoolname} 读书...")
stu = Student()                               # 声明对象
stu.read()                                    # 通过对象调用类方法
Student.read()                                # 通过类名调用类方法
print(stu.schoolname)                         # 输出类变量，初始值是"北大"，修改后是"清华"
```

代码运行结果如下：

```
正在清华读书...
正在清华读书...
清华
```

思考：如果在上述代码中，增加一个成员方法，同时在成员方法中修改类变量，结果会怎样？修改后的代码如下：

```python
# 修改类属性
class Student:
    schoolname   = "北大"                      # 定义类变量
    def getname(self):                        # 定义成员方法
        self.schoolname = "国防科大"          # 实际上动态增加了一个和类变量同名的成员变量
        print("我的学校是：",self.schoolname)
    @classmethod
    def read(cls):                            # 类方法
        cls.schoolname = "清华"
        print(f"正在 {cls.schoolname} 读书...")
stu = Student()                               # 声明对象
stu.read()                                    # 通过对象调用类方法
Student.read()                                # 通过类名调用类方法
print("通过对象输出类变量：",stu.schoolname)  # 输出类变量
print("通过类输出类变量：",Student.schoolname) # 输出类变量
stu.getname()                                 # 通过对象调用成员方法
```

运行代码结果如下：

```
正在清华读书...
正在清华读书...
```

通过对象输出类变量：清华

通过类输出类变量：清华

我的学校是：国防科大

从结果看出，最后一句，通过对象调用成员方法 getname()得到的结果不是"清华"，而是"国防科大"。因为在成员方法中不能修改类属性，而是相当于动态增加了一个和类变量同名的成员变量，所以输出的是成员变量的值。

2. 静态方法

静态方法适合做和类无关的操作，其特点是：

- 使用@staticmethod 修饰。
- 静态方法中没有类似 self、cls 这样的特殊参数。
- 静态方法中需要以"类名.方法/属性名"的形式访问类的成员。
- 静态方法可以通过类调用，也可以通过对象调用。

【例 9-9】　静态方法的定义和使用。

```
class Student:
    schoolname   = "北大"                          # 定义类变量
    @staticmethod
    def read():                                    # 静态方法，没有任何参数
        #print(f"正在{cls.schoolname}读书...")      # 方法中不能通过 cls 访问类变量
        print(f"正在{Student.schoolname}读书...")   # 方法中要通过类名访问类变量
stu = Student()                                    # 声明对象
stu.read()                                         # 通过对象调用静态方法
Student.read()                                     # 通过类名调用静态方法
```

运行代码输出结果是：

```
正在北大读书...
正在北大读书...
```

9.3.3　公有成员和私有成员

类的所有成员在上一步骤中已经做了详细的介绍，对于每一个类的成员而言，都有两种形式：公有成员和私有成员。

公有成员，在任何地方都能访问。私有成员，只有在类的内部才能访问。

从形式上看，私有成员命名时，如果成员名有两个下画线"__"开头则表示私有成员，否则是公有成员。(特殊成员除外，例如：__init__、__call__、__dict__ 等前后都有两个下画线)。

私有成员只允许在类函数内部使用，类外部不能访问。

如果需要强制使用，使用方法是"对象名._类名__xxx"，所以 Python 不存在严格意义上的私有成员。

【例 9-10】　对私有成员和公有成员的调用实例。

```
class   Book:
```

```
    price = 56                    # 定义公有变量(类变量)价格
    __type = "tp"                 # 定义私有变量(类变量)类型
    def __init__(self,p,a):       # 构造方法
        self.page = p             # 定义公有变量(成员变量)页数
        self.__author = a         # 定义私有变量(成员变量)作者
    def detail(self):             # 成员方法
        print(self.price,self.__type,self.page,self.__author)  # 在类内部公有私有变量都可访问
# 主程序
b = Book(350,"张伟")
print(b.page)                     # 访问公有成员，得到 350
# print(b._author)                # 访问私有成员会报错
print(b._Book__author)            # 可以使用这种方式访问私有成员，得到"张伟"
b.detal()                         # 得到"56 tp 350 张伟"
# print(Book.page)                # 实例变量只能通过对象访问，通过类访问会报错
print(Book.price)                 # 公有类变量可以通过类名访问，得到 56
# print(Book.__type)              # 在类外部访问私有变量报错
```

在这个程序中，价格是公有类属性，类型是私有类属性；书的页数是公有实例属性，而书的作者是私有实例属性。对公有属性可以公开使用，既可以在类内部访问，也可以在类外部访问；私有成员只能在类内部使用，但也可以通过特殊的方法进行访问，即"对象名._类名+私有成员"的方式。

9.4　面向对象的三大特性

封装、继承、多态是面向对象的三大特性。

9.4.1　封装

封装(encapsulation)指的是隐藏对象中一些不希望被外部访问到的属性和方法。即在设计类时，刻意地将一些属性和方法隐藏在类的内部，这样在使用此类时，将无法直接以"类对象.属性名"或者"类对象.方法名(参数)"的形式调用这些属性或方法，而只能用未隐藏的类方法间接操作这些隐藏的属性和方法。例如使用电脑，我们只需要学会如何使用键盘和鼠标就可以了，不用关心内部是怎么实现的，因为那是生产和设计人员该操心的。

注意，封装绝不是将类中所有的方法都隐藏起来。封装的目的是增强安全性和简化编程，使用者不必了解具体的实现细节，所以一定要留一些可供外界使用的类方法起到接口的作用。

1. 为什么要进行封装

我们设计一个商品类，在构造方法中定义商品名和价格两个属性，如果没有对这两个属性封装的话，下面我们来看在操作过程中会产生什么样的问题。

【例 9-11】 定义商品类。

```
class Goods:
    # 构造方法
    def __init__(self,name,price):
        self.name = name
        self.price = price
    # 普通方法(成员方法)
    def detail(self):
        print(self.name ,"直下式 LED 背光源，176 度广视角，画面清晰，色彩分明！")
    def sell(self):
        print(self.name,"售价",self.price,"元")


# 主程序
good1 = Goods("华为荣耀 V30",3899)
good1.sell()
good2 = Goods("iPhone11",7899)
good2.price = -8000
good2.sell()
```

代码运行结果如下：

```
华为荣耀 V30 售价 3899 元
iPhone11 售价 -8000 元
```

在程序中通过 good2.price = -8000 语句为价格变量重新赋值为一个负数，这是不符合常规的。怎样避免出现这种问题呢？我们在设计类的时候，应该对成员变量的访问做出一些限制，不允许外界随意访问，这就需要实现类的封装。

2. 如何实现封装

在类中把某些属性和方法隐藏起来，即定义成私有的，它们只能在类的内部使用，但是会提供接口(方法)供外部访问，可通过提供 getter 和 setter 方法来访问和修改属性。封装步骤如下：

(1) 将属性私有化(变量以双下画线__开头)。

(2) 为每个属性提供 getter 和 setter 方法(赋值/取值)，供外部访问私有成员。

命名规范：赋值使用 setXxx()方法，取值使用 getXxx()方法。其中 Xxx 表示属性的名称，首字母大写。

(3) 在 getter 和 setter 方法中，提供限制条件。

Python 中方法私有化也比较简单，在准备私有化的方法名字前面加两个下画线即可。重新设计例 9-11 商品类，将商品类中的变量封装。实现代码如下：

```
class Goods:
    # 构造方法
    def __init__(self,name,price):
        self.__name = name      # 商品名称，私有的
```

```
        if price<0:                        # 通过判断来控制商品价格初始化的数据
            print("价格必须大于 0！")
            self.__price = 0               # 价格，私有变量
        else:
            self.__price = price
    # 为商品名称 name 设置 setter 和 getter 方法
    def getName(self):                     # 获取私有属性值的方法
        return self.__name
    # 商品名称在创建商品对象时就已确定，若不许修改可不对外提供商品名的 set 方法
    def setName(self,name):                # 设置私有属性值的方法
        if type(name)!=str:
            print("名称必须是字符串！")
            return
        self.__name = name
    # 为商品价格 price 设置 setter 和 getter 方法
    def getPrice(self):
        return self.__price
    def setPrice(self,price):
        if price<0:
            self.__price = 0
        else:
            self.__price = price


    # 普通方法(成员方法)
    def detail(self):
        print(self.__name ,"直下式 LED 背光源，176 度广视角，画面清晰，色彩分明!")
    def sell(self):
        print(self.__name,"售价",self.__price,"元")


# 主程序
good1 = Goods("华为荣耀 V30",3899)        # 声明商品对象 good1
good1.sell()                              # 通过对象 good1 调用 sell()方法
good2 = Goods("iPhone11",-7899)           # 声明商品对象 good2，初始化时价格为负数
good2.setPrice(-9000)                     # 重新为 good2 的 price 变量赋值
print(good2.getName(),"的价格赋值为：",good2.getPrice())
    # 输出 good2 的名称和价格
good2.sell()                              # 通过对象 good2 调用 sell()方法
good1.setName(123)                        # 调用 set 方法重新为 good1 对象赋值
```

程序运行结果如下：

华为荣耀 V30　售价　3899 元

价格必须大于 0！

iPhone11 的价格赋值为：　0

iPhone11 售价 0 元

名称必须是字符串！

此程序中将 name 和 price 变量前加了两个下画线，使其变为私有属性，同时为每个变量增加了 getter 和 setter 方法，并且在方法中增加了对 name 和 price 属性的判断。这样，外部如果想使用 name 和 price 变量，就只能通过调用 getter 和 setter 方法才可使用，避免用户对类中属性的不合理操作，实现了对 name 和 price 变量的封装。

使用封装在一定程度上增加了程序的复杂性，但是它确保了数据的安全性：

(1) 隐藏了属性名，使调用者无法随意修改对象中的属性。

(2) 增加了 getter 和 setter 方法，可以很好地控制属性是否只读的。如果希望属性是只读的，则可以直接去掉 setter 方法；如果希望属性不能被完全访问，则可以直接去掉 getter 方法。

(3) 使用 setter 方法设置属性，可以增加数据的验证，确保数据的值是正确的。

(4) 可以在读取属性和设置属性的方法中做一些其他的操作。

【例 9-12】　去购物中心 shopping 是人们日常生活的重要事情之一。在购物中心有很多的生活用品，比如化妆品、衣服和包包等各种商品。现要求编写一段程序模拟去购物中心采购，如果买到已有的物品，提示购物者买到了该商品；如果没有购物者所需的商品，则提示没有买到商品。

分析：我们设计一个购物中心类 Market，每个购物中心都有自己的商店名字、各种商品(属性)，可以销售商品(方法)；设计一个购物者类 Person，每个顾客都有姓名(属性)，都去采购商品(方法)。商品可以以列表的形式提供(读者可以练习将商品也设计为类的形式)。

实现代码如下：

```python
# Shopping.py
class Market:                                    # 定义超市类
    count = 0
    goodslist = ["电视机", "洗衣机", "电脑", "手机", ]  # 商场的仓库，里面有若干商品
    def __init__(self):
        self.__marketname = "美特好"
    def setMarketname(self, name):
        self.__marketname = name
    def getMarketname(self):
        return self.__marketname
    def sell(self, goodsName):
        for i in range(len(self.goodslist)):      # 遍历仓库中的每一件商品
            # noinspection PyStatementEffect
            if goodsName == self.goodslist[i]:    # 如果商品名称和要买的商品一致
                Market.count = Market.count+1
```

```
                    return self.goodslist[i]              # 将该商品返回
             return None


class Person:                                              # 定义顾客类
    def __int__(self, name):
        self.__name = name
    def shopping(self, marketName, goodsName):
        return marketName.sell(goodsName)
    def setName(self, name):
        self.__name = name
    def getName(self):
        return self.__name


# 主程序
m = Market()                                               # 创建超市对象
m.setMarketname("美好超市")                                # 赋值超市名称
n = input("请输入顾客的名字：")
p = Person()                                               # 创建顾客对象
p.setName(n)                                               # 为顾客命名
answer = "y"
while answer == "Y" or answer == "y":
    goods1 = input("请输入要买的商品：")
    s = p.shopping(m, goods1)
    if s is None:
        print(p.getName(), "在", m.getMarketname(), "没买到", goods1)
    else:
        print(p.getName(), "在", m.getMarketname(), "买到了", goods1)
    answer = input("继续购买吗？(Y/N)")
print(m.getMarketname(),"一共销售了",m.count,"件商品")
```

程序运行时根据提示输入相应的内容，执行过程如下：

```
请输入顾客的名字：小明
请输入要买的商品：手机
小明在美好超市买到了手机
继续购买吗？(Y/N)y
请输入要买的商品：电视机
小明在美好超市买到了电视机
继续购买吗？(Y/N)y
请输入要买的商品：蜂蜜
小明 在 美好超市 没买到 蜂蜜
```

继续购买吗？(Y/N)n

美好超市一共销售了 2 件商品

9.4.2 继承

继承是面向对象的重要特性之一，它主要用于描述类与类之间的关系，在不改变原有类的基础上扩展原有类的功能。

若类与类之间具有继承关系，被继承的类称为父类或基类，继承其他类的类称为子类或派生类，子类会自动拥有父类的公有成员。

1. 单继承

单继承即子类只继承一个父类。现实生活中，学生、工人、农民都属于人类，它们之间存在的继承关系即为单继承。

语法格式如下：

```
class 子类名(父类名):
    # 类定义部分
```

说明：

• 如果该类没有显式指定继承自哪个类，则默认继承 object 类。object 类是 Python 中所有类的父类，即要么是直接父类，要么是间接父类。

• 在使用继承时，子类和父类之间的关系应该是"属于"关系。例如，学生是人，教师也是人，因此这两个类都可以继承"Person"类。但是电脑类却不能继承 Person 类，因为电脑并不是一个人。

(1) 子类可以继承父类的公有成员。

【例 9-13】 单继承示例，中国人(类)继承人(类)。

```
class Person(object):      # 定义一个父类 Person，默认继承 object 类
    def speak(self):       # 父类中的方法
        print("person is speaking....")


class Chinese(Person):     # 定义一个子类，继承 Person 类
    def work(self):        # 在子类中定义其自身的方法
        print('is working...')


p = Person()               # 定义一个父类对象
p.speak()                  # 调用父类的方法
c = Chinese()              # 定义一个子类对象
c.speak()                  # 子类调用父类的方法
c.work()                   # 子类调用本身的方法
```

程序运行结果如下：

person is speaking...

person is speaking...

is working...

从结果可以看出，子类的 c 对象中只定义了 work()方法，但是也可以调用父类定义的 speak()方法，说明子类可以继承父类的方法。

(2) 子类不能继承父类的私有成员。

修改例 9-13，在父类中增加私有变量和私有方法，再用子类对象调用父类的私有变量和私有方法，运行会报错，说明子类不能继承父类的私有成员。代码如下：

```python
class Person(object):        # 定义一个父类
    def __init__(self):
        self.__age = 1       # 增加私有属性
    def speak(self):         # 父类中的方法
        print("person is speaking...")
    def __test(self):        # 增加私有方法
        print("测试")


class Chinese(Person):       # 定义一个子类，继承 Person 类
    def work(self):          # 在子类中定义其自身的方法
        print('is working...')


p = Person()                 # 定义一个父类对象
p.speak()                    # 调用父类的方法
c = Chinese()                # 定义一个子类对象
c.speak()                    # 子类调用父类的共有方法
# print(c.__age)             # 子类访问父类的私有变量，会报错
# c.__test()                 # 子类调用父类的私有方法，会报错
```

2. 多继承

Python 和其他的面向对象语言不同，它支持多重继承，就是可以同时继承多个父类的属性和方法。多重继承的语法如下：

```python
class 子类名(父类名 1，父类名 2，…):
    # 类定义部分
```

【例 9-14】 多重继承。

```python
class People:
    def introduce(self):
        print("我是一个人，名字是：",self.name)
class Animal:
    def display(self):
        print("人也是高级动物")
# 同时继承 People 和 Animal 类
# 其同时拥有 name 属性、introduce() 和 display() 方法
class Person(People, Animal):
```

```
        pass
p1 = Person()
p1.name = "小美"
p1.introduce()
p1.display()
```

程序运行结果如下：

```
我是一个人，名字是：小美
人也是高级动物
```

和单继承相比，多继承容易让代码逻辑复杂、思路混乱，一直备受争议。在中小型项目中较少使用多继承，后来的 Java、C# 和 PHP 等干脆取消了多继承。使用多继承，经常需要面对的问题是多个父类中包含同名的类方法。对于这种情况，Python 的处置措施是：根据子类继承多个父类时的前后次序决定，即排在前面父类中的类方法会覆盖排在后面父类中的同名类方法。

3. 重写

子类不想原封不动地继承父类的方法，而是想作一定的修改，这就需要采用方法重写。子类中重写了与基类(父类)同名的方法，在子类实例调用方法时，实际调用的是子类中的覆盖版本，这种现象叫作覆盖，因此方法重写又称方法覆盖。方法重写分重写构造方法和重写普通方法两种。

1) 重写构造方法

Python 中，类的构造方法是 __init__()。当一个类被子类继承且子类重写了构造方法后，若子类还需要使用父类的构造方法，直接通过创建的子类对象调用父类的方法会报错。解决办法有两个：一个是调用超类方法的未绑定版本；一个是使用 super 函数。

首先看一个例子：鸟类(bird)分为麻雀(sparrows)、燕子(swallows)，还有会说话的鹦鹉(parrots)，所有的鸟都会飞，鹦鹉还会唱歌。

【例 9-15】　鹦鹉类重写了构造方法。

```python
import random as r              # 导入 random 模块
class Bird:
    def __init__(self):
        self.x = r.randint(0, 10)     # 调用 randint()函数产生随机数
        self.y = r.randint(0, 10)
    def fly(self):
        print("我任意飞，我的位置是：", self.x, self.y)
class Sparrows(Bird):          # 定义麻雀类，不需要有个性，直接继承 Bird 类的全部属性和方法
    pass
class Swallows(Bird):          # 定义燕子类，不需要有个性，直接继承 Bird 类的全部属性和方法
    pass
class Parrots(Bird):           # 定义鹦鹉类，这种鸟会说话，除了继承以外，还要添加一个说的方法
    def __init__(self):
        self.sounds = 'y'
```

```
        def speak(self):
            if self.sounds=='y':
                print("我是一只会说话的鸟，呵呵呵")
                self.sounds = False
            else:
                print("说累了，现在不想说话！")
    # 主程序
    bird = Bird()                      # 定义一个父类对象
    bird.fly()                         # 调用父类方法
    sparrows = Sparrows()              # 定义一个子类对象(麻雀类)
    sparrows.fly()                     # 子类对象调用父类方法
    swallows = Swallows()              # 定义一个子类对象(燕子类)
    swallows.fly()                     # 子类对象调用父类方法
    parrots = Parrots()                # 定义一个子类对象(鹦鹉类)
    parrots.speak()
    # parrots.fly()
```

程序运行结果如下：

```
我任意飞，我的位置是：  1   9
我任意飞，我的位置是：  10  3
我任意飞，我的位置是：  2   0
我是一只会说话的鸟，呵呵呵
```

如果将最后一句的注释符号#去掉，鹦鹉对象也调用 fly 方法，则程序运行结果会多一个错误信息：

```
AttributeError: 'Parrots' object has no attribute 'x'
```

同样是继承了鸟类，为什么麻雀、燕子对象都可以飞，而鹦鹉对象就不行了呢？其实这里抛出的异常说得很清楚了，因为 'Parrots' 对象没有 x 属性。原因是在 Parrots 类中重写了 __init__()方法，但新的方法里没有初始化 x 和 y 坐标，因此调用 fly()方法就会报错。解决的办法就是在 Parrots 类中重写 __init__()方法的时候先调用父类(Bird)的 __init__()方法。有两种方法可以实现：

第一种是调用未绑定的超类构造方法，代码如下：

```
    def __init__(self):
        Bird.__init__(self)
        self.sounds = 'y'
```

第二种是使用 super 函数，代码如下：

```
    def __init__(self):
        super().__init__()
        self.sounds = 'y'
```

这样修改构造方法后再运行 parrots.fly()就正常了。

2) 重写普通方法

父类的成员都会被子类继承，当父类中的某个方法不完全适用于子类时，就需要在子类中重写父类的这个方法。

【例 9-16】　重写父类方法。

```
class A:
    def work(self):
        print("A 类的 work 方法被调用")
class B(A):
    def work(self):
        print("B 类的 work 方法被调用")
b = B()
b.work()   # 子类已经覆盖了父类的方法，调用 B 类的 work 方法
```

程序运行结果如下：

```
B 类的 work 方法被调用
```

4．调用父类方法

从前面的例子可以看出，如果我们在子类中重写了从父类中继承的类方法，那么当在类的外部通过子类对象调用该方法时，Python 总是会执行子类中重写的方法。这就产生一个新的问题，即如果想调用父类中被重写的这个方法，该怎么办呢？

以下方法可以调用被子类覆盖的父类方法：

(1)　父类名.父类方法(self)。

(2)　super(子类名,self).父类方法()。

【例 9-17】　子类调用被重写过的父类的方法，示例代码如下：

```
class A:
    def work(self):
        print("A 类的 work 方法被调用")
class B(A):                        # 定义子类 B，继承了父类 A
    def work(self):                # 重写了父类的 work()方法
        print("B 类的 work 方法被调用")
    def doworks(self):
        self.work()                # 调用 B 类的 work 方法
        super(B,self).work()       # 在子类方法中调用父类的方法
        super().work()             # 在子类方法中调用父类的方法
b = B()                            # 创建子类对象
b.doworks()                        # 子类对象可以调用自己定义的方法
b.work()                           # 子类已经覆盖了父类的方法，调用子类自己的 work 方法

print("-------以下两种方法都可以用子类对象 b 调用覆盖了的父类的方法--------")
super(B,b).work()
A.work(b)
```

代码运行结果如下：

```
B 类的 work 方法被调用
A 类的 work 方法被调用
A 类的 work 方法被调用
B 类的 work 方法被调用
-------以下两种方法都可以用子类对象 b 调用覆盖了的父类的方法--------
A 类的 work 方法被调用
A 类的 work 方法被调用
```

9.4.3 多态

在面向对象程序设计中，除了封装和继承特性外，多态也是一个非常重要的特性。多态可以让不同类的同一功能通过同一个接口调用，并表现出不同的功能。

例如：定义一个猫类，定义一个狗类，再定义一个接口方法，所有对象都可以使用这个接口，不同的对象使用得到不同的结果。代码如下：

```python
class Cat:
    def shout(self):
        print("喵喵喵~")
class Dog:
    def shout(self):
        print("汪汪汪！")
def cry_out(obj):        # 定义一个方法，起接口作用，参数是一个对象类型
    obj.shout()
cat = Cat()              # 猫对象
dog = Dog()              # 狗对象
# 不同的对象使用同一接口，呈现出不同的行为
cry_out(cat)             # 猫对象使用接口
cry_out(dog)             # 狗对象使用接口
```

程序运行结果：

```
喵喵喵~
汪汪汪！
```

从运行结果看出，将不同的对象作为参数传递给同一接口方法，可以得到不同的结果(多种形态)。

1. 为什么需要多态

通过下面的例子，说明为什么需要多态。

每个学校都有若干教师，教授的课程各不相同，有讲 Java 的老师，有讲 Python 的老师等，学校经常会对每位老师进行评估，现在编程模拟学校评估各位老师。首先我们设计公共的教师类，各门课教师类分别都可以从教师类继承。

【例 9-18】 教师类及其子类，示例代码如下：

```python
class Teacher:
```

```
        def __init__(self,name,shool):
            self.name = name            # 教师姓名
            self.shool = shool          # 所在学校
        def giveLesson(self):           # 定义一个授课方法
            print("知识点讲解")
            print("总结提问")
        def introduction(self):
            print("大家好！我是",self.shool,"的",self.name)
class JavaTeacher(Teacher):             # 定义 Java 教师
    def giveLesson(self):               # 重写了父类方法
        print("启动 Eclipse")
        super().giveLesson()
class PythonTeacher(Teacher):           # 定义 Python 教师
    def giveLesson(self):               # 重写了父类方法
        print("启动 PyCharm")
        super().giveLesson()
jt = JavaTeacher("李薇薇","北大")
jt.introduction()
jt.giveLesson()
```

程序运行结果如下所示：

```
大家好！我是北大的李薇薇
启动 Eclipse
知识点讲解
总结提问
```

现在要在教师类的基础上，开发一个类代表学校，负责对各位教师进行评估，评估内容包括：教师的自我介绍、教师的授课。如果不用多态的机制，我们的程序可能会这样写：在学校类中添加对 Java 教师的评估方法以及对 Python 教师的评估方法，接着在例 9-18 中添加下列代码，如下所示：

```
# 接着上一段程序添加下列代码
class CZSchool:                         # 定义学校类
    def judge(self,javateacher):        # 对 Java 教师进行评估的方法，参数是 Java 教师
        print("开始评估")
        javateacher.introduction()
        javateacher.giveLesson()
    def judge(self,pythonteacher):      # 对 Python 教师进行评估的方法，参数是 Python 教师
        print("开始评估")
        pythonteacher.introduction()
        pythonteacher.giveLesson()
# 主程序
```

```
jt = JavaTeacher("张抗康","北大")
pt = PythonTeacher("李冰冰","清华")
hq = CZSchool()
hq.judge(jt)
hq.judge(pt)
```

如果我们要对数据库教师进行评估，就要增加一个对数据库教师进行评估的方法，也就是说每增加一种新的教师类型，都要修改学校类，增加相应的 judge(评估)方法，代码的可扩展性及可维护性极差。当然这段代码是没有意义的，因为 Python 中不认为 JavaTeacher 和 PythonTeacher 这两个变量有什么不同，我们只是用来引出对多态的理解。

2. 怎样实现多态

上面的代码中对 Java 教师的评估方法和对 Python 教师的评估方法，在 Python 中是一种方法，所以可以将这两个方法合并改写成如下代码：

```
class CZSchool:
        def judge(self,t):        # 评估方法中的参数不再固定是哪一位教师
            t.introduction()
            t.giveLesson()
# 主程序
s = CZSchool()
jt = JavaTeacher("李薇薇","北大")
pt = PythonTeacher("张山","清华")
s.judge(jt)                # 如果评估 java 教师，就将该 java 教师对象作为参数传给评估方法
print("==========================")
s.judge(pt)                # 如果评估 python 教师，就将该 python 教师对象作为参数传给评估方法
```

从程序中看到，我们传给 judge()方法的参数是哪个类的实例对象，它就会调用那个类中的 introduction()和 giveLesson()方法。另外，如果要增加对其他教师的考核，直接在 s.judge(jt)语句中，将 jt 对象替换成别的对象名就可以了。这就是多态，同一种方法可以表现出不同的形态(结果)。

多态的优点是，当我们需要传入 JavaTeacher、PythonTeacher……时，我们只需要接收 Teacher 类型就可以了，因为 JavaTeacher、PythonTeacher……都是 Teacher 类型，然后按照 Teacher 类型进行操作即可。由于 Teacher 类型有 giveLesson()和 introduction()方法，因此，传入的任意类型，只要是 Teacher 类或者子类，就会自动调用实际类型的 giveLesson()和 introduction()方法。所以，多态就是指相同的信息发给不同的对象会引发不同的结果。

类的多态特性，还要满足以下 2 个前提条件：

(1) 继承：多态一定是发生在子类和父类之间。

(2) 重写：子类重写了父类的方法。

3. 多态的进一步考虑

Python 是一种动态语言，在 Python 运行过程中，参数被传递过来之前并不知道参数的类型，所以我们在上面的 CZSchool 类中为 judge()方法定义不同的参数类型是没有必要的。

【例 9-19】 多态的动态性。代码如下：

```
class A:                    # 定义父类 A，具有 prt()方法
    def prt(self):
        print("A")
# 以下 B、C、D 类都从 A 继承而来
class B(A):
    def prt(self):
        print("B")
class C(A):
    def prt(self):
        print("C")
class D(A):
    pass
class E:                    # 定义 E 类，和 A 类没有关系，但是有一个同名的方法
    def prt(self):
        print("E")
class F:                    # 定义 F 类，和 A 类没有关系
    pass
def test(arg):              # 定义 test()方法，方法体中调用 prt()方法
    arg.prt()
# 声明 a、b、c、d、e、f 五个对象
a = A()
b = B()
c = C()
d = D()
e = E()
f = F()
# 将五个对象作为参数分别传入 test()方法中
test(a)
test(b)
test(c)
test(d)
test(e)
test(f)
```

程序运行结果如下：

```
A
B
C
A
E
```

```
------------------------------------------------------------------------
AttributeError                              Traceback (most recent call last)
<ipython-input-15-b6dc567f0edb> in <module>
     31 test(d)
     32 test(e)
---> 33 test(f)

<ipython-input-15-b6dc567f0edb> in test(arg)
     17        pass
     18 def test(arg):   # 定义 test()方法，方法体中调用 prt()方法
---> 19        arg.prt()
     20 # 声明 a、b、c、d、e、f 五个对象
     21 a = A()


AttributeError: 'F' object has no attribute 'prt'
```

从上面程序看似乎 Python 支持多态，a、b、c、d 都是 A 类型的变量，调用 test(a)、test(b)、test(c)、test(d)时工作得很好，但是下边就大不一样了。调用 test(e)时，Python 只是调用 e 的 prt 方法，并没有判断 e 是否为 A 子类的对象(事实上，定义 test 方法时也没有指定参数的类型，Python 根本无法判断)。E 虽然不是 A 类型的变量，但是根据鸭子类型，走起来像鸭子、游泳起来像鸭子、叫起来也像鸭子，那么这只鸟就可以被称为鸭子。e 有 prt 方法，所以在 test 方法中把 e 也看作是一个 A 类型的变量；而 f 没有 prt 方法，所以 f 不是 A 类型的变量，也没有 prt 方法，调用 test(f)时报错。

Python 本身就是一种多态语言，崇尚鸭子类型(读者自行百度鸭子类型)，和其他面向对象语言的多态是有区别的。所以编程时要小心用好 Python 的多态特性。

多态和封装的区别：多态可以让用户对不知道是什么类的对象进行方法调用，封装则不用关心对象是如何创建的而直接进行使用。

9.5 运算符的重载

Python 语言提供了运算符重载功能，增强了语言的灵活性。所谓运算符重载，指的是在类中定义并实现一个与运算符相对应的处理方法，这样当类对象在进行运算符操作时，系统就会调用类中相应的方法来处理。

Python 语言本身提供了很多魔法方法，它的运算符重载就是通过重写这些 Python 内置魔法方法实现的。这些魔法方法都是以双下画线开头和结尾的，类似于 __X__ 的形式，Python 通过这种特殊的命名方式来拦截操作符，以实现重载。如果类实现了 __add__ 方法，当类的对象出现在 "+" 运算符中时会调用 __add__ 方法。

【例 9-20】 重载运算符。

```
class Student:                              # 自定义一个类
    def __init__(self, name, grades):       # 定义该类的初始化函数
        self.coursename = name              # 将传入的参数值赋值给成员变量
        self.grades = grades


    def __str__(self):                      # 用于将值转换为字符串形式，等同于 str(obj)
        return "课程:" + self.coursename + ";成绩:" + str(self.grades)


    __repr__ = __str__                      # 转换为供解释器读取的形式


    def __lt__(self, record):               # 重载 self<record 运算符
        if self.grades < record.grades:
            return True
        else:
            return False


    def __add__(self, record):              # 重载 + 号运算符
        return Student(self.coursename+record.coursename, self.grades + record.grades)


s1 = Student("Java", 89)                    # 实例化一个对象 s1，并为其初始化
s2 = Student("Python", 90)                  # 实例化一个对象 s2，并为其初始化
print(repr(s1))         # 格式化对象 s1
print(s1)               # 解释器读取对象 s1，调用 repr
print(str(s1))          # 格式化对象 s1，输出"课程:Java;成绩:89"
print(s1 < s2)          # 比较 s1<s2 的结果，输出 True
print(s1 + s2)          # 两个 Student 对象的相加运算，输出 "课程:JavaPython;成绩:179"
```

代码运行结果如下：

```
课程:Java;成绩:89
课程:Java;成绩:89
课程:Java;成绩:89
True
课程:JavaPython;成绩:179
```

这段代码中，Student 类中重载了 repr、str、< 和 + 运算符，并用 Student 实例化了两个对象 s1 和 s2。

通过将 s1 进行 repr、str 运算，从输出结果中可以看到，程序调用了重载的操作符方法 __repr__ 和 __str__。而当 s1 和 s2 进行小于(<)比较运算以及加法运算时，从输出结果中可以看出，程序调用了重载 < 号和 + 号的方法 __lt__ 和 __add__ 方法。

表 9-1 列出了 Python 中常用的可重载的运算符以及各自的含义。

表 9-1   常用的运算符与内置魔法方法的对应关系

函数方法(魔法方法)	重载的运算符	说　明	调用示例
__add__()	+	加法	Z=X+Y，X+=Y
__sub__()	-	减法	Z=X-Y，X-=Y
__mul__()	*	乘法	Z=X*Y，X*=Y
__div__()	/	除法	Z=X/Y，X/=Y
__lt__()	<	小于	X<Y
__eq__()	==	等于	X==Y
__len__()	长度	对象长度	Len(X)
__str__()	输出	输出对象时调用	Print(X)，str(X)
__or__()	或	或运算	X|Y,X!=Y

知识扩展

面向过程编程与面向对象编程

面向过程和面向对象编程，其实都是一种软件开发方法，是一种编程范式。早期的计算机编程是基于面向过程的方法，但是，随着计算机技术的不断提高，计算机被用于解决越来越复杂的问题。一切事物皆对象，通过面向对象的方式，将现实世界的事物抽象成对象，将现实世界中的关系抽象成类、继承，帮助人们实现对现实世界的抽象与数字建模。面向对象的方法，更利于用人理解的方式对复杂系统进行分析、设计与编程。同时，面向对象能有效提高编程的效率，通过封装技术，消息机制可以像搭积木一样快速地开发出一个全新的系统。面向对象是指一种程序设计范型，同时也是一种程序开发的方法。对象是类的具体化实现。它将对象作为程序的基本单元，将程序和数据封装其中，以提高软件的重用性、灵活性和扩展性。

我们以吃饭为例，如果按照面向过程的方法解决吃饭问题，我们注重的是做饭的过程：比如做一道菜的步骤有洗菜、切菜、炒菜，炒菜中还需要把握火候、调料怎么放，如果这道菜做坏了，需要再从头开始一遍做菜的过程。面向过程编程就是分析出解决问题所需要的步骤，然后用函数把这些步骤一步一步实现，在使用的时候一个一个依次调用就可以了。

如果以面向对象的方法解决吃饭问题，我们注重的是要点什么菜、点什么主食？菜和主食都是现成的，点完感觉不合适，可以删掉重新再点别的。面向对象编程是把构成问题的事务分解成各个对象，建立对象的目的不是为了完成一个步骤，而是为了描述某个事物在整个解决问题步骤中的行为。面向对象编程易维护、易复用、易扩展。

面向对象编程更有利于大型项目开发，而面向过程开发是不是就不用了呢？也不是，面向过程编程性能高，而面向对象编程开销大、消耗资源。所以单片机、嵌入式的开发采用面向过程的方法。比如一些软件机器人，像 UiBot 这种需要按流程自动操作的软件，还是面向过程的。可以说面向对象编程适用范围更广，但是面向过程编程也还会存在。

9.6　实验：课程管理功能

1. 任务描述

本任务要实现学校对课程的管理功能。

任务分析：

按照面向对象的思维分析，本案例中有以下对象：人员这一类的有教师、学生、管理员，还有学校、课程一共五种对象。其中教师、学生、管理员都是人类，具有共性，可以设计一个人类被继承。各种对象的属性和功能分别是：

(1) 定义管理员类(Admin)，管理员有属性(name, password)，具有创建学校(create_school)、创建课程(create_course)、创建老师(create_teacher)三种功能。

(2) 定义老师类(Teacher)，老师有属性(name, password)，具有添加课程(add_course)、给学生打分(scoring)两种功能。若发现学生没有选修此课程时，不能打分，并给出提示。

(3) 定义学生类(Student)，学生有属性(name, password)，可以获取当前学校(get_school_list)、选择学校(choice_school)、选择课程(choice_course)三种功能。但学校没有该课程时，需要提示，并且不能选择该课程。

(4) 定义学校类(School)，学校有属性(name, addr)，有添加课程(add_course)的功能。

(5) 定义课程类(Course)，课程有属性(name)，有添加学生(add_student)的功能。

2. 任务实施

(1) 教师、学生、管理员都是人类具有共性，首先设计一个人类被继承。实现代码如下：

```
# 定义父类-人类
class Person():
    def __init__(self,name,password):
        self.name = name
        self.password = password
```

(2) 定义管理员类，继承 Person。管理员有属性(name, password)，具有创建学校(create_school)、创建课程(create_course)、创建老师(create_teacher)三种功能。实现代码如下：

```
# 管理员类，继承 Person
class Admin(Person):
    school_list = []
    def __init__(self,name,password):
        super().__init__(name,password)

    def create_school(self,school_name,school_addr):
        school = School(school_name,school_addr)
        Admin.school_list.append(school)
        print(f'{self.name}创建了{school.name}')
```

```
        return school

    def create_course(self, course_name, course_prize):
        course = Course(course_name, course_prize)
        print(f'{self.name}创建了{course.name}课程')
        return course


    def create_teacher(self, teacher_name, teacher_passwd):
        teacher = Teacher(teacher_name, teacher_passwd)
        print(f'{self.name}招聘{teacher.name}为老师')
        return teacher
```

(3) 教师类，继承 Person，老师有属性(name, password)，具有添加课程(add_course)、给学生打分(scoring)两种功能。若发现学生没有选修此课程时，不能打分，并给出提示。实现代码如下：

```
# 教师类，继承 Person
class Teacher(Person):
    def __init__(self,name,password):
        super().__init__(name,password)
        self.courses = list()


    def add_course(self,course):
        self.courses.append(course)
        print(f'{self.name}增加了{course.name}')


    def scoring(self,student,course,grade):
        print("开始打分")
        if course in student.courses:
            print(f'{self.name}老师给{course.name}打了{grade}分')
        else:
            print(f'{self.name}老师发现学生{student.name}没有选修{course.name}课程')
```

(4) 定义学生类(Student)，学生有属性(name, password)，可以获取当前学校(get_school_list)、选择学校(choice_school)、选择课程(choice_course)三种功能。但学校没有该课程时，需要提示，并且不能选择该课程。实现代码如下：

```
# 学生类，继承 Person
class Student(Person):
    def __init__(self,name,password):
        super().__init__(name,password)
        self.courses = list()
        self.school = ''
```

```
def get_school_list(self,admin):
    for i in admin.school_list:
        print(f'当前学校有{i.name}')


def choice_school(self,school):
    self.school = school
    print(f'{self.name}选择了{school.name}')


def choice_course(self,course):
    if course.name in self.school.courses:
        self.courses.append(course)
        course.students.append(self.name)
        print(f'{self.name}选修了{course.name}课程')
    else:
        print(f'{self.school.name}没有{course.name}课程')
```

（5）定义学校类(School)，学校有属性(name, addr)，有添加课程(add_course)的功能。实现代码如下：

```
# 学校类
class School():
    def __init__(self,name,addr):
        self.name = name
        self.addr = addr
        self.courses = list()


    def add_course(self,course):
        course_name = course.name
        self.courses.append(course_name)
        print(f'{self.name}学校增加了{course.name}课程')
```

（6）定义课程类(Course)，课程有属性(name)，有添加学生(add_student)的功能。实现代码如下：

```
# 课程类
class Course():
    def __init__(self,name,prize):
        self.name = name
        self.prize = prize
        self.students = list()


    def add_student(self;student):
```

```
        self.students.append(student)
        print(f'{self.name}学了 {self.name}课程')
```

(7) 创建上述步骤中定义的各个类的实例对象，并调用各个对象的功能。这一步骤创建管理员对象，并调用管理员功能，实现代码如下：

```
# 创建管理员
admin = Admin('浩泰斯特','123456')

# 管理员创建了学校
bj_school = admin.create_school('北京分公司','北京')
sz_school = admin.create_school('深圳分公司','深圳')
sh_school = admin.create_school('上海分公司','上海')

# 管理员创建了课程
python = admin.create_course('Python',21000)
linux = admin.create_course('Linux',18000)
java = admin.create_course('Java',20000)

# 通过学校对象增加课程
'''北京'''
bj_school.add_course(python)
bj_school.add_course(linux)
bj_school.add_course(java)
'''深圳'''
sz_school.add_course(python)
sz_school.add_course(linux)
'''上海'''
sh_school.add_course(python)
sh_school.add_course(java)

# 管理员招聘老师
nick = admin.create_teacher('Nick','123456')
tank = admin.create_teacher('Tank','123456')
```

代码运行结果如下：

```
浩泰斯特创建了北京分公司
浩泰斯特创建了深圳分公司
浩泰斯特创建了上海分公司


浩泰斯特创建了 Python 课程
浩泰斯特创建了 Linux 课程
```

浩泰斯特创建了 Java 课程

北京分公司学校增加了 Python 课程
北京分公司学校增加了 Linux 课程
北京分公司学校增加了 Java 课程

深圳分公司学校增加了 Python 课程
深圳分公司学校增加了 Linux 课程

上海分公司学校增加了 Python 课程
上海分公司学校增加了 Java 课程

浩泰斯特招聘 Nick 为老师
浩泰斯特招聘 Tank 为老师

(8) 创建学生对象，在(7)中已经创建好老师对象，所以这一步可以调用教师对象为学生打分。实现代码如下：

```
# 创建学生对象
one = Student('张三','123')
one.get_school_list(admin)
one.choice_school(sh_school)
one.choice_course(python)
one.choice_course(linux)
one.choice_course(java)

two = Student('李四','123')
two.get_school_list(admin)
two.choice_school(sz_school)
two.choice_course(python)
two.choice_course(linux)
two.choice_course(java)

# 老师给学生打分
nick.scoring(one,linux,12)
```

代码运行结果如下：

```
当前学校有北京分公司
当前学校有深圳分公司
当前学校有上海分公司


张三选择了上海分公司
```

张三选修了 Python 课程

上海分公司没有 Linux 课程

张三选修了 Java 课程

当前学校有北京分公司

当前学校有深圳分公司

当前学校有上海分公司

李四选择了深圳分公司

李四选修了 Python 课程

李四选修了 Linux 课程

深圳分公司没有 Java 课程

开始打分

nick 老师发现学生张三没有选修 Linux 课程

(9) 输出学生的课程记录。实现代码如下：

```python
# 打印学生的课程记录
print("打印第一个学生的课程记录：")
for i in one.courses:
    print(i.name)

print("打印第二个学生的课程记录：")
for i in two.courses:
    print(i.name)

print("学习 Python 课程的学生：")
for i in python.students:
    print(i)

print("学习 Java 课程的学生：")
for i in java.students:
    print(i)

print("学习 Linux 课程的学生：")
for i in linux.students:
    print(i)
```

代码运行结果如下：

打印第一个学生的课程记录：

Python

Java

打印第二个学生的课程记录：

Python

Linux

学习 Python 课程的学生：

张三

李四

学习 Java 课程的学生：

张三

学习 Linux 课程的学生：

李四

本 章 习 题

一、选择题

1. Python 语言中，类的构造函数(或初始化方法)是(　　)。

A. test()　　　　　　B. __str__()　　　C. __init__()　　　D. _init_()

2. Python 语言中，类的构造函数的作用是(　　)。

A. 创建这个类的实例时，获得构造函数中的初始化数据

B. 没什么作用

C. 将类中的所有实例数据提取出来

D. 将类中的所有数据提取出来

3. 定义类如下

```
class Hello():
    def __init__(self,name)
        self.name=name
    def showInfo(self)
        print(self.name)
```

下面代码能正常执行的是(　　)。

A.

```
h = Hello
h.showInfo()
```

B.

```
h = Hello()
h.showInfo('张三')
```

C.
```
h = Hello('张三')
h.showInfo()
```

D.
```
h = Hello('admin')
showInfo
```

4. 定义类如下：
```
h = Hello('admin')
class A():
    def a():
        print("a")
class B ():
    def b():
        print("b")
class C():
    def c():
        print(c)
class D(A,C):
    def d():
        print("d")
d = D()
d.a()
d.b()
d.d()
```

以下程序能执行的结果是(   )。

A. a,b,d   B. a,d   C. d,a   D. 执行会报错

5. 面向对象的开发方法通常都支持一些基本原则，不包含在这些原则中的是(   )。

A. 封装   B. 继承   C. 多态   D. 序列化

6. 定义类的关键字是(   )。

A. Class   B. class   C. Instance   D. instance

7. 下列修饰符用来定义外部属性的是(   )。

A. @property   B. @classmethod

C. @staticmethod   D. @out

8. 重载运算符"=="的方法名称是(   )。

A. __lt__()   B. __eq__()   C. __le__()   D. __ne__()

9. 定义类 A 的子类 B，下列方式是正确的(   )。

A. class B extend A   B. class A(B):

C. class B(A):   D. Class B:A

10. 关于面向过程和面向对象，下列说法错误的是(   )。

A. 面向过程和面向对象都是解决问题的一种思路

B. 面向过程是基于面向对象的

C. 面向过程强调的是解决问题的步骤

D. 面向对象强调的是解决问题的对象

二、判断题

1. 一个类中只能有一个类成员。 （　　）

2. 类中可以定义私有的数据成员，但方法都是公有的。 （　　）

3. 继承机制中，子类只继承公有成员，不继承私有成员。 （　　）

4. 多态要求在基类定义统一的接口，在派生类中分别实现它。 （　　）

5. 特殊方法 __init__ 的第一个参数永远是 self。 （　　）

三、编程题

1. 定义一个学生类 Student。有下面的类属性：

- 姓名

- 年龄

- 成绩(语文，数学，英语)[每科成绩的类型为整数]

有下面的类方法：

- get_name()获取学生的姓名，返回类型 str

- get_age()获取学生的年龄，返回类型 int

- get_course 返回 3 门科目中最高的分数，返回类型 int

2. 假设要在程序中描述一个三角形，可以定义一个三角形类 Triangle。

类的属性是坐标系中的三个点 v1、v2 和 v3，这三个点都是只有两个值的元组类型，例如(x, y)，其中 x 表示横坐标，y 表示纵坐标。

三角形类有两个方法：

- 获取三角形周长 getPerimeter，函数返回由点 v1、v2 和 v3 组成的三角形的周长；

- 获取三角形类型 getType，函数返回由点 v1、v2 和 v3 组成的三角形的类型。如果三边相等则返回 equilateral,如果两边相等则返回 isosceles,如果三边都不同则返回 scalene。

3. 定义一个普通人员类 Person，它有一个构造函数 __init__ 与一个显示函数 show：

- 构造函数用于接收姓名(m_name)、性别(m_sex)、年龄(m_age)；

- 显示函数用于输出普通人员的参数，输出格式为 m_name m_sex m_age(m_name 为普通人员的姓名，m_sex 为普通人员的性别，m_age 为普通人员的年龄)。

定义一个 Preson 类的派生类 Student,它有一个构造函数 __init__ 、一个显示函数 show、一个与 m_class 对应的属性函数 stuClass 和一个与 m_major 对应的属性函数 stuMajor：

- 构造函数用于接收继承自 Person 类的三个属性，并增加班级(m_class)、专业(m_Major)；

- 显示函数用于输出继承自 Person 类的三个属性，同时输出派生类的参数，输出格式为 m_name m_sex m_age m_class m_major(m_name、m_sex、m_age 为继承自 Person 的三个属性，m_class 为派生类的班级，m_major 为派生类的专业)；

- 与 m_class 对应的属性函数用于返回派生类的属性 __m_class；

- 与 m_major 对应的属性函数用于返回派生类的属性 __m_major。

建立一个 Student 的对象 student，并调用显示函数显示学生的信息。

4. 定义商品类 Goods，该类具有两个私有属性：商品名称 __name、商品价格 __price，并包含下面的方法：

- 构造方法：初始化属性两个属性，并对商品价格进行判断，如果价格小于 0，则输出"价格必须大于 0！"，且设置价格为 0；

- 为属性 __name，添加 getName()和 setName()方法，分别获取和设置商品名称，名称要求必须是字符串，如果不是，则输出提示"名称必须是字符串！"；

- 同样为属性 __price，添加 getPrice()和 setPrice()方法，设置商品价格，价格要求必须大于等于 0，如果小于 0，设置价格属性为 0，同时输出提示"价格必须大于 0！"；

- 设置方法 sell()，输出商品名称和价格，格式如下：华为荣耀 V30 售价 3899 元

5. 编写一个教师类 Teacher，要求如下：

- 具有构造方法：初始化属性教师姓名 name 和所在学校 school；

- 设置成员方法用于授课功能 TLesson，分别打印输出知识点讲解和总结提问；

- 设置成员方法用于介绍功能 TIntroduction，打印输出格式如大家好！我是 北大的李薇薇的语句。

编写一个 Python 教师类 PythonTeacher，要求如下：

- 重写父类方法 TLesson，打印输出启动 Eclipse。

编写一个 Python 教师类 PythonTeacher，要求如下：

- 重写父类方法 TLesson，打印输出启动 PyCharm。

编写一个学校类 HQSchool，要求如下：

- 使用多态，当需要传入 JavaTeacher 或 PythonTeacher 时，只接收 Teacher 类型就可以。

第二部分

项目实践篇

第 10 章

阶段项目——群收款小工具

10.1 项目介绍

10.1.1 项目描述

现在生活中朋友聚会经常使用的 AA 制减少了在聚餐时因买单而产生的烦恼，本次阶段项目是利用 Python 开发群收款工具，不但可以计算出参加聚会中的每个人需要支付的平均费用，还可以使用幸运者免单功能，一人免单，其余的人平分总费用。

小知识：AA 制指的是平摊餐费的意思，这来源于英语单词"Algebraic Average"，字面意思是"代数平均"。由此可见，两个 A 分别是两个单词的首字母，而"AA 制"就成了这个单词的缩写。

10.1.2 目标

(1) 掌握列表的使用；
(2) 掌握组合数据类型的使用；
(3) 掌握分支和循环语句的使用；
(4) 掌握标准模块(random 模块)的使用；
(5) 能使用所学知识完成一个完整的小项目。

10.2 项目分析

本项目实现分为四个阶段，按照顺序一步步添加功能，直到设计出完整的程序。

第一阶段，邀请朋友。从聚会的角度来看，就是确定有哪些人参加聚会。从编程角度来看，就是定义数据，参加聚会的每一个人都是一个数据，如何保存这些数据方便程序处理，是这一阶段的主要任务。

第二阶段，生成账单。聚会结束后，所花费用就可以确定了，账单的总金额确定后，根据参加聚会的人数就可以计算出每个人需要支付的金额。

第三阶段，添加"幸运儿免单"功能。如果让聚会更难忘更有新意，增加一个"幸运儿免单"功能，系统自动选取一位幸运者。

第四阶段，聚会结束。如果在第三阶段选出免单的幸运者，那么每个人需要支付的金额就需要重新计算，在这一阶段，确定最终每个人需要支付的金额。

四个阶段的功能如图 10-1 所示。

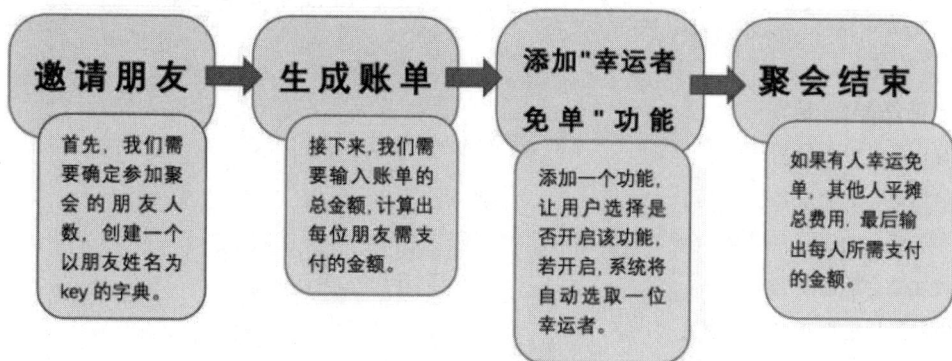

图 10-1　四个阶段的功能

10.3　项目实施

10.3.1　第一阶段：邀请朋友

1. 分析

要实现群收款小工具，首先，我们需要确定一共有多少人参加这次聚餐，并获取朋友们的姓名。由于最后要显示每个人的账单情况，我们在保存朋友姓名的同时，还要保存其对应要付款的金额，也就是每个名字都要对应一个付款金额，所以要使用字典存储这些数据。具体思路如下：

- 定义一个变量 friends，存放参加聚会的人数。为了使程序具有通用性，这个人数使用 input()函数从键盘输入，并将其转换为整数，方便之后计算使用。
- 定义一个字典 guests，存放参加聚会的朋友的姓名以及每个人对应的付款金额，由于聚餐还没开始，初始金额为 0。确定参加聚会的人数后，可以使用循环确定字典中每一对键-值对，键的值就是从键盘输入的参加聚会的朋友的姓名，值就是聚会后需要付款的金额，初始值为 0，使用语句为 guests[input("参加聚会的朋友名字：")] = 0。
- 输出字典查看朋友信息。

2. 代码实现

```
# 第一步 邀请朋友
friends = int(input("有几个人参加聚会？"))
if friends<=0:
    print('没有人参加聚会')
```

```
    else:
        guests = {}                                    # 定义一个空的字典，准备存放数据
        for i in range(friends):
            guests[input("参加聚会的朋友名字：")] = 0   # 初始账单为 0
        print()
        print("参加聚会的朋友信息：")
        print(guests)
```

运行结果如下：

```
有几个人参加聚会? 5
参加聚会的朋友名字：小红
参加聚会的朋友名字：小美
参加聚会的朋友名字：小于
参加聚会的朋友名字：小兵
参加聚会的朋友名字：小磊


参加聚会的朋友信息：
{'小红': 0, '小美': 0, '小于': 0, '小兵': 0, '小磊': 0}
```

10.3.2　第二阶段：生成账单

1. 分析

晚餐后，结账的时间到了。我们需要将账单金额平均分摊给每个人，并且更新在上一阶段中创建的字典中金额的值。我们可以将账单分摊值四舍五入到小数点后两位。

在上一阶段，我们已经获取了朋友人数并且将其名字储存到字典中。接下来，需要计算平分账单金额，生成每人所需支付的账单(保留两位小数)，然后使用该平均值更新字典。具体实现如下：

• 获取字典中朋友的名单，即键值，使用 guests.keys()方法，并转换为列表，赋值给变量 name。

• 定义一个变量 bill，存放用户从键盘输入的最终账单金额，并转换为浮点数。

• 计算平均每人花费多少钱，使用 bill 的值除以聚会人数(friends 的值)，保留两位小数，并将计算结果赋值给变量 share。

• 用账单平均值 share 更新字典。可以使用字典提供的方法 dict.fromkeys(name, share) 重新定义字典。由于新字典中的键就是原字典中的键值 name，所以相当于使用 share 的值替换了原字典中键对应的值。

• 输出更新后的字典。

2. 代码实现

```
# 第二步生成账单
friends = int(input("有几个人参加聚会？"))
```

```
if friends<=0:
    print('没有人参加聚会')
else:
    guests = {}
    for i in range(friends):
        guests[input("参加聚会的朋友名字: ")] = 0    # 初始账单为 0
    print()
    print("参加聚会的朋友信息: ")
    print(guests)


    name = list(guests.keys())                  # 获取字典中键的值,并转换为列表
    bill = float(input("共消费多少钱? "))
    share = round(bill / friends, 2)            # 计算平均每人花费多少钱
    guests = dict.fromkeys(name, share)
    print("消费信息: ",guests)
```

运行结果如下:

```
有几个人参加聚会? 5
参加聚会的朋友名字: 小美
参加聚会的朋友名字: 小红
参加聚会的朋友名字: 小于
参加聚会的朋友名字: 小兵
参加聚会的朋友名字: 小磊


参加聚会的朋友信息:
{'小美': 0, '小红': 0, '小于': 0, '小兵': 0, '小磊': 0}
共消费多少钱? 560
消费信息:   {'小美': 112.0, '小红': 112.0, '小于': 112.0, '小兵': 112.0, '小磊': 112.0}
```

10.3.3　第三阶段: 谁是幸运儿

1. 分析

如果想为聚会留下一些特别的印象, 在这个阶段我们可以添加一个新功能, 询问用户是否开启幸运儿功能, 就是在所有聚会的朋友中, 任选一人免单。具体实现如下:

· 在最终确定每个人的应付金额前, 询问用户是否想要使用幸运者功能, 并把选择结果用变量 answer 保存;

· 从键盘接收用户的输入, 如果用户希望使用该功能, 输入 yes, 则程序需要从字典中随机选择一个名称并输出如下内容: "XXX 是幸运的!";

· 由于需要随机选取, 在程序开始位置导入随机模块 random 模块, 之后使用该模块的 random.choice(name)方法, 可以在列表 name 中任意选择一人, 并将选择结果赋值给变

量 lucky_one；

- 如果用户输入的不是 yes，则输出"没有人是幸运者"。

2. 代码实现

```
# 第三步谁是幸运儿
import random
friends = int(input("有几个人参加聚会？"))
if friends<=0:
    print('没有人参加聚会')
else:
    guests = {}
    for i in range(friends):                      # 创建字典
        guests[input("参加聚会的朋友名字：")] = 0   # 初始账单值为 0
    print()
    print("参加聚会的朋友信息：")
    print(guests)


    name = list(guests.keys())                    # 获取字典中键的值，并转换为列表
    bill = float(input("共消费多少钱？"))
    share = round(bill / friends, 2)              # 计算平均每人花费多少钱
    guests = dict.fromkeys(name, share)
    answer = str(input("是否开启幸运儿功能(yes or no)？"))
    if answer == "yes":                           # 只能输入小写 yes 比较结果才会正确
        lucky_one = random.choice(name)           # 在列表 name 中随机选择一个值
        print(lucky_one,'是幸运者!')
    else:
        print("没有人是幸运者")
        print("消费信息：",guests)
```

运行结果如下：

```
有几个人参加聚会？5
参加聚会的朋友名字：小美
参加聚会的朋友名字：小红
参加聚会的朋友名字：小于
参加聚会的朋友名字：小兵
参加聚会的朋友名字：小磊


参加聚会的朋友信息：
{'小美': 0, '小红': 0, '小于': 0, '小兵': 0, '小磊': 0}
共消费多少钱？560
是否开启幸运儿功能（yes or no）？yes
小红是幸运者!
```

10.3.4　第四阶段：聚会结束

1. 分析

通过前几个阶段，我们已经获取到了朋友们的姓名、账单总金额，并且能够随机选出一位幸运者。最后群收款小工具需要程序输出最终的账单，具体实现如下：

- 如果用户选择是 Yes(使用该功能)，则打印"xxx 是幸运者!"并重新分配账单。为了方便用户使用，无论输入大写还是小写 yes，程序都能正确判断，一律将输入转换为小写再进行比较。
- 重新计算分摊值，并保留两位小数，注意此时人数要在原来的基础上减 1。
- 用新的分摊值 share 更新字典。
- 使用语句 guests[lucky_one] = 0，单独将幸运者对应的值赋值为 0。
- 输出更新后的字典。
- 如果用户输入的是其他内容，则输出字典的值没有改变，还是原始字典的内容。

2. 代码实现

```python
# 第四步聚会结束
import random
friends = int(input("有几个人参加聚会? "))
if friends<=0:
    print('没有人参加聚会')
else:
    guests = {}
    for i in range(friends):
        guests[input("参加聚会的朋友名字：")] = 0   # 初始账单为 0

    print("参加聚会的朋友信息：")
    print(guests)


    name = list(guests.keys())                     # 获取字典中键的值，并转换为列表
    bill = float(input("共消费多少钱? "))
    share = round(bill / friends, 2)               # 计算平均每人花费多少钱
    guests = dict.fromkeys(name, share)            # 更新字典
    answer = str(input("是否开启幸运儿功能(yes or no)? "))
    if answer.lower() == "yes":                    # 全部转换为小写再进行比较
        lucky_one = random.choice(name)            # 在列表 name 中随机选择一个值
        print(lucky_one,'是幸运者!')
        share = round(bill / (friends-1), 2)       # 计算平均每人花费多少钱
        guests = dict.fromkeys(name, share)        # 更新原字典
```

```
        guests[lucky_one] = 0                    # 将幸运儿的消费数字赋值为 0

    else:
        print("没有人是幸运者")
    print("消费信息： ",guests)
```

程序运行结果如下：

有几个人参加聚会？5
参加聚会的朋友名字：小美
参加聚会的朋友名字：小红
参加聚会的朋友名字：小于
参加聚会的朋友名字：小兵
参加聚会的朋友名字：小磊

参加聚会的朋友信息：
{'小美': 0, '小红': 0, '小于': 0, '小兵': 0, '小磊': 0}
共消费多少钱？560
是否开启幸运儿功能 (yes or no)？yes
小美是幸运者!
消费信息： {'小美': 0, '小红': 140.0, '小于': 140.0, '小兵': 140.0, '小磊': 140.0}

第 11 章

阶段项目——井字棋游戏

11.1 项目介绍

11.1.1 项目描述

井字棋是两名玩家在 3×3 的方格上玩的游戏。其中一个玩家使用 X，另一个玩家使用 O。两名玩家轮流在棋盘格上画上自己的符号，三个相同的标记最先形成横、竖、斜一线则为胜利。

11.1.2 目标

(1) 掌握函数、列表、循环的使用；
(2) 训练学生对所学知识的综合应用能力；
(3) 培养学生完成小型项目的能力。

11.2 项目分析

本项目可以分为五个阶段，每一阶段都需要创建自定义函数，并且实现具体的功能，最终整合所有的函数，实现双人对决。具体流程如图 11-1 所示。

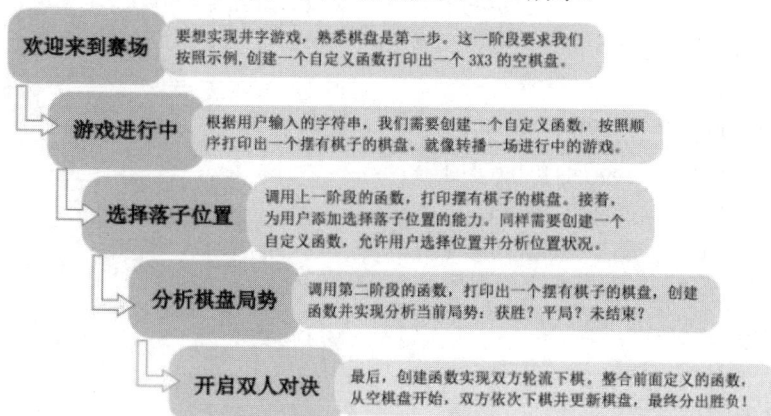

欢迎来到赛场	要想实现井字游戏，熟悉棋盘是第一步。这一阶段要求我们按照示例，创建一个自定义函数打印出来一个 3X3 的空棋盘。
游戏进行中	根据用户输入的字符串，我们需要创建一个自定义函数，按照顺序打印出一个摆有棋子的棋盘，就像转播一场进行中的游戏。
选择落子位置	调用上一阶段的函数，打印摆有棋子的棋盘。接着，为用户添加选择落子位置的能力。同样需要创建一个自定义函数，允许用户选择位置并分析位置状况。
分析棋盘局势	调用第二阶段的函数，打印出一个摆有棋子的棋盘，创建函数并实现分析当前局势：获胜？平局？未结束？
开启双人对决	最后，创建函数实现双方轮流下棋，整合前面定义的函数，从空棋盘开始，双方依次下棋并更新棋盘，最终分出胜负！

图 11-1 项目流程

11.3 项 目 实 施

11.3.1 第一阶段：欢迎来到赛场

1. 分析

这一阶段，我们要熟悉棋盘。井字棋游戏棋盘是一个 3×3 的游戏网格，我们将游戏网格中的 9 个位置以 "_" 符号填充，以空格进行隔开，网格的上方和下方用破折号 9 个 "-" 分隔，网格中每一行的开头和结尾用竖线 "|" 符号，目的是形成一个 3×3 的棋盘。

我们在下棋的时候，棋盘需要重复的出现，如果每次都直接打印棋盘太过烦琐，所以我们要定义一个函数创建空棋盘，每次需要的时候调用即可。

棋盘是三行三列的，所以我们用一个二维列表来表示。二维列表的每个元素都是一个 "_" 符号。因此我们定义一个由 9 个 "_" 符号组成的字符串 c，用索引的方法获取字符串中的每个 "_" 符号作为二维表中的元素。

定义一个全局变量二维列表 grid = [[],[],[]]，grid 的 3 个元素都是列表类型，分别表示棋盘中的每一行的位置情况。二维表 grid 的元素表示为

grid = [[c[0], c[1], c[2]], [c[3], c[4], c[5]], [c[6], c[7], c[8]]]

然后将这个二维表输出，同时添加上下左右的符号，就是一个简单的井字棋游戏棋盘。

2. 代码实现

```
c = "_____"  # 定义一个字符串，由 9 个下画线组成
# 定义一个二维列表，每个元素都是一个下画线
grid = [[c[0], c[1], c[2]], [c[3], c[4], c[5]], [c[6], c[7], c[8]]]
# 定义函数，形成棋盘
def print_grid():
    global grid
    # 用 print 直接输出一个字符串，该字符串用三引号包围，用 f_string 格式输出
    # 字符串共 5 行，中间三行内容用二维列表对应的元素替换，形成一个 3*3 的空棋盘
    print(f"""---------
        | {grid[0][0]} {grid[0][1]} {grid[0][2]} |
        | {grid[1][0]} {grid[1][1]} {grid[1][2]} |
        | {grid[2][0]} {grid[2][1]} {grid[2][2]} |
        ---------""")

# 主程序调用函数
print_grid()
```

运行结果如下：

```
|_ _ _|
|_ _ _|
|_ _ _|
 ---------
```

11.3.2　第二阶段：游戏进行中

1. 分析

在第一阶段已经打印出空棋盘，接下来将模拟显示在游戏过程中已经落子的棋盘样式。

如果在棋盘上落子，相当于在三行三列的某个位置出现一个代表棋子的符号，可能是代表第一个玩家的"X"符号，也可能是代表第二个玩家的"O"符号，没有落子的位置保持原先的"_"符号。

棋盘上一共有 9 个位置，在游戏过程中，这 9 个位置上分别由"X""O"和"_"三种符号填充。这样我们从键盘输入一个字符串，这个字符串是由"X""O"和"_"三种符号组成的长度为 9 的一个字符串，表示某一时刻棋盘上已有的棋子情况，用来模拟下棋的过程，"X"是第一个玩家落的子，"O"是第二个玩家落的子，"_"表示该位置还是空着的。

同样创建一个函数 print_grid()，该函数用来输出当前棋盘，棋盘位置上的符号要根据用户输入的字符串，按照索引获取某个字符作为棋子，将这枚棋子(就是一个符号)显示在棋盘，展示当下的棋局。

2. 代码实现

```
# 输入一个包含 9 个符号的字符串，代表盘中已有的棋子的情况
# 这个字符串可以是"X""O""_"这三个符号的任意组合
c = input("输入一个长度是 9 的，由 X,O 和_这三个符号组成的字符串:\n")
# 定义函数，显示棋盘
def print_grid():
    print(f"""---------
        | {c[0]} {c[1]} {c[2]} |
        | {c[3]} {c[4]} {c[5]} |
        | {c[6]} {c[7]} {c[8]} |
        ---------""")
# 主程序
print("游戏中的棋局:")
print_grid()
```

运行结果如下：

输入一个长度是 9 的，由 X,O 和_这三个符号组成的字符串:

XX_OXOO__

游戏中的棋局:

```
|X X _|
|O X O|
|O _ _|
---------
```

11.3.3　第三阶段：选择落子位置

1. 分析

在前面的两个阶段，我们已经了解了棋盘和棋子的分布情况，在这一阶段中，我们要实现玩家落子的功能。程序要添加一个新功能：选择落子的位置。这个位置就是玩家下一步想要摆放棋子的位置。为了确定落子的位置，我们先确定整个棋盘的坐标位置，以便程序准确定位落子的位置。假设左上角单元格的坐标是(1,1)，右下角单元格的坐标是(3,3)，则整个棋盘的坐标如下：

```
|(1,1) (1,2) (1,3)|
|(2,1) (2,2) (2,3)|
|(3,1) (3,2) (3,3)|
```

为了让大家更好地理解游戏，我们先实现一个玩家落子的过程，在下一阶段再实现双人对决。玩家落子的过程我们也是通过定义一个函数 move(g, sign)来实现的。其中参数 g 是二维列表，代表当前棋盘，参数 sign 代表棋子的符号(X 或 O)，这一步 sign 的取值是"X"，实现一个玩家的落子。move(g, sign)函数实现过程如下：

(1) 输入一个字符串，即输入 2 个数字并用空格分隔，表示下一步落子的数字坐标，这个坐标代表准备放置"X"的位置，同时利用函数 split()将字符串转换成列表。

```
# 输入落子的位置并分隔为列表形式
player_move = input("输入落子的位置，2 个数字并用空格分隔：").split()
```

(2) 将列表中的两个元素取出分别赋值给代表坐标的两个变量 move_y 和 move_x。

```
# 确定坐标位置，注意坐标位置和实际二维表的索引差 1
move_y, move_x = int(player_move[0]) - 1, int(player_move[1]) - 1
```

(3) 接下来判断该位置是否空着的，符号"_"表示该位置是空着的。如果空着，就将 X 棋子落在这个位置。程序中就是将字符"X"赋值给二维列表的落子坐标所对应的元素位置。否则，落子单元格不为空，输出提示信息"已被占据，请选择另一个"。

```
if  g[move_y][move_x] == "_":        # 判断该位置是否为空
        g[move_y][move_x] = sign     # 将棋子 sign 落在该位置
        break                        # 落子后退出循环
else:
        print("已被占据，请选择另一个")
```

(4) 为了可以实现多次落子，整个函数使用绝对循环，当落子到一个合适位置后循环退出。

(5) 由于棋盘位置都用 1 到 3 的正整数表示，在输入落子坐标时，要考虑非数字和超出范围的情况。

2. 代码实现

```
# 接着第二阶段的代码，表示落子前的棋盘
# 输入一个包含 9 个符号的字符串，代表盘中已有的棋子的情况
c = input("输入一个长度是 9 的，由 X,O 和_这三个符号组成的字符串:\n")
grid = [[c[0], c[1], c[2]], [c[3], c[4], c[5]], [c[6], c[7], c[8]]]
# 定义棋盘函数
def print_grid(g):
    print(f"""---------
        | {g[0][0]} {g[0][1]} {g[0][2]} |
        | {g[1][0]} {g[1][1]} {g[1][2]} |
        | {g[2][0]} {g[2][1]} {g[2][2]} |
        ---------""")


# 定义落子函数(新增函数)
def move(g, sign):
    while True:
        try:
            # 输入落子的位置并分隔为列表形式
            player_move = input("输入落子的位置，2 个数字并用空格分隔：").split()
            # 确定坐标位置
            move_y, move_x = int(player_move[0]) - 1, int(player_move[1]) - 1
            if g[move_y][move_x] == "_":       # 判断该位置是否为空
                g[move_y][move_x] = sign       # 将棋子 sign 落在该位置
                break                          # 落子后退出循环
            else:
                print("已被占据，请选择另一个")
        except ValueError:
            print("请输入数字")
        except IndexError:
            print("坐标必须从 1 到 3")
# 主程序
print("落子前的棋盘：")
print_grid(grid)                              # 显示落子前的棋盘
move(grid, "X")                               # 调用 move(grid, "X")函数，实现落子功能
print("落子后的棋盘：")
print_grid(grid)                              # 再一次调用 print_grid(grid)函数，显示落子后的棋盘
```

运行结果如下：

输入一个长度是 9 的，由 X,O 和_这三个符号组成的字符串:

XO__X___

落子前的棋盘：

```
---------
| X O _ |
| _ X _ |
| _ _ _ |
---------
```

输入落子的位置，2 个数字并用空格分隔：3 3

落子后的棋盘：

```
---------
| X O _ |
| _ X _ |
| _ _ X |
---------
```

11.3.4 第四阶段：分析棋盘局势

1. 分析

在第三阶段，我们实现了落子的功能。这一阶段，我们需要根据棋盘上棋子的数量或位置，分析确定游戏的状态是进行中，还是赢得了比赛。

定义 check_final(g)函数，参数 g 依然是二维列表，代表当前棋盘，函数功能是利用索引分析棋盘上棋子的状态并打印结果。具体状态分如下几种：

(1) 当双方都没有将符号连成一线，且网格中仍有空单元格时，输出游戏未结束。

(2) 当双方都没有将符号连成一线，且网格没有空单元格，输出平局。

(3) 当网格中有三个连续的 X 时，输出 X 获胜，当网格中有三个连续的 O 时，输出 O 获胜。

(4) 当网格中连续有 3 个 X 和 3 个 O 时，或者 X 与 O 的差大于或等于 2 时，输出"这种情况不存在"，正常情况下是一人出一次。

2. 代码实现

```python
# 输入一个包含 9 个符号的字符串，代表盘中已有的棋子的情况
c = input("输入一个长度是 9 的，由 X,O 和_这三个符号组成的字符串:\n")
grid = [[c[0], c[1], c[2]], [c[3], c[4], c[5]], [c[6], c[7], c[8]]]
# 定义棋盘函数
def print_grid(g):
    print(f"""---------
        | {g[0][0]} {g[0][1]} {g[0][2]} |
        | {g[1][0]} {g[1][1]} {g[1][2]} |
        | {g[2][0]} {g[2][1]} {g[2][2]} |
        ---------""")
# 定义函数，分析棋盘局势
```

```python
def check_final(g):
    x_winner, o_winner = False, False        # 双方默认值都为 False
    # 列表推导式，得到棋盘的每一列的棋子分布情况
    rows = [[g[0][i], g[1][i], g[2][i]] for i in range(3)]
    # print(rows)                            # 查看结果
    # 列表推导式，得到棋盘的每一行的棋子分布情况
    columns = [[g[i][0], g[i][1], g[i][2]] for i in range(3)]
    # print(columns)
    # 得到两个对角线的棋子分布情况
    diagonals = [[g[0][0], g[1][1], g[2][2]], [g[0][2], g[1][1], g[2][0]]]
    # print(diagonals)
    # 将 3 个行和 3 个列以及 2 条对角线的棋子分布组合在一起，形成新的列表
    # all_lines 列表中的每一个元素是一个一维列表，代表横、竖、斜的棋子分布
    all_lines = rows + columns + diagonals
    print("横、竖、斜的 8 种棋子分布情况:\n",all_lines)
    for i in range(8):
        if all_lines[i].count("X") == 3:     # 判断 all_lines 列表中的每一个元素是否 3 个 X
            x_winner = True
        if all_lines[i].count("O") == 3:     # 判断 all_lines 列表中的每一个元素是否 3 个 O
            o_winner = True
    # 双方都连成 3 个的情况或者一方比另一方多出两个以上子的情况是不存在的
    if   x_winner and o_winner or abs(c.count("X") - c.count("O")) >=2:
        print("这种情况不存在")
    elif x_winner:
        print("X 获胜")
    elif o_winner:
        print("O 获胜")
    elif "_" in c or " " in c:               # 如果还有空位置
        print("游戏未结束")
    else:
        print("平局")
# 主程序
print_grid(grid)                             # 调用 print_grid(grid)函数，显示当前棋盘状态
check_final(grid)                            # 调用 check_final(grid)函数，分析当前棋盘局势
```

运行程序，当输入 X__OOOXX_ 时，结果如下：

输入一个长度是 9 的，由 X,O 和_这三个符号组成的字符串：

X__OOOXX_

|X _ _|

```
|O O O|
|X X _|

---------

横、竖、斜的 8 种棋子分布情况:
[['X', 'O', 'X'], ['_', 'O', 'X'], ['_', 'O', '_'], ['X', '_', '_'], ['O', 'O', 'O'], ['X', 'X', '_'], ['X', 'O', '_'], ['_', 'O', 'X']]
O 获胜
```

再次运行该程序，当输入 XX___OOOO 时，结果如下:

```
输入一个长度是 9 的，由 X,O 和_这三个符号组成的字符串:
XX___OOOO

---------

|X X _|
|_ _ O|
|O O O|

---------

横、竖、斜的 8 种棋子分布情况:
[['X', '_', 'O'], ['X', '_', 'O'], ['_', 'O', 'O'], ['X', 'X', '_'], ['_', '_', 'O'], ['O', 'O', 'O'], ['X', '_', 'O'], ['_', '_', 'O']]
这种情况不存在
```

11.3.5 第五阶段：开启双人对决

1. 分析

在最后一阶段，我们要结合之前阶段中应用到的内容，设计一款两名玩家能够轮流下棋并从头玩到尾的井字游戏。

我们设置第一名玩家使用 X，第二名玩家使用 O。使 X 摆置到输入的第一个坐标中，O 摆置到输入的第二个坐标中，以此类推，轮流走步，直到游戏结束。具体实现如下:

第一步，输出一个空棋盘(参见第一阶段)。

第二步，定义 move(g, sign)函数，实现落子功能(参见第三阶段)。

第三步，定义 check_final(g, sign)函数，实现分析棋盘局势的功能，要求每次落子后都要对棋盘进行分析，当有玩家获胜或打成平局时结束比赛。

第四步，定义 next_one(sign)函数，实现棋子符号将在 X 和 O 之间轮流的功能，相当于换另一方落子。

2. 代码实现

```python
# 第五步
# 初始棋盘
c = "_____"
grid = [[c[0], c[1], c[2]], [c[3], c[4], c[5]], [c[6], c[7], c[8]]]


def print_grid(g):
    print(f"""---------
```

```
    | {g[0][0]} {g[0][1]} {g[0][2]} |
    | {g[1][0]} {g[1][1]} {g[1][2]} |
    | {g[2][0]} {g[2][1]} {g[2][2]} |
    --------""")


# 落子
def move(g, sign):
    while True:
        try:
            player_move = input("输入落子位置：").split()
            move_y, move_x = int(player_move[0]) - 1, int(player_move[1]) - 1
            if g[move_y][move_x] == "_":
                g[move_y][move_x] = sign
                break
            else:
                print("已被占据，请选择另一个")
        except ValueError:
            print("请输入数字")
        except IndexError:
            print("坐标必须在 1 到 3 之间")


# 分析棋局
def check_final(g, sign):
    global moves
    moves += 1    # 每调用一次函数，moves 值加 1，最大到 9
    rows = [[g[0][i], g[1][i], g[2][i]] for i in range(3)]
    columns = [[g[i][0], g[i][1], g[i][2]] for i in range(3)]
    diagonals = [[g[0][0], g[1][1], g[2][2]], [g[0][2], g[1][1], g[2][0]]]
    all_lines = rows + columns + diagonals
    for i in range(8):
        if all_lines[i].count(sign) == 3:
            print_grid(g)
            print(f"{sign}获胜")
            return True
    if moves == 9:
        print_grid(g)
        print("平局")
        return True
    else:
```

```
            return False

# 换另一方
def next_one(sign):
    if sign == "X":
        return "O"
    return "X"


# 主程序
player = "X"                        # 定义初始下棋的玩家 player = "X"
moves = 0                          # 定义全局变量 moves = 0，存放落子次数
while True:
    print("\n 当前棋盘：")
    print_grid(grid)               # 调用 print_grid(grid)函数，显示当前棋盘
    move(grid, player)             # 调用 move(grid, player)函数，落子
    if check_final(grid, player):
        break
    player = next_one(player)       # 换另一方出
```

程序运行结果如下：

当前棋盘：

```
---------
|_ _ _ |
|_ _ _ |
|_ _ _ |
---------
```
输入落子位置：1 1

当前棋盘：

```
---------
|X _ _ |
|_ _ _ |
|_ _ _ |
---------
```
输入落子位置：1 2

当前棋盘：

```
---------
|X O _ |
|_ _ _ |
```

```
|_ _ _|
 ---------
```

输入落子位置：2 1

当前棋盘：
```
 ---------
| X O _ |
| X _ _ |
|_ _ _|
 ---------
```

输入落子位置：3 2

当前棋盘：
```
 ---------
| X O _ |
| X _ _ |
| _ O _ |
 ---------
```

输入落子位置：3 1
```
 ---------
| X O _ |
| X _ _ |
| X O _ |
 ---------
```
X 获胜

第 12 章

阶段项目——实时货币转换器

12.1 项 目 介 绍

12.1.1 项目描述

货币转换器是一个简单的控制台程序，我们可以通过依次输入所拥有货币和想要兑换货币的数字代码，再输入所拥有的货币数量，计算出可兑换的货币的数量。

本项目不仅可以实现固定汇率的兑换，还可以通过访问第三方服务，获取实时汇率，实现实时汇率的货币转换。

12.1.2 目标

(1) 掌握 Python 编程基础知识的使用；

(2) 掌握第三方模块 request 和 json 的使用；

(3) 掌握外汇库 forex-python 的使用；

(4) 训练学生对所学知识的综合应用能力；

(5) 培养学生完成小型项目的能力。

12.2 项 目 分 析

本项目分为五个步骤，从简单实现，逐渐添加新功能，一步步实现实时汇率货币转换器程序。

货币转换器项目的前三个阶段，我们先简单实现指定货币或指定汇率的兑换，第四阶段开始将实现访问实时汇率信息，并得到所需要的货币汇率，最后一个阶段就能实现根据实时汇率进行计算，实现兑换功能。具体流程如图 12-1 所示。

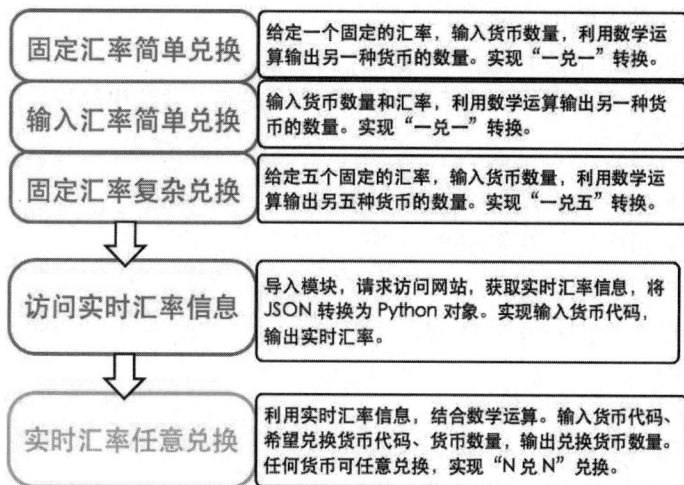

图 12-1　项目流程

12.3　项 目 实 施

12.3.1　第一阶段：固定汇率的简单兑换

1. 分析

第一阶段的任务非常简单，我们要实现固定汇率的简单兑换。假如我们要去美国出差，需要兑换些美元，当日的人民币 [CNY] 兑美元 [USD] 的汇率为：1 人民币 = 0.1500 美元。输入要兑换的人民币金额，就可以计算出可以兑换多少美元。

2. 代码实现

```
# 输入要兑换的人民币数量
amount = int(input("请输入要兑换的人民币金额："))
# 按 1 人民币=0.1500 美元的固定汇率，计算出这些人民币可以兑换多少美元，输出结果
print(f'{amount}人民币可以兑换{amount * 0.1500} 美元')
```

运行结果如下：

```
请输入要兑换的人民币金额：1000
1000 人民币可以兑换 150.0 美元
```

12.3.2　第二阶段：动态汇率的简单计算

1. 分析

在第一阶段，我们使用了 1 人民币 = 0.1500 美元计算结果，这个汇率是固定的。而在现实生活中，汇率每天都在变换。这一阶段我们以兑换美元为例，编写一个程序，要求用户输入人民币的数量以及当前汇率，最后计算等价于多少美元。具体内容如下：

- 输入要兑换的人民币数量。
- 输入当前人民币兑换美元 [CNYUSD] 的汇率。
- 按当前汇率计算出这些人民币可以兑换多少美元，并输出结果。

2. 代码实现

```
amount = int(input("请输入要兑换的人民币金额："))
rate = float(input("请输入当前汇率："))
# print(f"{amount * rate} 美元")
print(f'{amount}人民币可以兑换{amount *  rate:.2f} 美元')  # 保留两位小数
```

运行结果如下：

```
请输入要兑换的人民币金额：1000
请输入当前汇率：0.13
1000 人民币可以兑换 130.00 美元
```

12.3.3 第三阶段：固定汇率的复杂兑换

1. 分析

前面的两个阶段，我们已经实现了输入货币及汇率然后转换成等价的美元。这一阶段需要改进货币转换器，转换成五种不同的货币。假设汇率如下：

1 人民币[CNY] = 0.15 美元[USD]

1 人民币[CNY] = 0.1421 欧元[EUR]

1 人民币[CNY] = 0.1214 英镑[GBP]

1 人民币[CNY] = 19.5723 日元[JPY]

1 人民币[CNY] = 10.0902 俄罗斯卢布[RUB]

这一阶段的实现代码，要求用户输入人民币的数量，按照汇率兑换为上面的五种货币，五种货币的汇率使用字典给出对应关系。具体内容如下：

- 输入要兑换的有的人民币的数量。
- 遍历字典中的每一项，得到每一种货币的汇率，计算得到兑换金额，依次打印转换结果(要求保留 2 位小数)。

如何四舍五入或保留具体的有效数字？

例如，有一数字 2.45，要保留一位小数，有以下四种方法可以使用。

第一种：使用 round()内置函数。

通常在对精确度要求不高的情况下，python 四舍五入可以使用内置的 round 函数，语法如下。

```
round(x,n)
```

其中，x 为需要进行四舍五入的数，n 为小数点后的数字个数。

实现代码如下：

```
print(round(2.45, 1))        # 结果是 2.5
```

第二种：使用("%.nf"% x)形式。其中，x 是需要处理的数据，n 是小数点后的数字个数。

实现代码如下：

```
print('%.1f' % 2.45)          # 结果是 2.5
```

第三种：使用 format()函数。

格式如下：

```
format(x, '.nf')
```

其中，x 是需要处理的数据，n 是小数点后的数字个数。

实现代码如下：

```
print(format(2.45, '.1f'))    # 结果是 2.5
```

第四种：使用 f_String 形式。

实现代码如下：

```
print(f'{2.45:.1f}')          # 结果是 2.5
```

2. 代码实现

```
amount = float(input("请输入要兑换的人民币金额："))
# 用字典给出五种货币对应的汇率
ex_rate = {
    'USD(美元)': 0.15,
    'EUR(欧元)': 0.1421,
    'GBP(英镑)': 0.1214,
    'JPY(日元)': 19.5723,
    'RUB(卢布)': 10.0902
}
# 循环依次兑换成五种不同的货币，依次取出字典中的每一项解包赋值给两个变量
for currency, rate in ex_rate.items():
    print(f'{amount} 人民币可以兑换成 {round((amount * rate), 2)} {currency}')
```

运行结果如下：

```
请输入要兑换的人民币金额：1000
1000.0 人民币可以兑换成 150.0 USD(美元)
1000.0 人民币可以兑换成 142.1 EUR(欧元)
1000.0 人民币可以兑换成 121.4 GBP(英镑)
1000.0 人民币可以兑换成 19572.3 JPY(日元)
1000.0 人民币可以兑换成 10090.2 RUB(卢布)
```

12.3.4　第四阶段：访问实时汇率信息

1. 分析

前三个阶段的货币兑换，汇率是固定的或者是根据用户需要输入的汇率进行算的。现实生活中，汇率时刻都在变换，我们不可能每次兑换都查询最新的汇率。如果想实现一个能根据实时汇率兑换的货币转换器，我们需要利用互联网，访问第三方网站(http://www.floatrates.com/)查询人民币对不同外币的实时汇率，进行货币的转换。本阶段我们首先掌握获取实时

汇率的方法，之后根据这个汇率计算出兑换结果。

1) 程序如何访问链接——使用 requests

编程时需要从实时汇率网站自动获取汇率，我们可以通过访问 http://www.floatrates.com/daily/cny.json 链接，获得实时汇率。当访问链接后，我们得到的是 JSON 文本，它是一种数据交换格式，用于存储和传输结构化数据。我们访问这个网址的目的是要完成下面两个任务：

- 通过程序访问查询人民币实时汇率的链接。
- 从返回数据中，提取我们需要的实时汇率。

在完成这两个任务时要用到 requests 模块和 JSON。

requests 模块是 Python 的一个第三方模块，主要用来发送 HTTP 网络请求，想要使用 requests 模块，首先需要导入库。在 requests 模块中，可以通过 get()方法访问互联网资源，该方法返回一个响应对象，通过对象的 text 属性，可以获取响应内容。前面第 9 章 9.4 节我们曾经使用过 request 库。有了 request 库就可以实现第一个任务，访问实时汇率链接了。实现代码如下：

```
import requests

r = requests.get('http://www.floatrates.com/daily/cny.json')

data = r.text

print(data)
```

运行程序，得到 JSON 字符串，如图 12-2 所示。

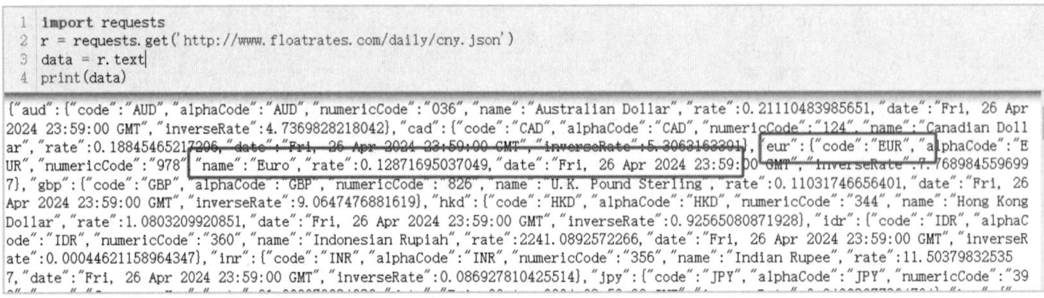

图 12-2　访问 http://www.floatrates.com/daily/cny.json 得到的结果

从结果我们发现展示的内容可读性差，为了方便大家阅读，我们将内容进行了格式化，仅选取了人民币对美元和欧元的汇率关键信息：

```
{
    "usd":{
        "code": "USD",
        "name": "U.S. Dollar",
        "rate": 0.1498839513749,
        "date": "Fri, 6 May 2022 23:55:01 GMT",
    },
    "eur":{
        "code": "EUR",
```

```
        "name": "Euro",
        "rate": 0.12871695037049,
        "date": "Fri, 26 Apr 2024 23:55:01 GMT",
    },
    ...
}
```

　　观察上面的输出的内容，我们可以发现它的形式很类似于 Python 中的字典，如果我们可以将它转换为字典，就可以很方便地获取到我们要得到的 rate 数据。那么在 Python 中如何将 json 字符串转换为字典数据呢？

　　2) 如何提取汇率数据——使用 json

　　Python 的内置 json 模块，其中的 loads()方法可以将 json 字符串转换为 Python 对象。通过这种方式，就达到了将 json 字符串转换为 Python 字典数据。具体代码如下：

```
import requests
import json


r = requests.get('http://www.floatrates.com/daily/cny.json')
data = json.loads(r.text)
```

　　通过上面的代码，得到的 data 变量就是一个字典，通过 data[键] 就可以得到对应币种的汇率信息。

　　在上述代码中增加一条语句，就可以得到美国的汇率信息：

```
print(data['usd'])
```

　　结果为使用字典表示的信息：

```
{'code': 'USD', 'alphaCode': 'USD', 'numericCode': '840', 'name': 'U.S. Dollar', 'rate': 0.13799642750597, 'date':
'Fri, 26 Apr 2024 23:59:00 GMT', 'inverseRate': 7.2465644080298}
```

　　在这个字典中获取"rate"键对应的值，就可以得到当前汇率，代码如下：

```
print(data['usd']['rate'])   # 结果为 0.13799642750597
```

　　3) 再论 JSON

　　JSON 指的是 JavaScript 对象表示法(JavaScript Object Notation)，它是轻量级的文本数据交换格式。JSON 虽然使用 Javascript 语法来描述数据对象，但是 JSON 仍然独立于语言和平台。JSON 解析器和 JSON 库支持许多不同的编程语言，包括 Python。

　　JSON 数据易于阅读和编写，示例如下：

```
{
    "sites":[
        { "name":"菜鸟教程" , "url":"www.runoob.com" },
        { "name":"google" , "url":"www.google.com" },
        { "name":"微博" , "url":"www.weibo.com" }
    ]
}
```

　　这段代码中，表示 sites 对象是包含 3 个站点记录(对象)的数组。

Python 中提供了 json 模块，可以对 JSON 数据进行编解码，在 json 的编解码过程中，Python 的原始类型与 json 类型会相互转换。由于篇幅有限，更多的 JSON 知识请读者查阅相关资料学习。

2. 代码实现

```
import requests
import json


r = requests.get('http://www.floatrates.com/daily/cny.json')
data = json.loads(r.text)
print('人民币兑换美元汇率：', data['usd']['rate'])
print('人民币兑换欧元汇率：', data['eur']['rate'])
```

运行结果如下：

```
人民币兑换美元汇率：  0.13799642750597
人民币兑换欧元汇率：  0.12871695037049
```

由于实时汇率是变换的，所以得到的值和运行程序时间相关。

12.3.5　第五阶段：实时汇率的任意兑换

1. 分析

在最后一阶段，我们需要真正实现货币转换器的功能：输入已有货币代码、货币数量，以及想要兑换的货币代码，实现任何货币间可任意兑换的货币转换器。

程序将循环实现如下功能：

- 要求用户输入货币代码、用户拥有的货币数量。
- 从网站检索，用户所拥有的货币代码的所有兑换汇率数据。
- 要求用户输入希望兑换的货币代码。
- 从汇率信息中，得到希望兑换的货币汇率。
- 最后根据实时汇率计算兑换后的货币数量并打印(输入的数字可以有小数部分)。

2. 代码实现

```
# 第五步 实时汇率兑换
import requests
import json


while True:
    # 定义一个元组，用来存放各国货币代码
    currency_code = \
    ('CNY','JPY','USD','EUR','GBR','DEM','CHF','FRF','CAD','AUD','HKD','KRW','SUR')
    cache = {}                                    # 定义空字典，以便存放要兑换的货币信息
    currency_code1 = input("请输入您目前拥有货币代码：").lower()
    if currency_code1.upper() not in currency_code:      # 输入的货币符号不在元组中
```

```
            print('没有这种货币！')
            break
    r = requests.get(f'http://www.floatrates.com/daily/{currency_code1}.json')
    data = json.loads(r.text)
    cache.update({currency_code1:data})                    # 更新字典信息
    currency_code2 = input("请输入您想要兑换的货币代码：").lower()
    if   not currency_code2:                               # 如果为空退出
        print('兑换货币为空')
        break
    if currency_code2.upper() not in currency_code:        # 输入的货币符号不是正确的代码
        print('没有这种货币！')
        break
    # print(cache[currency_code1][currency_code2])         # 输出该货币的以字典形式表示的信息

    amount = float(input("您目前拥有的货币数量："))
    if not amount:                                         # 数量为 0 退出
        print('兑换数量为 0')
        break
    if currency_code2 and amount:
        # 获取汇率乘以数量，取两位小数
        result = round(cache[currency_code1][currency_code2]["rate"] * amount, 2)
        print(f'===您的{amount}{currency_code1}将兑换 {result} {currency_code2}.===')

    is_continue = input('是否继续进行兑换？(Y/N)')
    if is_continue.lower() == 'n':
        print('货币兑换结束！')
        break
```

程序运行结果如下：

请输入您目前拥有货币代码：cny
请输入您想要兑换的货币代码：usd
您目前拥有的货币数量：1000
===您的 1000.0cny 将兑换 138.03 usd.===
是否继续进行兑换？(Y/N)y
请输入您目前拥有货币代码：cny
请输入您想要兑换的货币代码：eur
您目前拥有的货币数量：1000
===您的 1000.0cny 将兑换 128.82 eur.===
是否继续进行兑换？(Y/N)n
货币兑换结束！

12.3.6　第六阶段：使用外汇包实现任意兑换

1. 分析

在前 5 个阶段的学习中，我们从程序设计的角度实现了外汇的兑换。从 Python 的计算生态角度，Python 可以用于包括金融应用在内的各种任务，其中有一个名为 "forex-python" 的第三方外汇库，这个库可以帮助我们进行货币转换，更加的方便简单。

由于是第三方库，需要下载安装，下载语句如下：

```
pip install forex_python
```

下载过程如图 12-3 所示。

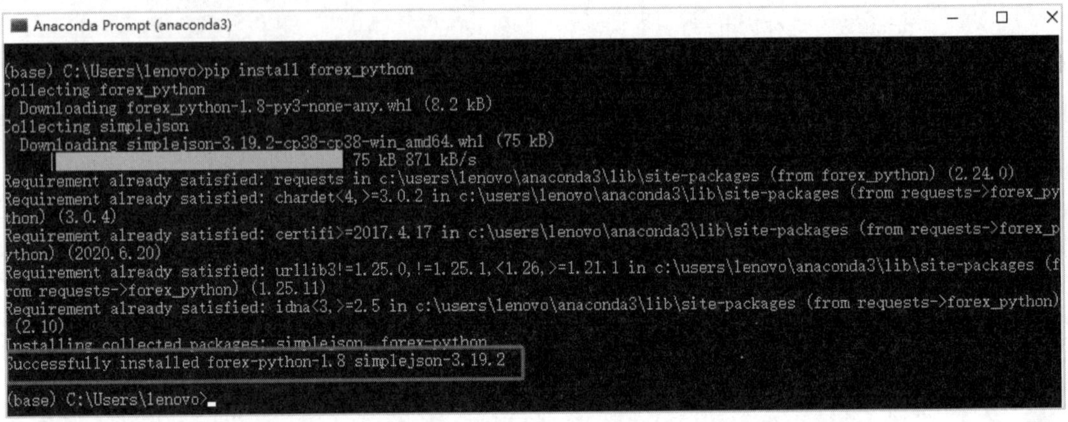

图 12-3　下载外汇包

接下来我们就可以导入 forex-python 库的 CurrencyRates 类(货币汇率类)。然后，我们创建一个 CurrencyRates 对象，并通过调用 convert 方法进行货币转换。

2. 实现代码

```
from forex_python.converter import CurrencyRates    # 导入外汇包的货币汇率类
c = CurrencyRates()                                  # 构建对象
amount = int(input("Enter the amount: "))            # 输入要兑换的数量
from_currency = input("From Currency: ").upper()     # 兑换前的货币代码，转换为大写
to_currency = input("To Currency: ").upper()         # 要兑换的货币代码
result = c.convert(from_currency, to_currency, amount) # 调用外汇包提供的函数进行兑换
print(f'{amount} {from_currency} 兑换为 {to_currency} 是:{ result:0.2f}') # 保留两位小数
```

程序运行结果如下：

```
Enter the amount: 1000
From Currency: cny
To Currency: usd
1000 CNY 兑换为 USD 是:139.01
```

兑换结果根据实时汇率进行计算，每次的运行结果可能不相同。

第 13 章

阶段项目——ToDoList 待办事项管理系统

13.1 项 目 介 绍

13.1.1 项目描述

人们无法记忆所有事项。当事务越来越多时，倘若使用软件把这些事项一条一条记录下来，并按照事项完成，这是一种非常好的工作、生活的方式。

本阶段项目根据面向对象的思想开发 ToDoList(待办事项管理)控制台程序。该程序可以记录待办事项、查看待办事项，并标记完成的事项。

项目运行过程如下：

```
待办事项
====================
1. 学习 Flask
2. 编写 Todo 单机版
3. 编写 Todo HTTP 网络版
N=创建事项, O=标记完成, Q=退出
请输入命令: N
创建待办事项
====================
请输入事项内容(Enter=创建): 去图书馆借书
待办事项
====================
1. 学习 Flask
2. 编写 Todo 单机版
3. 编写 Todo HTTP 网络版
4. 去图书馆借书

N=创建事项, O=标记完成, Q=退出
请输入命令: O
```

```
输入事项 ID 以标记完成(Enter=标记完成)：1
待办事项
======================
2. 编写 Todo 单机版
3. 编写 Todo HTTP 网络版
4. 去图书馆借书
N=创建事项, O=标记完成, Q=退出
请输入命令：Q


Process finished with exit code 0
```

运行程序，首先列出待办的事项；然后给出菜单进行选择，选择“N”，创建新的事项，在待办事项中就会增加一项；选择“O”，对某一事项进行标记，说明已办，同时从待办列表中删除；选择“Q”，退出，结束运行。

13.1.2　目标

(1) 能熟练使用 Python 编程知识；
(2) 会分析项目并设计所需的类；
(3) 能确定对象之间如何通信；
(4) 能熟练使用面向对象的程序设计方法。

13.2　项 目 分 析

ToDoList 实现的三个主要功能是：查看所有待办事项列表、新增待办事项和标记待办事项完成。具体功能如图 13-1 所示。

现在知道了项目要实现的功能，根据面向对象的思想，我们要分析项目中涉及哪些对象及这些对象之间的关系是怎样的。

待办事项是一个对象，所以我们首先要设计一个待办事项类，有了这个类，就可以创建若干待办事项对象了；处理待办事项也是一种类型，在这种类中可以定义若干方法处理待办事项，它们分别是：增加待办事项方法、查询待办事项方法、获取某一个待办事项的方法和修改待办事项状态的方法。设计好类之后，可以编写主程序，调用这些类对象的方法，实现项目具备的功能。图 13-2 展示了项目的整体设计框架。

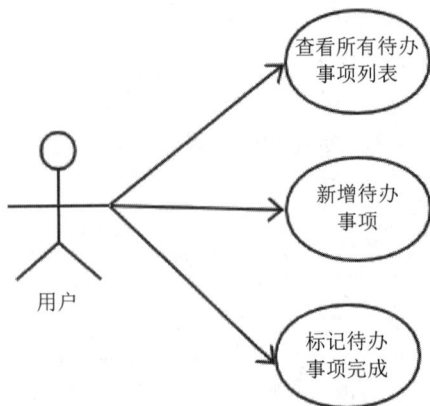

图 13-1　项目功能

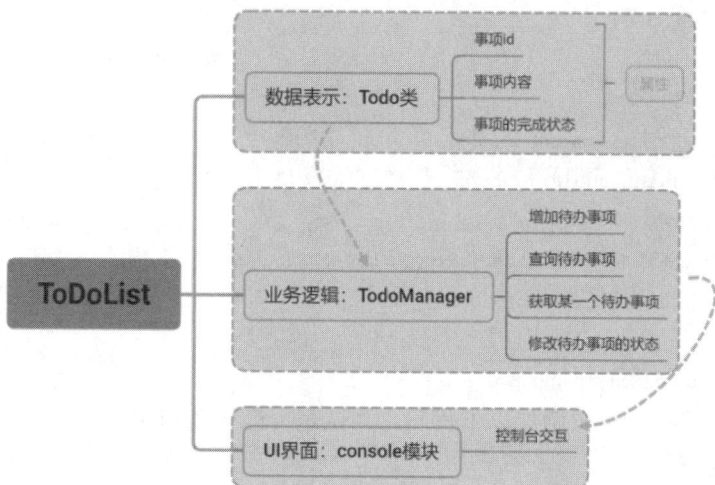

图 13-2　项目设计框架

在本项目中，需编写三个程序，分别是 todo.py 文件、manager.py 文件和 console.py 文件。在 todo.py 文件中定义 Todo 类；在 manager.py 文件中定义 TodoManager 类；在 console.py 文件中实现相应功能，完成对待办事项的各种处理。其中：Todo 表示待办事项，一般称为实体类；TodoManager 类实现对待办事项的管理，即增删改查功能；Console 模块，主程序，从用户的角度实现项目的功能。

13.3　项 目 实 施

13.3.1　第一阶段：设计待办事项 Todo 类

1. 分析

在项目中重点是处理待办事项，因此设计一个待办事项 Todo 类。

这个类包含三个属性：编号(id)，事项名称(title)，是否完成(completed)。

两个方法：初始化方法 __init__()，参数包含 id(事项 id，初始值为 1)、title(事项内容)、completed(事项的完成状态，初始值为 Flase)。

静态方法 next_id()返回下一个待办事项的 id 编号，以实现事项 id 的自动增长。每实例化一个类，id 就自动加 1，确保下一个待办事项的编号顺序自动生成。

2. 代码实现

具体代码如下：

```
#   todo.py
class Todo:
    """
    表示一个完整的待办事项
    """
```

```
        current_todo_id = 1
        @staticmethod                                    # 定义静态方法
        def next_id():
            todo_id = Todo.current_todo_id
            Todo.current_todo_id += 1
            return todo_id
        def __init__(self, title: str = '', id=0, completed=False):    # 初始化方法
            self.id = id if id > 0 else Todo.next_id()
            self.title = title
            self.completed = completed
```

上述定义好的类，可以增加以下代码，测试是否能正常使用：

```
# 测试
todo = Todo("去电脑城买键盘")                              # 定义 Todo 对象
print(f'待办事项的编号是：{todo.id}\n 标题是：{todo.title}')
print(f'下一条待办事项的编号：{todo.next_id()}')
```

运行结果如下：

```
待办事项的编号是：1
标题是：去电脑城买键盘
下一条待办事项的编号：2
```

13.3.2　第二阶段：定义事项管理类 TodoManager

1. 分析

从面向对象的思想来看，一切都是类，所以处理待办事项也定义成一个类。这一阶段，定义类 TodoManager 实现对待办事项的增加、删除、查询及修改待办事项的状态。类的具体设计如下。

该类中定义属性 todo_list，定义为列表类型，列表中存储的数据类型为 Todo 对象，从而实现了对待办事项的临时存储。后续新增功能，就是向列表中新增待办事项实例；修改待办事项状态的功能，则是从列表中查找某一个事项，从而进行修改。

待办事项的管理共实现四个功能，这一阶段搭好框架：

- create(title)：通过待办事项的标题，实例化一个待办事项，并返回这个 Todo 实例。
- get_list()：获取所有待办事项的数据，这个功能将返回列表，列表中的每一个元素，就是一个 Todo 实例。
- get_by_id(id)：通过待办事项的 id，获取一个待办事项实例，该函数的参数就为 id，返回值为一个 Todo 实例。
- mark_completed(id)：将某个待办事项的状态设为已完成，需要接收某一个待办事项的 id，返回一个 Todo 实例。

2. 创建文件 manager.py

```
# manager.py 文件
```

```
from todo import Todo                    # 从 todo.py 模块中导入 Todo 类
class TodoManager:                       # 定义 TodoManager 类
    def __init__(self):                  # 初始化方法，假设已经有 3 条待办事项
        self.todo_list = [ Todo('学习 Flask'), Todo("编写 Todo 单机版"), Todo("编写 Todo HTTP 网络版") ]
    # 以下是成员方法
    def create(self, title: str):        # 创建一个待办事项
        pass
    def get_list(self):                  # 展示所有待办事项
        pass
    def get_by_id(self, todo_id):        # 根据 id 获取某一个待办事项
        pass
    def mark_completed(self, todo_id):   # 标记某一待办事项已完成
        pass
```

3. 完善 create()方法

该函数只有一个字符串参数 title，用来接收要创建事项的标题。用这个标题创建一个待办事项对象(其他两个属性的取值：id 会自动生成，是否完成状态有默认的初始值)，将该对象添加到待办事项列表 todo_list 中，待办事项就多了一条，相当于实例化了一个待办事项，所以函数返回一个待办事项对象。实现代码如下：

```
def create(self, title: str):
    todo = Todo(title)               # 实例化一个对象
    self.todo_list.append(todo)      # 将该对象添加到列表中
    return todo
```

4. 完善 get_list()方法

get_list()方法得到所有待办事项，方法体直接返回到待办事项列表 todo_list 即可，实现代码如下：

```
def get_list(self):
    return self.todo_list
```

5. 完善 get_by_id()方法

get_by_id()方法要根据 id 获取某一对象，因此具有参数 todo_id，方法体中遍历存储待办事项的列表 todo_list，和列表中的每一个对象的 id 比较，相等则找到了该对象，返回该对象。

```
def get_by_id(self, todo_id):
    for x in self.todo_list:
        if x.id == todo_id:
            return x
```

6. 完善 mark_completed()方法

mark_completed()方法要根据 id 标记某一对象是否已经完成，因此具有参数 todo_id。方法中调用 get_by_id()方法获取某一对象，当对象不为空对象时，将该对象的属性 completed 设为 True，表示该对象(待办事项)已经完成。

```
def mark_completed(self, todo_id):
    todo = self.get_by_id(todo_id)
    if todo is not None:
        todo.completed = True
    return todo
```

7. manager.py 文件完整代码

```python
# manager.py
from todo import Todo
class TodoManager:
    def __init__(self):
        self.todo_list = [ Todo('学习 Flask'), Todo("编写 Todo 单机版"), Todo("编写 Todo HTTP 网络版") ]
    def create(self, title: str):
        todo = Todo(title)
        self.todo_list.append(todo)
        return todo

    def get_list(self):
        return self.todo_list

    def get_by_id(self, todo_id):
        for x in self.todo_list:
            if x.id == todo_id:
                return x

    def mark_completed(self, todo_id):
        todo = self.get_by_id(todo_id)
        if todo is not None:
            todo.completed = True
        return todo
# 测试
if __name__ == '__main__':
    todotest = TodoManager()
    todotest.create("开始学习 AI 课程")
    #print(list(todotest.get_list()))
    for x in todotest.get_list():
        print(f"{x.id}.\t {x.title}")
    print()
```

运行程序结果如下：

1. 学习 Flask
2. 编写 Todo 单机版
3. 编写 Todo HTTP 网络版
4. 开始学习 AI 课程

13.3.3　第三阶段：编写控制界面程序 console.py

1. 分析

接下来这一阶段，为了完成完整项目的功能，在控制台显示功能菜单，反复接收用户输入的指令符号(创建用 N 表示，标记完成用 O 表示，退出用 Q 表示)，使用循环控制整个程序不停运行，完成对应的功能，直至用户输入 Q 键停止运行。

在这段程序文件中，一共设计三类函数：

- 功能函数：描述三个不同的功能，待办事项、创建事项和标记完成。我们需要设计三个函数来完成，调用 TodoManager 类中对应的方法，并在控制台进行输出。
- 判断用户键盘输入的字符：接收用户输入的指令(N 创建、O 标记完成、还是 Q 退出)(不区分大小写)，函数将返回一个布尔值。
- 整个程序的入口函数：实现循环控制整个界面不停运行，完成对应的功能，直至用户输入 Q 键停止程序运行。

console.py 文件各函数名称如图 13-3 如示。

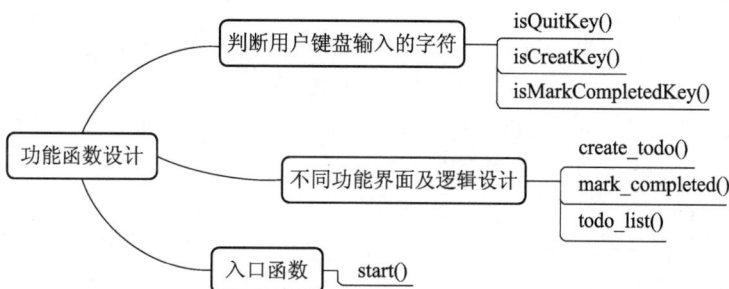

图 13-3　console.py 文件的函数

2. console.py 文件框架

```python
# console.py
import sys                          # 以后用到该模块的退出函数 sys.exit(0)
from manager import TodoManager     # 导入 manager 模块中的 TodoManager 类
manager = TodoManager()             # 定义待办事项处理对象
# 以下三个函数判断用户从键盘输入的字符(各个功能对应的字符)
def isQuitKey(ch):                  # 退出
    pass
def isCreateKey(ch):                # 创建
    pass
def isMarkCompletedKey(ch):         # 标记
    pass
# 功能函数
def todo_list():                    # 列出所有待办事项
    pass
def create_todo():                  # 创建待办事项
```

```
        pass
    def mark_completed():                    # 标记待办事项
        pass
    # 入口函数
    def start():
        pass
    # 主程序
    if __name__ == '__main__':
        start()
```

3. 判断用户键盘输入的三个函数的实现

接下来，我们继续完善 isQuitKey()、isCreateKey()以及 isMarkCompletedKey()的编写，实现判断用户的键盘输入(不区分大小写)。三个函数的参数均为 ch，代表键盘输入的一个字符。各功能的代表符号：N 或者 n 表示创建指令；O 或者 o 表示标记完成；Q 或者 q 表示退出指令。

实现代码如下：

```
from manager import TodoManager     # 导入 manager 模块中的 TodoManager 类
manager = TodoManager()             # 创建一个处理对象
def isQuitKey(ch):
    return ch == 'q' or ch == 'Q'
def isCreateKey(ch):
    return ch == 'N' or ch == 'n'
def isMarkCompletedKey(ch):
    return ch == 'O' or ch == 'o'
# 测试
print(isQuitKey('Q'))
```

4. todo_list()的实现

函数 todo_list()中，调用 TodoManager 类中的 get_list()方法获取所有事项列表，并判断事项的完成状态，在控制台输出状态为未完成的所有待办事项，同时输出功能菜单。实现代码如下：

```
def todo_list():
    print("待办事项\n===========")              # 分隔符
    todos = manager.get_list()                 # 获取所有事项
    # 使用列表推导式得到所有未完成的事项列表
    todos = [x for x in todos if not x.completed]   # 将所有标记为 False 的事项构成列表
    if todos is None or len(todos) == 0:       # 如果列表为空对象或长度为 0
        print("\n\n 当前没有未完成的事项\n\n")
    else:
        print()
        for x in todos:                        # 循环输出所有待办事项
```

```
            print(f"{x.id}.\t {x.title}")
        print()


        print("N=创建事项, O=标记完成, Q=退出")  # 输出菜单
```

5. create_todo()的实现

函数 create_todo()，在控制台中输出创建事项界面，并接收用户输入的事项内容。调用业务层 TodoManager 类中的 create()方法，将用户所输入的事项内容作为参数传入，从而实现创建新的待办事项。实现代码如下：

```
def create_todo():
    # cls()
    print("创建待办事项\n=========\n")
    title = input("请输入事项内容(Enter=创建): ")
    if title.strip() == '':                          # 如果事项内容为空
        return
    else:
        manager.create(title)                        # 以该事项内容创建一个待办事务对象
```

6. mark_completed()的实现

mark_completed()方法中，接收用户输入的事项 ID，将待办事项的状态更改为已完成。注意：该方法和 TodoManager 类中的方法同名，但是参数不同，该方法没有参数没有返回值。实现代码如下：

```
def mark_completed():
    todo_id = input("输入事项 ID 以标记完成(Enter=标记完成): ")
    if todo_id.strip() == '':                        # 如果 id 为空
        return
    else:
        manager.mark_completed(int(todo_id))  # 调用 manager 对象的方法进行标记
```

7. start()

函数 start()通过循环控制整个界面不停运行，反复接收用户输入的指令，完成对应的功能，直至用户通过 Q/q 键停止程序运行。为了更好地显示运行效果，程序在每一次新增、更改状态后，都刷新显示(调用 todo_list())，显示内容为最新的状态，为未完成的待办事项列表。该函数无参数无返回值。实现代码如下：

```
def start():
    while True:
        # cls()
        todo_list()                         # 调用该函数，列出所有待办事项，以及选择菜单
        while True:
            ch = input("请输入命令: ")
            if isQuitKey(ch):               # 退出
                sys.exit(0)
```

```
        elif isCreateKey(ch):                # 创建
            create_todo()
            break
        elif isMarkCompletedKey(ch):         # 标记为完成
            mark_completed()
            break
```

console.py 文件完整代码：

```python
# console.py
from manager import TodoManager              # 导入 manager 模块中的 TodoManager 类
import sys
manager = TodoManager()
# 以下三个函数判断用户从键盘输入的字符(各个功能对应的字符)
def isQuitKey(ch):
    return ch == 'q' or ch == 'Q'
def isCreateKey(ch):
    return ch == 'N' or ch == 'n'
def isMarkCompletedKey(ch):
    return ch == 'O' or ch == 'o'
# 功能函数
def todo_list():
    print("待办事项\n==========")
    todos = manager.get_list()
    todos = [x for x in todos if not x.completed]
    if todos is None or len(todos) == 0:
        print("\n\n 当前没有未完成的事项\n\n")
    else:
        print()
        for x in todos:
            print(f"{x.id}.\t {x.title}")
        print()
    print("N=创建事项, O=标记完成, Q=退出")

def create_todo():
    # cls()
    print("创建待办事项\n==========\n")
    title = input("请输入事项内容(Enter=创建)：")
    if title.strip() == ":
        return
    else:
        manager.create(title)
```

```
def mark_completed():
    todo_id = input("输入事项 ID 以标记完成(Enter=标记完成): ")
    if todo_id.strip() == '':
        return
    else:
        manager.mark_completed(int(todo_id))
# 开始函数
def start():
    while True:
        todo_list()                          # 显示所有未完成事项列表
        while True:
            ch = input("请输入命令: ")
            if isQuitKey(ch):                # 退出
                sys.exit(0)
            elif isCreateKey(ch):            # 创建
                create_todo()
                break
            elif isMarkCompletedKey(ch):     # 标记为完成
                mark_completed()
                break
# 主程序
if __name__ == '__main__':
    start()
```

运行结果见项目描述。

13.3.4　项目总结

项目分为三层：实体层、业务层和界面层，如图 13-4 所示。

- 实体层：实现对待办事项实体类的封装。
- 业务层：对待办事项进行管理。
- 界面层：实现用户与程序的交互界面及逻辑。

我们编写 Python 代码完成了三层的功能实现，对面向对象编程思想在项目中的应用，有了一个全面的认识，在整个项目中需要注意以下几点：

- 项目代码的组织形式，如何将不同的功能代码进行分开。
- 实际生活中如何将事物抽象为类。
- 在项目中，尽量将代码封装为函数来实现可复用的功能。

图 13-4　项目分层结构

在这个项目的基础上，我们可以继续进行扩展，例如，将待办事项数据持久化到 json 数据文件中，实现程序数据的本地存储，也可以利用 pymysql 模块，将数据存储至 MySQL 数据库中，还可以利用 Flask 框架提供待办事项管理的接口访问。

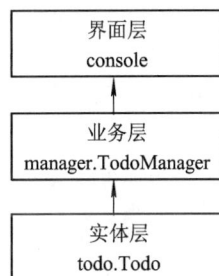

参 考 文 献

[1]   李刚. 疯狂 Python 讲义[M]. 北京：电子工业出版社，2019.

[2]   李辉. Python 程序设计基础案例教程[M]. 北京：清华大学出版社，2020.

[3]   黑马程序员. Python 快速编程入门[M]. 北京：人民邮电出版社，2017.

[4]   董付国. Python 程序设计[M]. 2 版. 北京：清华大学出版社，2016.

[5]   MATTHES E. Python 编程从入门到实践[M]. 北京：人民邮电出版社，2016.

[6]   嵩天，礼欣，黄天羽. Python 语言程序设计基础[M]. 2 版. 北京：高等教育出版社，2017.